全能一本通

WPS之光

Office办公三合一

冯注龙 ◎ 著

電子工業出版社
Publishing House of Electronics Industry
北京•BEIJING

内容简介

作为一名创业者和职场人，我经常思考：如何在平时的工作中迅速提升自己的办公技能。如果大家在这方面的能力有所提高，那么在很多方面都能有所收获。当今社会是影响力社会，熟练使用办公软件是职场人的刚需技能，是你开始发声的有效途径。希望你阅读完此书能理解WPS“是什么”“为什么”“怎么做”，然后能够“教大家怎么做”。

本书从结构上分为三部分：第一部分为幻灯片演示篇，除了技法的操作与精美的案例，我更想与你探讨如何用演示放大观点，直入人心。第二部分为文字处理篇，让文字陈述事实。打字容易，排版却要花十倍的精力。第三部分为表格处理篇，希望与你一起让数据还原真相，在职场中比不识字更可怕的是没有数据思维。全书的操作示范均基于金山WPS软件。希望本书生动有趣、深入浅出的文字讲解，以及详细贴心的视频操作讲解，能带给你最舒适的学习体验。

图书在版编目（CIP）数据

WPS之光：全能一本通Office办公三合一 / 冯注龙著．—北京：电子工业出版社，2021.4
ISBN 978-7-121-40894-6

Ⅰ．①W… Ⅱ．①冯… Ⅲ．①办公自动化—应用软件 Ⅳ．①TP317.1

中国版本图书馆CIP数据核字（2021）第056374号

责任编辑：张月萍
文字编辑：刘　舫
印　　刷：中国电影出版社印刷厂
装　　订：三河市良远印务有限公司
出版发行：电子工业出版社
北京市海淀区万寿路173信箱　　邮编：100036
开　　本：720×1000　1/16　印张：16.5　字数：372千字
版　　次：2021年4月第1版
印　　次：2021年4月第2次印刷
印　　数：15001～25000册　定价：79.00元

凡所购买电子工业出版社图书有缺损问题，请向购买书店调换。若书店售缺，请与本社发行部联系，联系及邮购电话：（010）88254888，88258888。
质量投诉请发邮件至zlts@phei.com.cn，盗版侵权举报请发邮件至dbqq@phei.com.cn。
本书咨询联系方式：（010）51260888-819，faq@phei.com.cn。

序言

两岸猿声啼不住，都说我像吴彦祖。

大家好，我是@冯注龙。

两点之间最短的距离不一定是直线，还可能是一条障碍最小的曲线。

直线看似易达，却有高山大河相阻。孤身探求的你翻山越岭，疲惫不堪。

曲线虽然蜿蜒，已有先人足迹在前。从容不迫的你乘风破浪，笃行致远。

写这本书的时候，我一直问自己两个问题。

一、什么样的书是有效的

要赢实战，先学实战。本书与市面上其他讲解办公软件的图书的不同之处在于：我们不以软件按钮的功能为驱动，不满足于“软件说明书”式的科普。我更期待从真实痛点切入，采用实战案例展示，使用Before & After的前后对比展示让你悟在其中。

二、什么样的书是大家爱看的

在图书编写上，我坚持简单、易懂、好上手。在学习细节上，我们向天歌团队也十分用心。除了提供图书本身，我们更是随书搭配了真人出镜且制作精良的视频陪伴读者学习。为了给读者更好的阅读体验，我们的团队深度参与了图书的设计和排版。特别感谢：俏颖、海潇、大毛、陈宇等对本书的帮助。更要感谢的是姚新军（@长颈鹿27），是他一直以来的信任才促成了本书的出版发行。最后期待与君一道砥砺前行，赏尽花开。

关于本书的视频讲解与大礼包，请打开微信公众号：向天歌，回复：WPS之光，即可获取。

用放大镜发现问题

用聚光镜解决问题

用后视镜回顾问题

用望远镜防范问题

大礼包与配套视频获取方式

本书使用的软件版本为WPS Office

书中出现此图标说明

此部分内容配有视频讲解

具体操作步骤

留下你的脚印

个人一小步，人生一大步。

1969年7月20日下午4时17分42秒（美国休斯顿时间），尼尔·阿姆斯特朗与巴兹·奥尔德林成为首次踏上月球的人。
阿姆斯特朗走出登月舱，一步步走下舷梯。9级踏板的舷梯，他花了3分钟才走完。
1969年7月24日，“阿波罗11号”载着3名航天员安全返回地球。

即将起航前往WPS星球，
请船长签字确认：

WPS之光

目录

01 启示篇
让理解更直观，让传达更准确 1

02 操作篇
轻松上手的招式 10

03 设计篇
大神必备的招数 29

08 表格篇 表格处理不犯难 151

09 思维篇 让你掌握做表的核心规范 157

10 技巧篇 轻松高效整理数据 173

11 函数篇 工作必学的五类函数 208

01 · 启示篇

让理解更直观，让传达更准确

在职场上，幻灯片就是一把双刃剑。用得好，它能帮助你更好地表达观点；用不好，拖后腿、闹笑话是常有的事。因此有很多人畏惧做幻灯片，更有甚者“畏而生厌”。畏惧与厌恶的缘由是对幻灯片的认知不到位。其实想要做好幻灯片并不是一件难事。掌握好视觉思维，善用视觉语言，制作幻灯片就像用钥匙开锁一样简单。

客户不是买电钻，
而是买墙上那个洞

1.1 视觉思维，你一直都会的“第二语言”

幻灯片诞生之初是为了更好地传递信息，其本质在于沟通。它本应是给人们带来便利的工具，但当你观察身边的大多数人时会发现，真正能够用好、用对它的人寥寥无几。究其根本，并不是软件操作上的原因，而是不会运用一种思考方式——视觉思维。

视觉思维（Visual Thinking），就是利用可视化表达让人产生画面感，从而说明观点及理清思路。其实人人都会视觉思维，就像在马路上看到交通标识我们可以很快理解它们代表的是什么意思。但并非人人都会运用这种思维方式，我们欠缺的就是将脑子里的画面呈现出来的能力。

1.1.1 幻灯片演示会议常有，记得住的不常有

开会时使用幻灯片演示已经是人们习以为常的事情了。我们或许参与过很多使用幻灯片演示的会议，但如果现在问你令你印象深刻的有几个，你答得上来吗？一个？两个？还是一个也没有？幻灯片演示会议常有，但能让人记住的却不常有。幻灯片演示的价值在于辅助传递观点，如果这个会议开完过后人们就忘记了其中阐述的观点，那这个会议注定是不成功的。

为什么会出现这样的状况呢？其实可以简单概括为两个方面的原因。

1. 内容上的晦涩难懂

这部分可以分成两种情况，第一种情况是因为缺乏逻辑而导致的内容难懂。

很多人都有这样一个误区，认为做幻灯片只是把文字文档里的字搬过去就可以了，并不用重新思考内容、编排内容；认为内容看起来越多越能体现自己在这件事情上的用心。但这样“贪心”的做法只会让整份文稿显得片面化且碎片化，逻辑性很差。会议结束后人们也不会记住演讲者都说了什么。

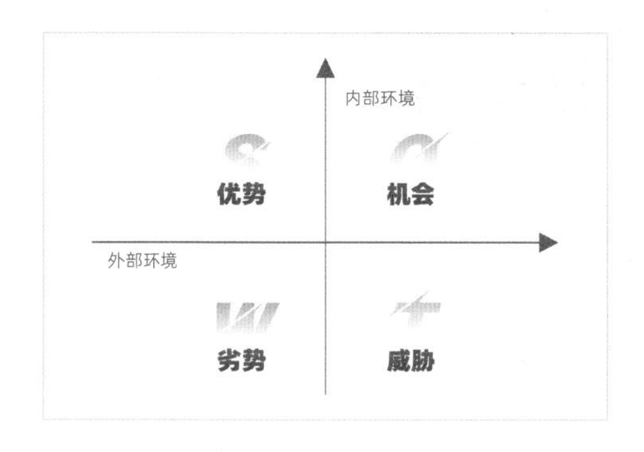

为了避免这样的事情发生，我们要在制作前思考内容的逻辑性。可以借助类似SWOT模型、PEST模型等著名的思考模式来梳理自己的观点。

第二种情况是因为内容“过于专业化”而导致的内容难懂。

这页描述看似十分专业，但是在信息传达上却产生了障碍。一页幻灯片的展示时间是有限的，听众很难在短时间内去理解“基础云技术”这些抽象名词。

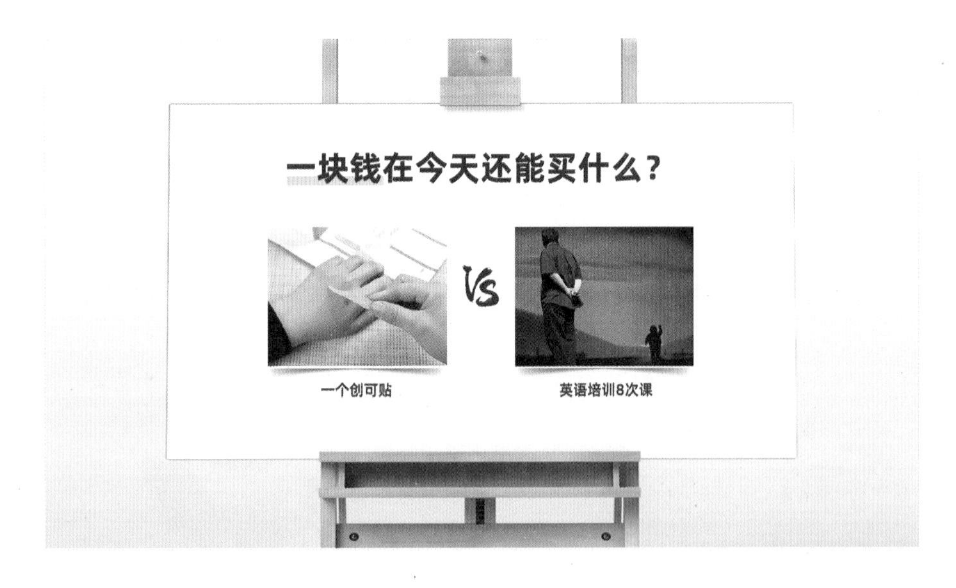

而这页幻灯片利用简单的描述就能告诉观众课程价格的实惠程度，反而更加吸引人。显示自己的专业度固然没错，但是也要分情况、讲究方法。毕竟你的听众不一定都和你具有相同的专业知识。

2. 设计上的粗制滥造

这部分也可以分成两种情况，第一种情况是“不做效果”，仅仅是堆砌文字与图片，没有去做设计的意识。

第二种情况是“滥用效果”，这也是最常见的，包括胡乱配色、滥用动画效果、滥用特殊字体等。滥用效果容易干扰观众获取内容，本来看一眼就能明白的信息，结果注意力被不合时宜的动画与杂乱的配色所吸引。其实，好的设计是不会喧宾夺主的。

1.1.2　内容层面：瞟一眼而非读几遍

我常说：幻灯片是瞟一眼而非读几遍。优秀的幻灯片页面应该做到让人一眼就能抓住重点，知道这页在讲什么。呈现在幻灯片上的内容应该是经过我们思考、归纳、总结之后的产物。

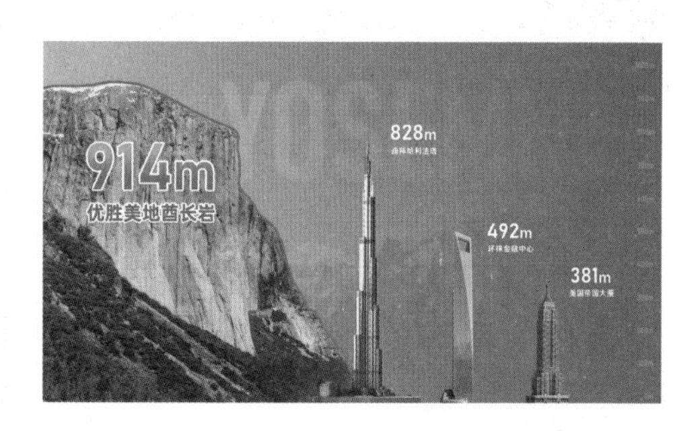

就像这两张幻灯片，左边这张我们必须仔细阅读文字才能对酋长岩的高度有概念。

而右边这张，利用知名的高楼建筑作为酋长岩的对比参照物，再加上刻度线的装饰，有了对比，立即就凸显出了酋长岩的陡峭。虽然页面上只有寥寥几字，但却让人能够一下就明白这页幻灯片所要表达的含义。

1.1.3 设计层面：要为记忆定下锚点

有研究表明，成人的注意力只能高度集中20分钟左右。在漫长的演讲中，恐怕只有开头的几分钟和最后结束页的“感谢观看”能够让观众聚精会神。演讲结束后，你会发现大部分观众早已经忘记了其中的内容。

要想避免这样的情况，让观众能够记住你的演示，就尤其需要做好可视化工作。在幻灯片设计里最常用的手法就是使用图片或图标。

图片能够更加直观地表达情感、营造氛围以及描述事实。

图标作为一种精练、形象的视觉符号，能够辅助我们更快地了解信息。

1.2 先“声”夺人，感受视觉语言的冲击

每个演讲者都希望把观众的目光聚焦到自己的幻灯片上，但要如何实现呢？这就离不开两个层面的“精打细磨”：一个是内容上的逻辑思考，让观点更加易懂；另一个是表达上的情感互通，让演讲更能引起大家的共鸣。

1.2.1　有逻辑的思考，让观点“跳”出来

不少人在制作幻灯片时都有一个通病，喜欢罗列大段的事实依据，而很少从观众的角度出发，去思考这样的内容表达是否容易让人理解。就像下面这个例子，原稿只是简单的三段文字，没有经过其他处理。我们想要读懂这页幻灯片至少得花1分钟。

供应链业务是公司整体发展的重要基础和依托。
我们致力于通过运用**大数据**、**区块链**、**物联网**、**人工智能**等技术，以科技赋能**传统服务**。
继续精进业务，着力产业链的纵深发展，优化供应链运营模式，提升资源整合及配置能力，在**贸易**、**物流**、**金融**、**零售**等领域，为产业伙伴提供**定制化**、**一体化的服务**，**成为优秀的供应链综合服务提供商。**

而如果在制作时稍加思考，就可以将这页难以理解的内容划分为两部分。第一部分：公司愿景——致力于成为优秀的供应链综合服务提供商。第二部分：公司业务——以科技赋能传统服务&为产业伙伴提供定制一体化服务。

通过这样归纳做出来的幻灯片就有了鲜明的层级关系，能够让观众在较短的时间内知道演讲者想传达的东西，降低了观众的理解成本。

1.2.2 有温度的表达，将场子“热”起来

好的幻灯片表达应该有这样两个特质：一个是让人听得懂，一个是让人听得进去。让人听得懂比较简单，但是让人听得进去却很难。我能够理解你的观点并不代表你的观点能够打动我并使我接受。怎样才能让人听得进去你的观点呢？让你的表达更有温度是关键。这里有3个实用的办法。

1. 场景还原法

将所要表达的内容代入人们熟悉的生活场景。换一种描述方式：昨天的水，小心烫嘴。这个保温壶让你一夜醒来还能喝到烫嘴的水，保温效果显而易见。

2. 以小见大法

利用“小数据”解释“大概率”。例如，“当代成年人糖尿病的患病率约为10%”与“每10个成年人就有1个糖尿病患者”。后者的表述更能引起观众的重视。

3. 熟悉替代法

假设现在有这样一句描述：用户累计骑行4980万公里，你能想象出这个数字阐述的现实情况吗？相信没有多少人可以说出来。但如果换一种描述：骑行距离≈绕赤道1242.6圈，是不是脑子里立刻就有长度概念了呢？

大部分人对这种数字描述其实是没有概念的，在你眼里这些数字数据或许很有说服力，可其实对于很多听众来说并不那么直观。要避免这样的情况发生，就得从听众的角度出发，用人们熟知的事物来解释。

02 · 操作篇

轻松上手的招式

万丈高楼平地起，本章我们将学习制作幻灯片必不可少并且极易上手的基础操作。任何学习都不是一蹴而就的，幻灯片也是如此。在刚开始学习时，最重要的是把基础打扎实而不是追求速成。

做幻灯片不是做菜，不用等什么都准备好了再下锅。

2.1 基础操作，掌握最实用的功能

正所谓“工欲善其事，必先利其器”，在正式制作幻灯片前，首先要掌握一些基础知识，为后续进一步学习打好基础。本章会向大家介绍制作幻灯片的基础操作以及多项省时高效的实用功能。

2.1.1 从无到有，一页幻灯片的诞生（视频：001）

很多人都遇到过这样的情况，看过很多书，也学了很多教程，可是打开制作软件的时候依然不知道怎么做，我们学会了怎么操作，却没有学会怎么开始。

二战之后，丘吉尔走下了首相之位，终日无事可做，在家人的鼓励下，他决定去跟隔壁女画家学画。那天下午的丘吉尔就面对这样的一个不完美的开始，他死死盯着画布，发呆了十多分钟，还是不知道第一笔从哪里下手。

那个女画家是个有智慧的人，她站在旁边看了很久，一言不发，然后拿起丘吉尔的颜料盒向着干净的画布就是一甩，将所有的颜料一股脑儿地都泼到了画布上！画布瞬间变得乱七八糟，像一幅最丑陋的油画。丘吉尔看到画布变成那样，他却一下子轻松下来，拿起笔在上面任意涂抹起来。

我们都希望等到完美的时候才开始，以至于总不能开始，我们的很多想法变成了没有开始的结束。如果没有一个好的开始，不妨试试一个坏的开始吧。一个坏的开始，总比没有开始强。而完美的开始，则永远不会存在。

当不知道怎么开始去做一份演示用文稿的时候，不妨先把已经整理好的内容放到幻灯片里面，然后再根据内容细化文案，调整排版，最后进行想要的风格设计，而不是对着空白的幻灯片不知如何下手。

Step 01 整理内容并放置于幻灯片中

哔哩哔哩（bilibili）现为国内领先的年轻人文化社区，该网站于2009年6月26日创建，被粉丝们亲切地称为"B站"。

B站的特色是悬浮于视频上方的实时评论功能，爱好者称其为"弹幕"，这种独特的视频体验让基于互联网的弹幕能够超越时空限制，构建出一种奇妙的共时性的关系，形成一种虚拟的部落式观影氛围，让B站成为极具互动分享和二次创造的文化社区。B站目前也是众多网络热门词汇的发源地之一。

Step 02 提炼文案并区分层级

哔哩哔哩（bilibili）现为国内领先的年轻人文化社区，该网站于2009年6月26日创建，被粉丝们亲切地称为"B站"。

B站的特色是悬浮于视频上方的实时评论功能，爱好者称其为"弹幕"，这种独特的视频体验让基于互联网的弹幕能够超越时空限制，构建出一种奇妙的共时性的关系，形成一种虚拟的部落式观影氛围，让B站成为极具互动分享和二次创造的文化社区。B站目前也是众多网络热门词汇的发源地之一。

Step 03 依照层次对内容排版

国内领先的年轻人文化社区
B站弹幕具有以下特色

Step 04 寻找参考并进行设计

2.1.2　批量操作，省时高效的好办法（视频：002）

1. 批量插入图片

我想在一张幻灯片里插入多张图片怎么办？

菜单栏—插入—图片—本地图片

如果想在每页幻灯片中都插入不同图片，要怎么做呢？

菜单栏—插入—图片—分页插图

需要将手机里有多张图片插入幻灯片，有没有一步到位的办法？

菜单栏—插入—图片—手机传图

我还是不太理解……

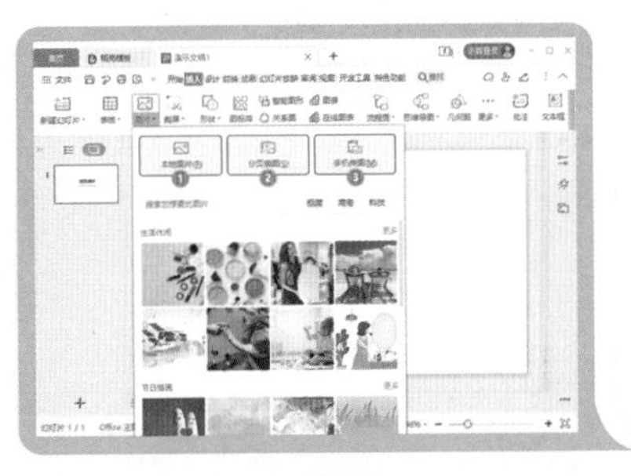

就是上图显示的三个选项！还不理解的话可以看录屏操作哦！

2. 一键换字体

领导让我把宋体全部改为黑体，怎么办？

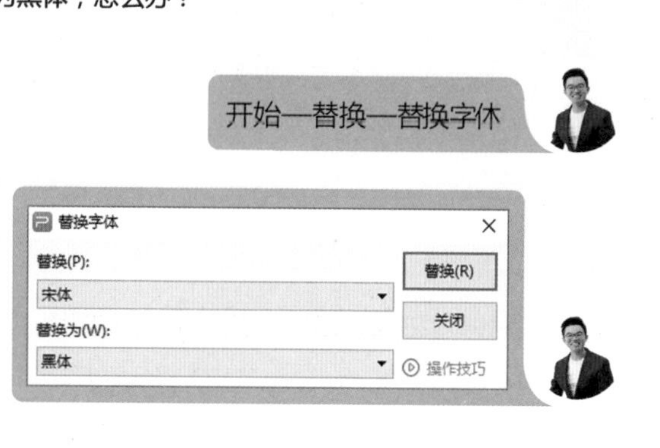

3. 母版的应用

如果想要重复使用几张幻灯片的背景，有什么好办法呢?

一直复制粘贴，真的太麻烦了。

2.1.3　实用设置，让制作更得心应手（视频：003）

1. 更改撤销次数

怎样才能让撤销次数多一些呢？

文件—选项—编辑—撤销/恢复操作步数，改为：150。

2. 尺寸任意调

公司的显示屏不是常规的尺寸，需要改动幻灯片的尺寸怎么办？

菜单栏—设计—幻灯片大小—自定义大小，输入需要的高度和宽度即可。

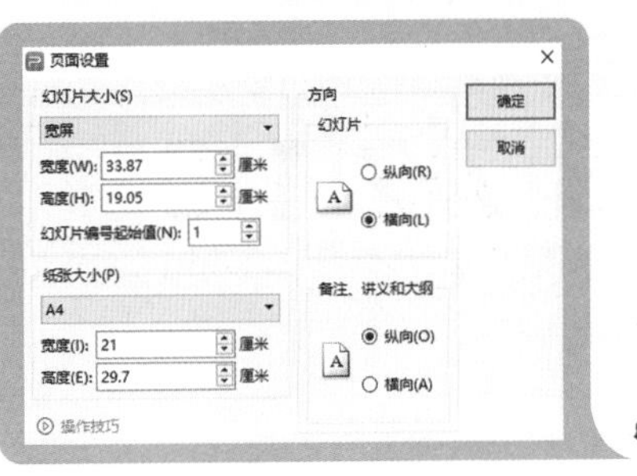

3. 定时备份

害怕幻灯片文件崩溃，可以把自动保存的时间改短一些吗？

文件—备份与恢复—备份中心—设置—定时备份，时间间隔改为5分钟。

2.2 意想不到，原来还有这么多诀窍

2.2.1 妙用纹理填充（视频：004）

对文本及形状填充适当的图片或纹理可以增强页面的质感，提升设计感。

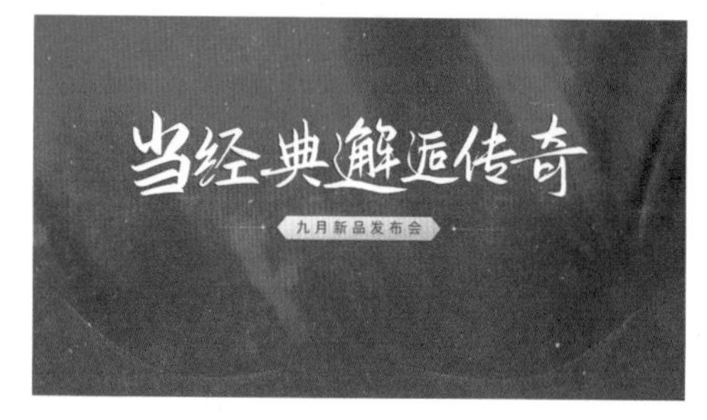

Before

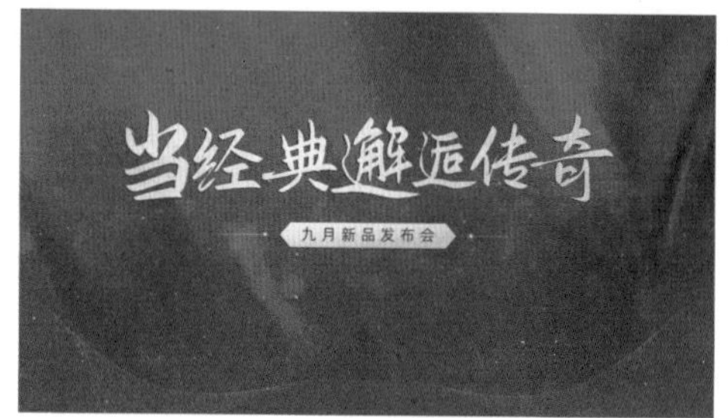

After

Before

After

Before

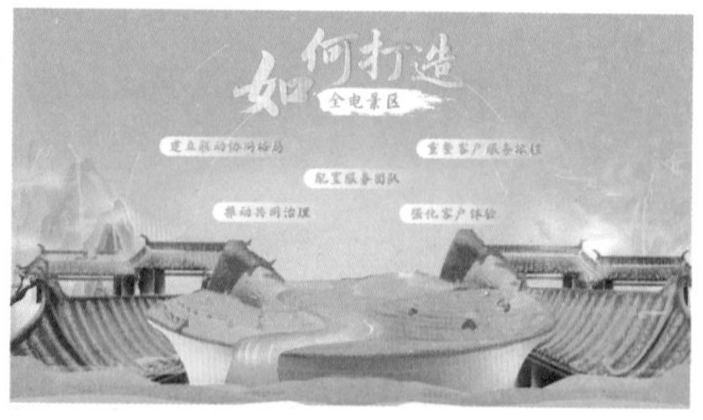

After

设置方法

选中文本－右键单击－设置对象格式－文本选项－文本填充－图片或纹理填充－选择你所需要的图片并为其设置适当的透明度即可。

2.2.2 不容小看的色块（视频：005）

1. 双色碰撞，增强视觉冲击

Before

After

2. 渐变色块，突出主体

Before

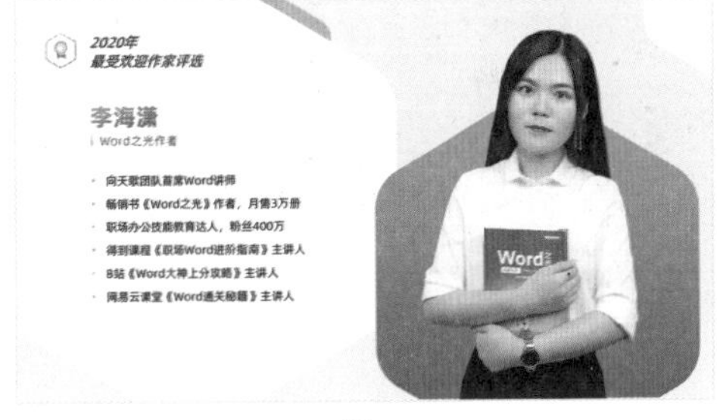

After

3. 多个色块，划分版面

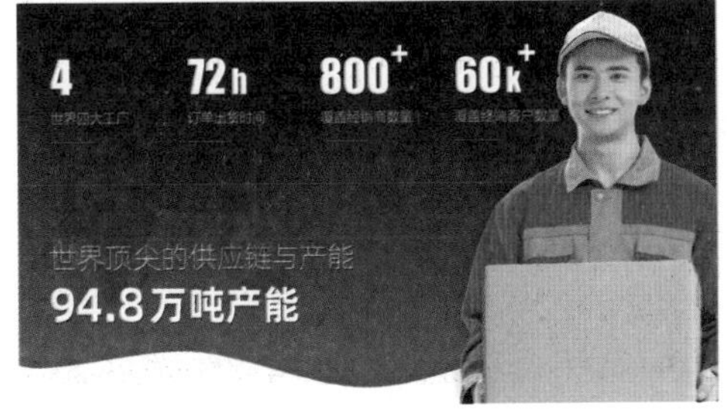

Before

After

2.2.3 玩转透明度（视频：006）

透明度的调整可以应用于文字、图片与形状。调整文字与图片的透明度能够丰富页面细节，起到装饰作用。而给形状添加透明度其实就是将形状变为“蒙版”，一般用于弱化背景，凸显文字。

1. 调整文字透明度

Before

After

2. 调整形状透明度

Before

After

3. 调整图片透明度

Before

After

设置方法

01 文字：选中文字－右键单击－设置对象格式－文本选项－填充与轮廓－文本填充－渐变填充－设置适当数值

02 形状：选中形状－右键单击－设置对象格式－形状选项－填充与线条－填充－渐变填充－设置适当数值

03 图片：插入一个和图片大小相同的形状－选中图片－[Ctrl+X]剪切－选中形状－右键单击－设置对象格式－形状选项－填充与线条－填充－图片或纹理填充－图片填充－选择剪切板－适当调整透明度

2.2.4 布尔运算，制作酷炫文字效果（视频：007）

WPS 2019版拥有布尔运算功能，这项功能可以对任意两个或两个以上的元素（除了线条以外的形状、图片、文字）进行结合、组合、拆分、相交与剪除的运算。制作创意文字效果是布尔运算在幻灯片中最常见的用法。

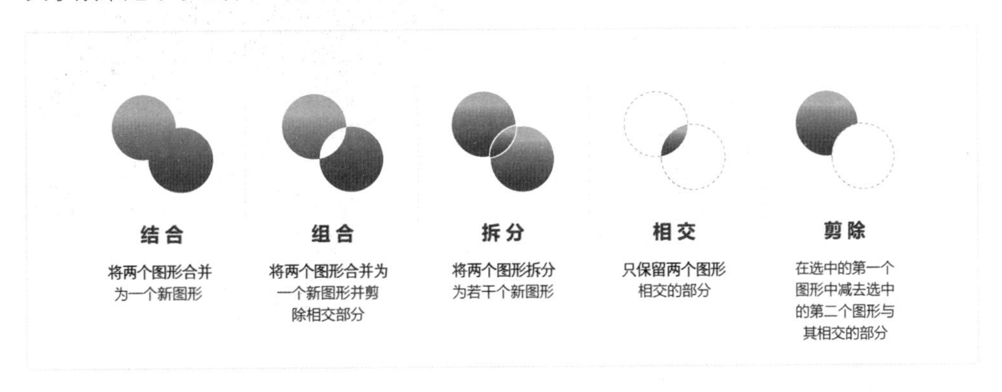

改变部分笔画的颜色

制作镂空文字效果

对部分笔画进行错位、模糊处理

用图标对部分笔画进行替换

设置方法

要想制作出以上案例的文字效果，需要先将文字转成形状。

文字转形状：插入文本框与任意形状－同时选中－绘图工具－合并形状－剪除

2.2.5　编辑顶点，奇怪的形状我来画（视频：008）

编辑顶点功能可以帮助我们更细致地调整形状以及绘制各种不规则图形。利用2.2.4节中提到的布尔运算可以将文字转换为形状。那么学会编辑顶点之后就可以对已经转换为形状的文字进行再次变形设计。

对文字进行变形设计

制作不规则图形做装饰

2.2.6 创意图表这样做（视频：009）

不论是工作总结还是项目分析，数据图表都是制作幻灯片时经常会用到的。如果想在一众竞争者中脱颖而出，对图表多下点功夫，让图表展现更具创意是一个不错的办法。三种简单方法，让你的数据图表更有创意。

1. 改变图表默认形状，让图表更新颖

Before

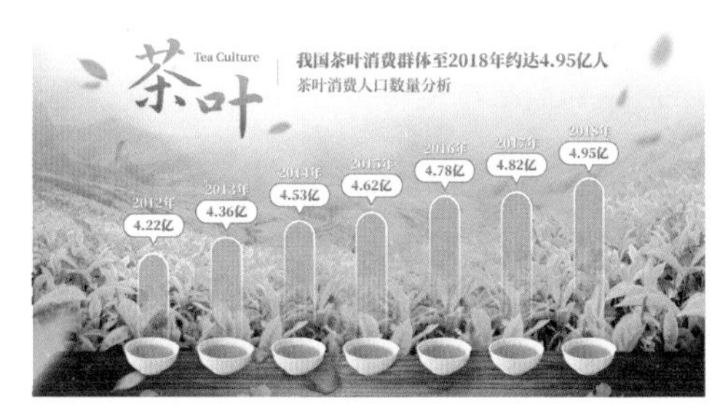

After

2. 改变图表形式，让表达更直观

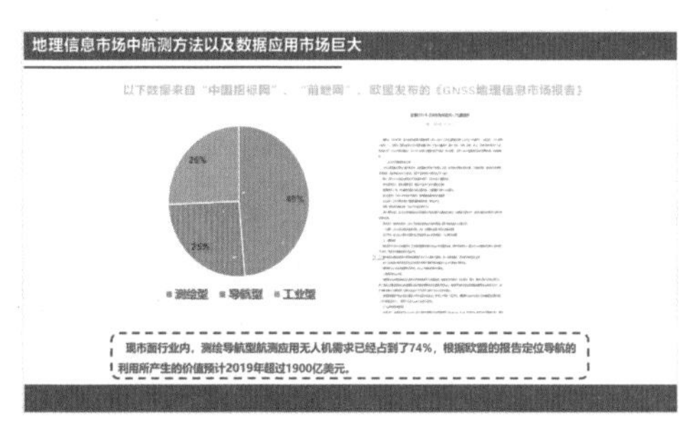

Before

After

3. 与图标相结合，让图表更形象

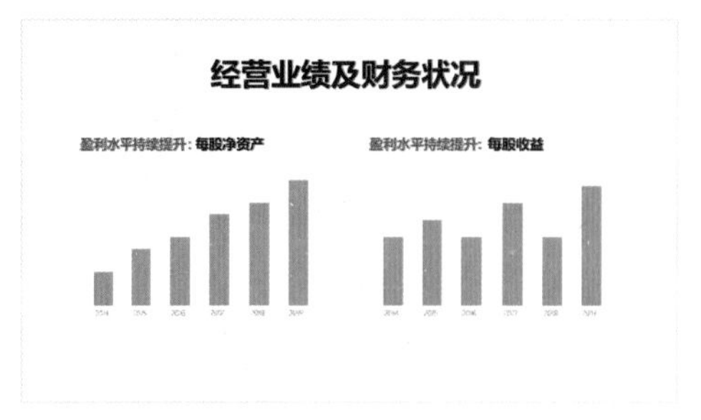

Before

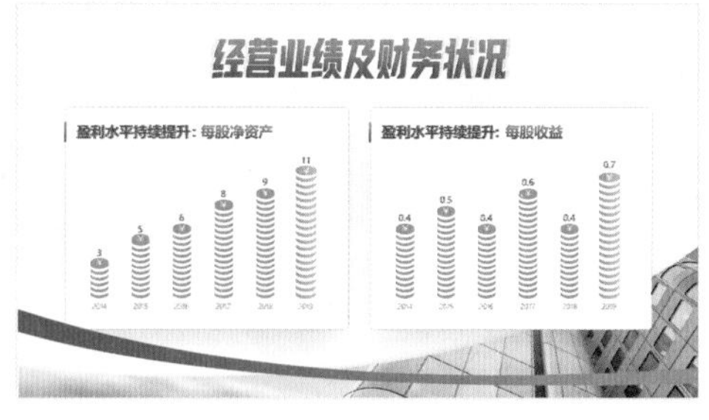

After

2.2.7 高手都在用的三维旋转（视频：010）

三维旋转是幻灯片制作中最容易被忽略的技巧之一。掌握好三维旋转这个技法，可突破幻灯片平面的二维限制，塑造立体效果，让页面更有新意。

案例一

案例二

案例三

案例四

2.3 强强联合，利用PS、AI辅助设计

WPS的演示组件中自带了一些基础的图片处理功能，例如，亮度、对比度等，功能比较有限。如果想对图片进行更加精细化的处理，可以借助PS、AI等专业的图像处理软件。

不需要对专业的图像处理软件进行特别深入的学习，只需掌握一些常用、基础、简单的小技巧就可以辅助你把幻灯片做得更好。

2.3.1 PS：让你实现设计的降维打击

1. 巧妙局部改色（视频：011）

你是否有过这样的经历：在网上看到一张形式感很强的图片素材想将其用进自己的幻灯片，但却因为不是理想中的颜色而不得不放弃?

就像下面的图示：蓝色汽车虽然好看，但是我们的页面需要呈现的风格是黑红配色的，那么蓝色的车子就略显违和。而其实只要你会PS改色操作，就能利用PS轻松地将原有的蓝色转变为红色。

Before

After

操作步骤

将汽车图片拖入PS，单击右下方的【图层面板】-【创建新的填充或调整图层】-找到【色相/饱和度】-适当拖动【色相】滑块，将颜色调整到你想要的颜色后保存即可。

2. 去除多余杂物（视频：012）

图片中的元素过多时不利于文案的排版与整体的美观。我们需要将多余的杂物去除。

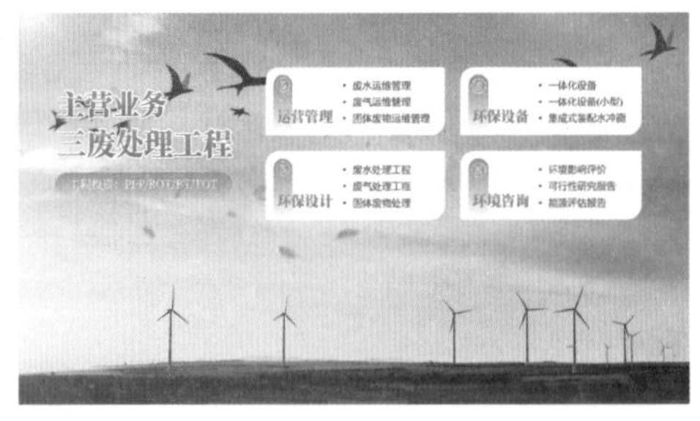

Before

After

Before

After

在PS中有许多功能可以实现这样的效果，但是【内容识别】是相对来说比较简单、快速、易学的方法。

操作步骤

将图片拖入PS，用选框工具选择想要去除的部分－右击－【填充】－在【内容】栏中的【使用】下拉菜单中选择【内容识别】－确定，最后保存即可。

3. 制作径向模糊效果（视频：013）

径向模糊效果可以打造一种向外发光的效果，让标题文字更有质感。

Before

After

操作步骤

01 在幻灯片中编辑好文字，选中文本组合－右击－另存为图片。

02 将图片拖入PS，选中图片图层，按【Ctrl+J】组合键复制一层并利用裁剪工具拉大画布。

03 选中复制的图层，单击上方工具栏，选择【滤镜】－【模糊】－【径向模糊】，适当拖动数量滑块。模糊方式：缩放；品质：最好。单击【确定】按钮。

04 如果需要效果更加明显，可以按【Ctrl+ALT+F】组合键重复径向模糊的操作，最后保存即可。

2.3.2 AI：打开取之不尽的素材宝库（视频：014）

Before　　　　After

Before

After

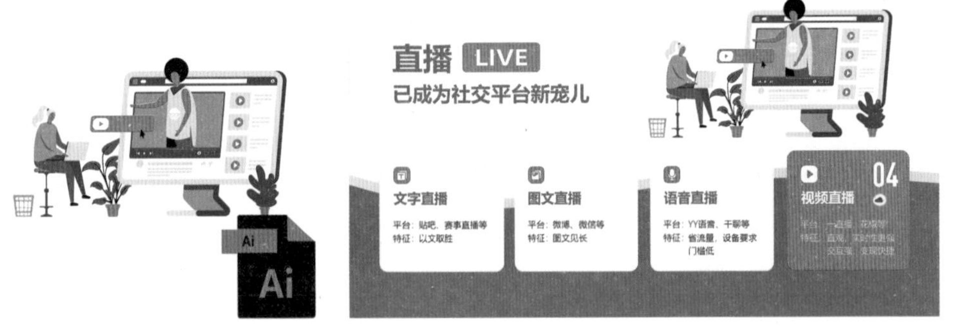

Before　　　　After

此处干货多，建议使用视频方式，讲解更细致直观！

关注微信公众号：向天歌，回复：WPS之光，即可免费观看本书所有视频讲解。

03 · 设计篇

大神必备的招数

前面我们学习了较为简单的基础操作，熟练掌握好这些操作能够提高我们日常制作幻灯片的效率并做出一些不错的效果。但如果你想成为幻灯片制作专家，仅靠这些是远远不够的。怎么处理文案才能更精准地表达？排版有多少需要注意的细节？字体、配色的使用是随心所欲还是有所依据？……这些都是需要解决的问题。

工作总结不是总结工作，是总结工作亮点。

3.1 文案梳理，让表达更精准

古希腊哲学家亚里士多德曾经说过这样一句话：语言的准确性，是优良风格的基础。在幻灯片中，文字作为被写下来的语言，是我们输出信息、对外表达的重要工具。如何通过梳理文案、精简文案达到更加精准的表达效果是每个幻灯片制作者都应该思考的问题。

3.1.1 为什么要梳理文案

在当今这个内容为王的时代，我们评价一张幻灯片的好坏，永远不会仅凭它的设计而打高分，但绝对会因为它的内容“不够好”而打低分。先有文案内容，才有设计。通过对文案的梳理，可以让幻灯片内容的逻辑更加清晰明朗，易于观众对信息的接收与接受。

为信用赋能，贷前流程包括在线注册、在线认证、红黑名单校验、法人人脸识别、真实性核验、证照OCR识别、贷前智能调查、智能调查报告，将全流程可视化。提供智能化贷中服务包括：企业全息画像、需求智能匹配、多方联合计算、企业信用风险评估报告、反欺诈校验。贷后可进行自主化管理：贷后风险预警、贷后智能催收、服务成效评估。

三个关键词：人工智能、信用大数据、金融科技

像这样，在幻灯片中打上大段的文字内容，不经过文案梳理并且以比较书面化的语言表达，其实只是把幻灯片用成了“横版的文字文档”。

如果对上述文段进行简单的文案梳理，你就会发现，其实这页讲的就是信用赋能的三个阶段的内容与特点。对此进行简单排版设计就能得到下图这样一张逻辑清晰的页面。

贷前 / BEFORE LOAN

- 红黑名单校验
- 贷前智能调查
- 在线注册
- 真实性核验
- 证照OCR识别
- 智能调查报告
- 在线认证
- 法人人脸识别

贷中 / WHEN LOANING

- 需求智能匹配
- 反欺诈校验
- 企业信用风险评估报告
- 多方联合计算
- 企业全息画像

贷后 / AFTER LOAN

- 贷后风险预警
- 服务成效评估
- 贷后智能催收

3.1.2 文案梳理三步走

1. 拆分文段，提炼要点

要点提炼需要重点关注以下三个方面。

① 开头结尾：开头与结尾往往是阐明论点、总结论点的地方。

② 年份与数据：年份与数据是强有力的事实依据，能够说明事物变化的趋势。

③ 标点符号：例如分号，分号用以分隔存在一定关系的两句。这页的分号将MCN机构的三大类隔开。关注分号，我们才不会遗漏某个内容。

今年以来，直播带货的热潮带着孵化主播的MCN机构，一并站在了风口之上。根据克劳锐发布的《2020年中国MCN行业发展研究白皮书》数据显示，到今年为止，中国MCN机构数量已经突破20000+，相较2018年提高了近4倍，远超2015—2018年机构数量总和。
从MCN的主要业务来看，目前市场上MCN机构大体可以分为几类：第一类是以短视频及广告为主的MCN机构。比如，papi酱团队推出的短视频内容聚合品牌Papitube，拥有娱乐+互联网双重基因的行业领先团队——华星酷娱、知名的创意短视频MCN机构——洋葱视频；第二类是短视频和直播业务并重的MCN机构，如无忧传媒、愿景娱乐、OST娱乐；第三类是以直播变现为主的MCN机构，如小象互娱、大鹅文化、炫石互娱；第四类是以电商业务变现为主的MCN机构，如拥有阿里巴巴集团入股的MCN机构——如涵、炫步、谦寻。随着大批MCN机构的诞生，MCN机构的商业价值也越来越多地受到资本的关注。

Before

今年以来，直播带货的热潮带着孵化主播的**MCN机构**，一并**站在了风口之上**。根据克劳锐发布的《2020年中国MCN行业发展研究白皮书》数据显示，到今年为止，**中国MCN机构数量已经突破20000+，相较2018年提高了近4倍**，远超2015—2018年机构数量总和。

从MCN的主要业务来看，目前市场上**MCN机构大体可以分为几类：**
第一类是以**短视频及广告为主**的MCN机构。比如，papi酱团队推出的短视频内容聚合品牌Papitube，拥有娱乐+互联网双重基因的行业领先团队——华星酷娱、知名的创意短视频MCN机构——洋葱视频。
第二类是**短视频和直播业务并重**的MCN机构，如无忧传媒、愿景娱乐、OST娱乐。
第三类是**以直播变现为主**的MCN机构，如小象互娱、大鹅文化、炫石互娱。
第四类是**以电商业务变现为主**的MCN机构，如拥有阿里巴巴集团入股的MCN机构——如涵、炫步、谦寻。

随着大批MCN机构的诞生，MCN机构的**商业价值**也**越来越多地受到资本的关注。**

After

2. 优化文案，信息分级

MCN机构大热，商业价值受关注

20000+
2020年中国MCN机构数量

4倍
相较2018年提升

第一类
短视频及广告为主
Papitube、华星酷娱、洋葱视频

第二类
短视频和直播业务并重
无忧传媒、愿景娱乐、OST娱乐

第三类
直播变现为主
小象互娱、大鹅文化、炫石互娱

第四类
电商业务变现为主
如涵、炫步、谦寻

为这页内容总结一个小标题，有利于观众阅读和记忆。从文案本身出发，通过简单的字号对比、粗细对比为内容信息划分大致的层级。

3. 版面划分，引导阅读

从整页布局出发，利用一些形状、色块等装饰给文案内容做区分并实现阅读的视觉引导。例如，这里利用色块将整页划分为两个版面引导观众先看标题与数据，再看四种类型。四种MCN机构类型用同一种形状，表示它们是相同层级的信息。

最后搭配好需要的颜色，这页幻灯片就完成了。

3.1.3 更换文案表述

如果想让自己的幻灯片更有说服力，仅仅把文案说清楚是不够的，更重要的是，怎么将内容说到观众的心里去。在生活中，我们经常会看到一些优秀的广告文案，即使时间过去很久，提到这个产品或品牌，人们依然会想起它们的广告语。我们在幻灯片的文案撰写中也可以学习这种广告文案的述说方式。

“大自然的搬运工”，从侧面突出品牌对水源的挑剔，对健康、自然的追求。

四个小伙伴里就有三个使用过滴滴。用“小数字”缩短了用户的感知距离。

接下来与大家分享4种实用的文案表述方式。

1. 越具体，离观众越近

在描述产品时许多人喜欢用“贴标签”的方式，例如：9D环绕，静享音质。像这样抽象的描述对打造品牌有一定的帮助，但用得多了，离观众的距离就远了。相反，描述越具体，就越有利于观众的理解。

2. 设立标准，强化差异

特仑苏的这句广告语深入人心。这不仅暗示了特仑苏在行业的领先地位，同时表明了自己的用户定位，走的是高端路线，强化了品牌的与众不同。这能给人们留下深刻印象，同时满足人们追求高品质、追求不同的心理需求。

3. 善于引用，加深联系

在介绍产品或技术时，有意识地引用公众熟悉的事物，例如，诗句或歇后语等，让人们把产品或技术和熟悉的事物联系起来，更容易使人理解并接受。

4. 明贬暗褒，趣味深刻

这是一个房地产的广告文案，看似在说自身的缺点，其实是在暗暗体现自己的优势。明贬暗褒，借着自黑来说房子就在江边环境好的特点。这样的反转幽默有趣，令人印象深刻。

3.2 排版妙计，细节决定一切

或许你有过这样的体验，从网上下载的幻灯片模板很简约，虽不惊艳但看着很舒服，便以为自己也做得出来。可当自己开始模仿着做时，就是做不出令人满意的效果。其实这些看似简约的排版中隐藏着无数排版细节。要想做好幻灯片，排版细节不容忽视。

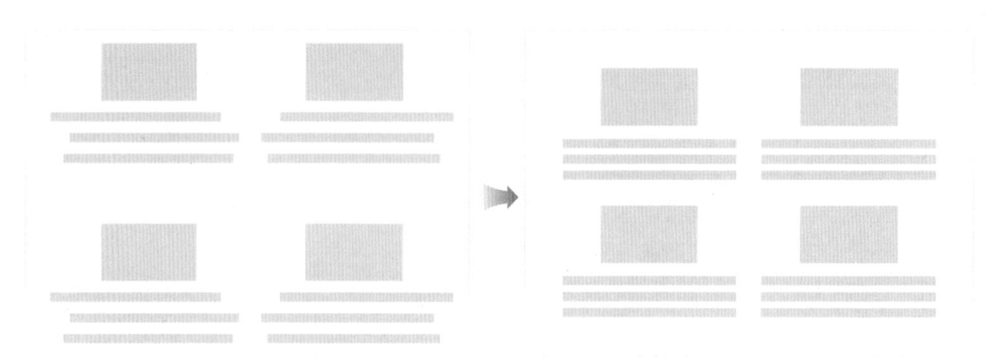

3.2.1 排版四大原则

美国著名的设计大师罗宾·威廉姆斯在《写给大家看的设计书》一书中提出了设计的四大基本原则：亲密性、对比、对齐、重复。几乎所有的设计排版中都能看到这四大原则的运用，幻灯片也不例外。

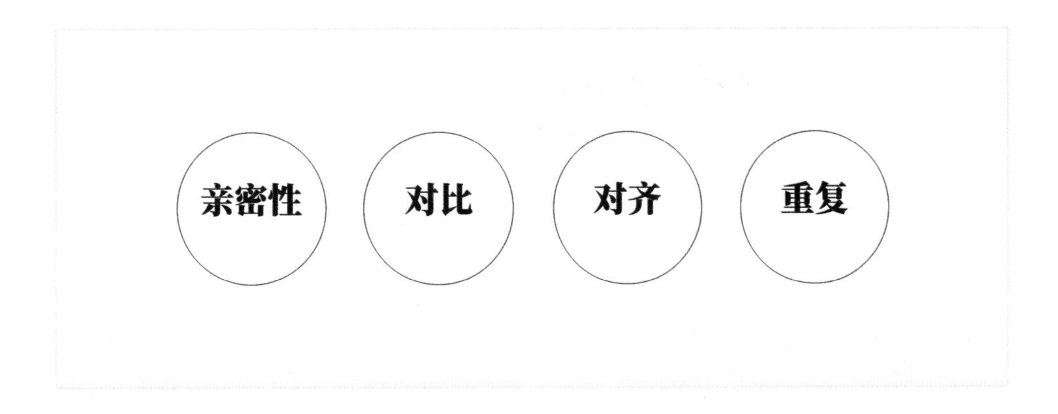

1. 亲密性

让具有关联性的两个或以上的元素距离更紧密。

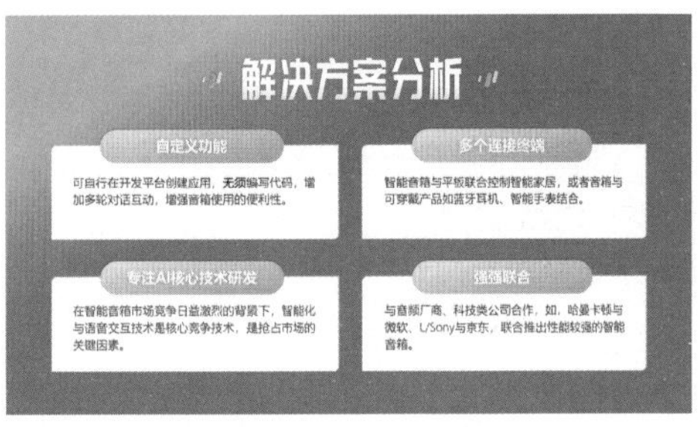

2. 对比（视频：015）

利用对比可以突出强调某个事物，打造幻灯片的层次感与节奏感。下面我们以这个原稿为例来看不同对比手法的运用方式。

解析排版的四大原则
对比篇

大小对比

粗细对比

字体对比

色彩对比

虚实对比

方向对比

3. 对齐

对齐可让幻灯片更有秩序感，顺应观众的视觉惯性从而减少阅读负担。很多人在制作幻灯片时认为对齐很简单，也有对齐的意识，但却依旧做不好对齐：为了对齐耗费大量时间；只会左对齐、居中对齐、右对齐，做出来的幻灯片太过死板；明明所有元素都对齐了，可做出来的效果却不尽如人意……

掌握好对齐原则可以解决幻灯片中40%的排版问题。接下来，我们就从三个方面重新认识一下幻灯片的对齐。

1. 对齐工具（视频：016）

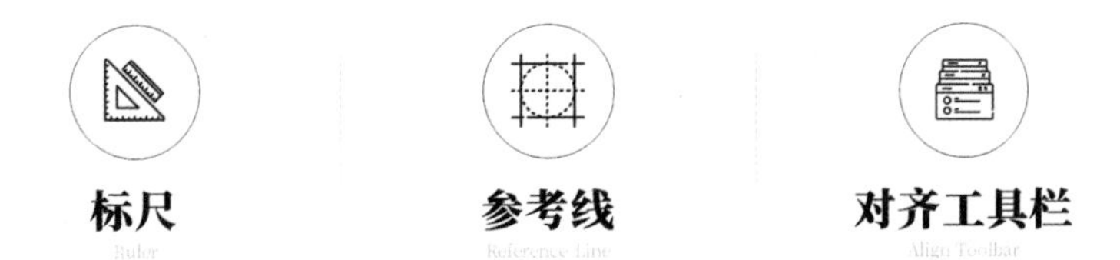

[标尺]：单击【视图】选项卡，勾选【标尺】即可。

[参考线]：单击【视图】选项卡，单击【网格和参考线】，勾选【屏幕上显示绘图参考线】即可。

[对齐工具栏]：同时选中两个或以上元素时，元素上方会出现一个浮动的对齐工具栏。

[标尺]　　[参考线]

[对齐工具栏]

规范标题、正文的位置，让整套幻灯片格式更加统一

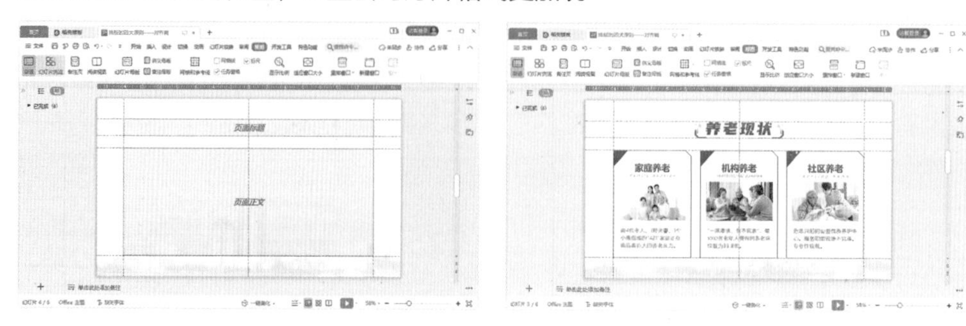

辅助不规则图标的精准对齐

辅助形状与文字的精准对齐

增删参考线

01 增加　按住【ctrl】键拖动原参考线即可增加参考线。（注意：当幻灯片中有元素时，需在画布外单击或拖动参考线才能进行移动与增加。）

02 删除　将参考线拖至画布边缘即可删除。

浮动对齐工具栏让对齐操作更便利（注意：后选择的元素将成为对齐的标准）。

选择两个以上元素将触发“智能对齐”功能。

WPS中的“智能对齐”功能会自动根据当前所选择的内容，智能判断出相应的语言逻辑结构，为你推荐适合的对齐方案。

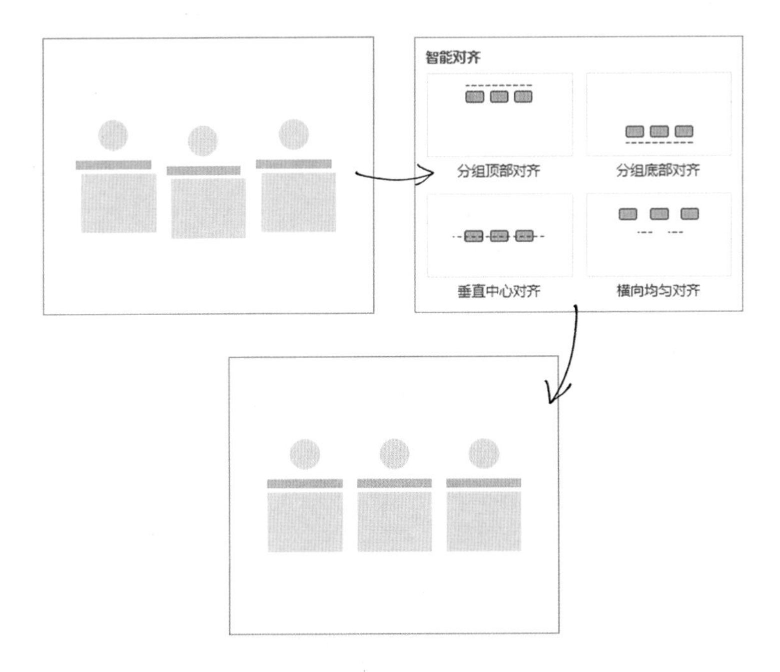

此外，当你只选择内容的一部分时，“智能对齐”功能能够自动推测你可能漏选的内容，并智能地为你扩选更多内容，再进行相应的对齐方案推荐。

2. 对齐方式（视频：017）

除了传统的居中对齐、靠左对齐等，还有许多具有创意的对齐排版方式。在幻灯片制作中，我们需要根据具体内容选择适合的对齐方式。

居中对齐

靠左对齐

环形对齐

斜线对齐

弧形对齐

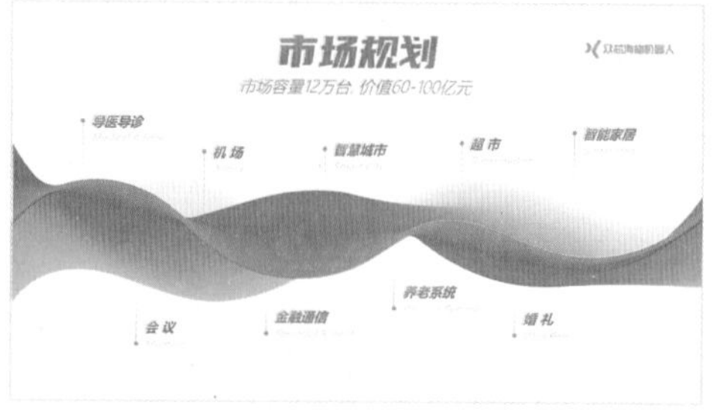

错落对齐

3. 对齐中的细节（视频：018）

幻灯片制作过程中经常遇到需要排版不规则Logo、人物图片以及长度不一致的文段等情况。这时候如果你只会遵循死板的对齐，往往效果并没有那么好，这是因为你忽视了对齐中的细节。

多人物对齐

在做团队介绍页这种人物照片排版时，需要注意对齐人物的眼部，让眼睛差不多在同一基准线。

不规则Logo对齐

Logo的尺寸各有不同，对齐难度大。可以用同一个矩形“规定”Logo大小，再用一个色块衬底，让视觉面积一致。

当然，用色块排版不规则Logo的方法也可以应用到文段长短不一的情况。除了色块，还可以使用线框辅助对齐。对齐的方法很灵活，在对齐时除了“绝对对齐”，更需要注意的是“视觉对齐”。

关于文段的对齐（视频：019）

下图所示的页面是许多人都做过的页面类型。虽然已经遵循了对齐原则，可是为什么看上去还很奇怪呢？其实这个典型页面暴露了3个细节问题。接下来，就让我们逐个对应修改。

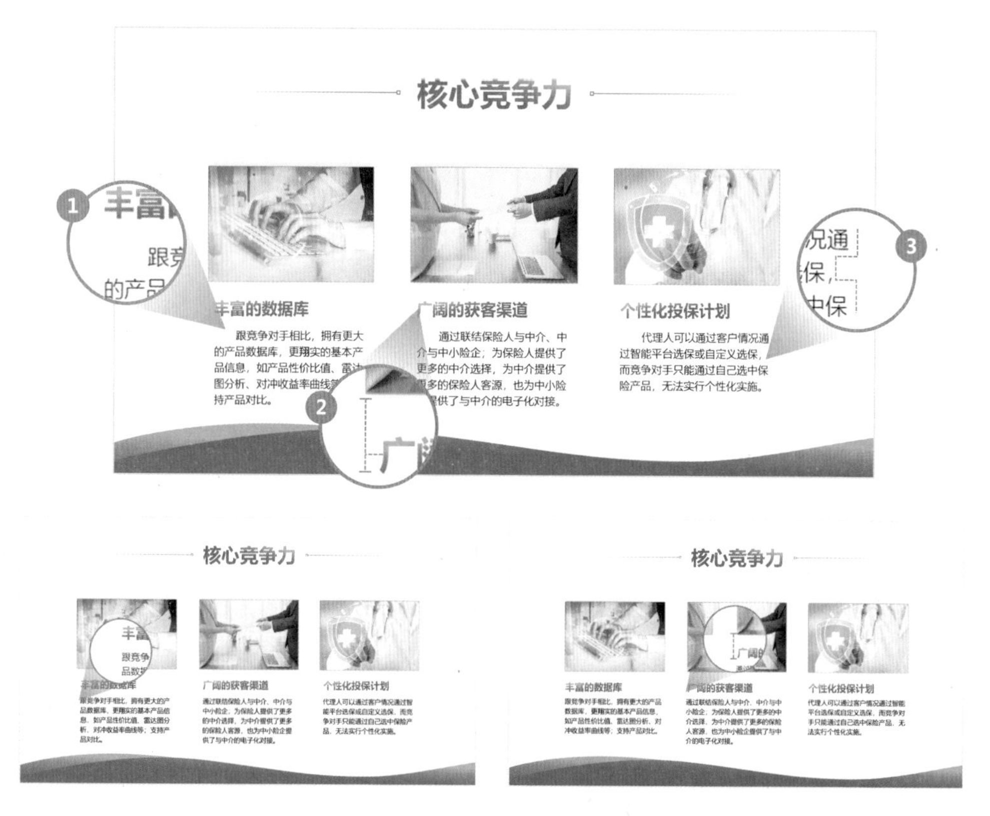

修改一：取消首行缩进

首行缩进主要是为了划分段落。在幻灯片中少有大段的文字。首行缩进会让页面显得很不整齐。如果文段较多，可以通过调整段间距来区分段落。

修改二：取消文本框边距

仔细观察，你会发现文字与文本框是有一定距离的。将文本框边距设置为0，才能做到图片与文字绝对对齐。

取消文本框边距

选中文本框－右击－设置对象格式－文本选项－文本框－单击【文字边距】的选择菜单－将【标准边距】改为【无边距】。

修改三：设置两端对齐

将原本的左对齐改为两端对齐，这样两端会同时进行文本对齐。

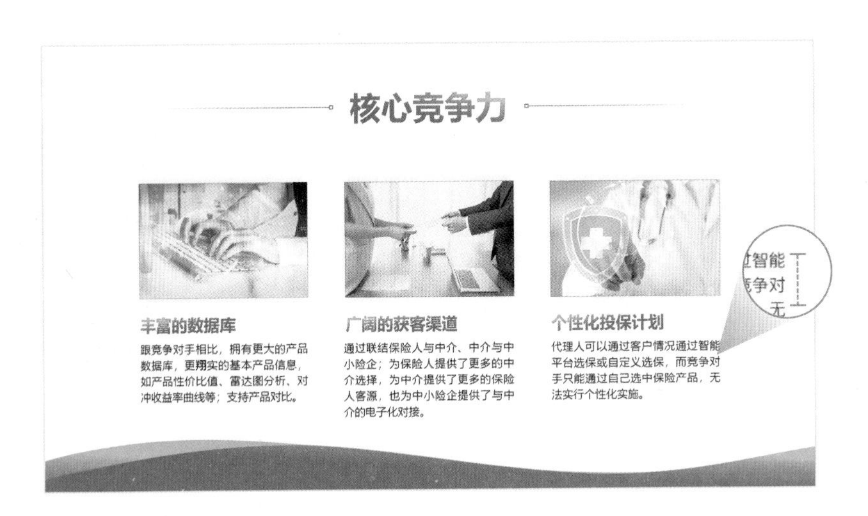

到这一步，修改基本完成了。但有时设置好两端对齐，还是不够整齐，会出现文段标点超出边界的情况，这也会导致不整齐，需要进行调整。

操作步骤

选中文本框－右击－段落－选择【中文版式】选项卡－取消勾选【允许标点溢出边界】。

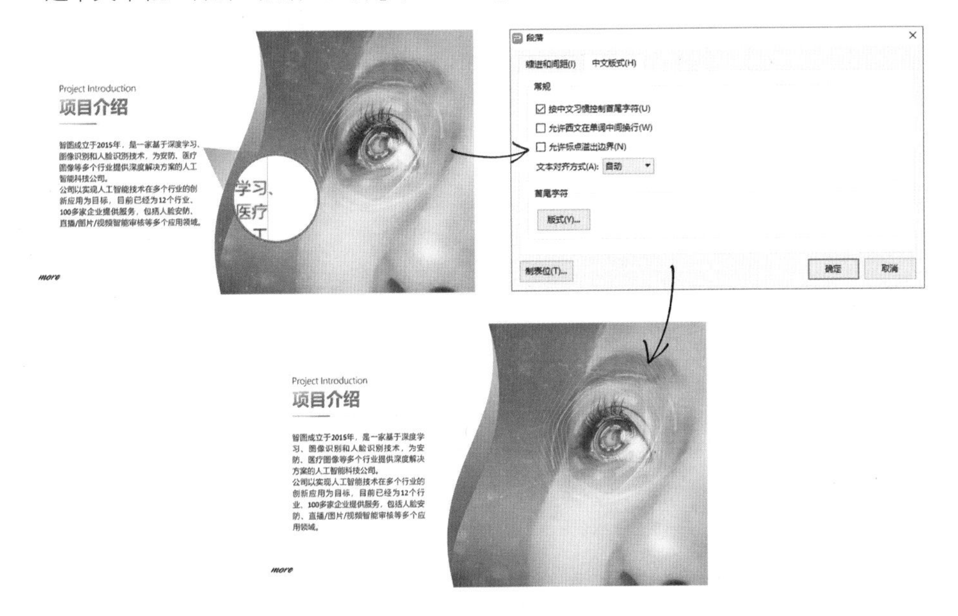

4. 重复

这里的重复并不是指把同一个元素复制多次这么简单，而是根据实际应用需要，在幻灯片中重复某些元素，以使幻灯片更加统一、和谐。重复的元素可以是配色、版式、形状、装饰……重复原则的使用一般会伴随着对比原则。

配色的重复

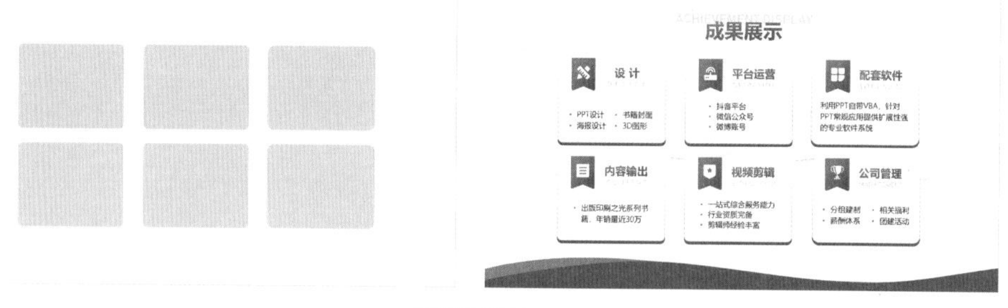

形状的重复

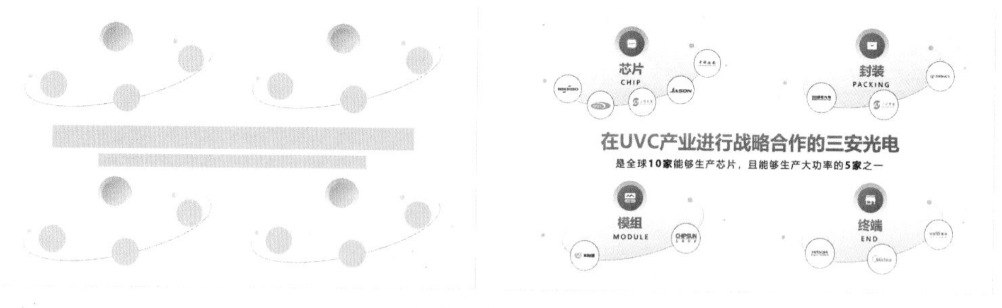

装饰的重复

3.2.2 距离产生美

“距离产生美”这句话经常被用在人际交往中，其实放在幻灯片排版上也同样适用。在制作幻灯片时把握好各种距离是不容忽略的细节，也是我们在检查幻灯片排版是否合理的最后一道关卡。

1. 字间距（视频：020）

文字的间距影响着观众的阅读体验，合适的间距有利于观众更快地读取信息。制作幻灯片时，如果文本内容比较多，字间距不宜过松，使用默认间距即可。但如果你使用的是特殊字体如书法体，那就要检查是否需要微调了。

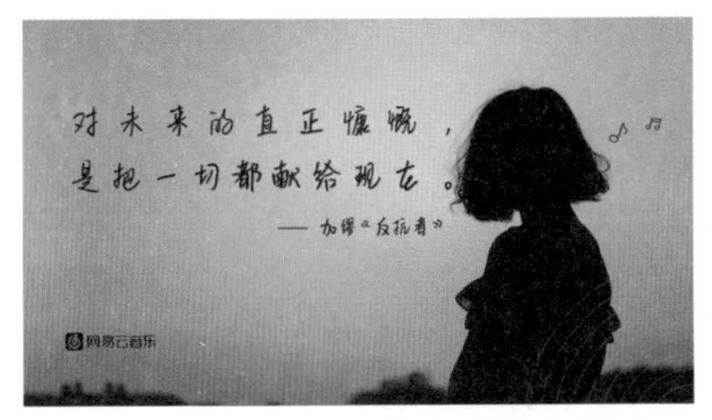

Before

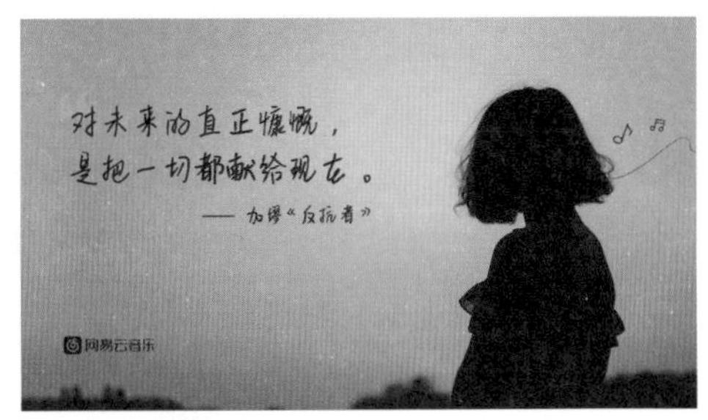

After

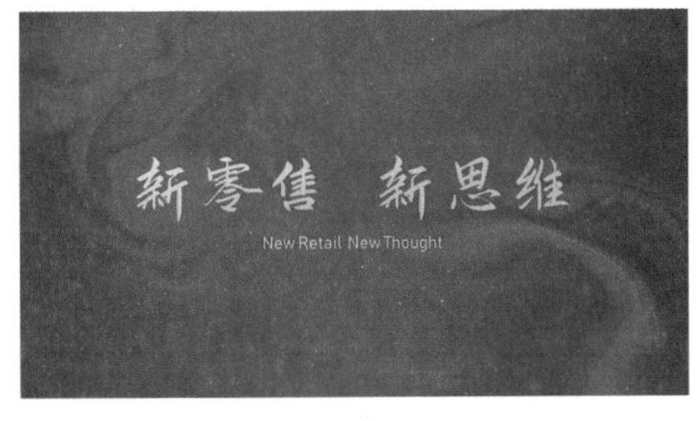

Before

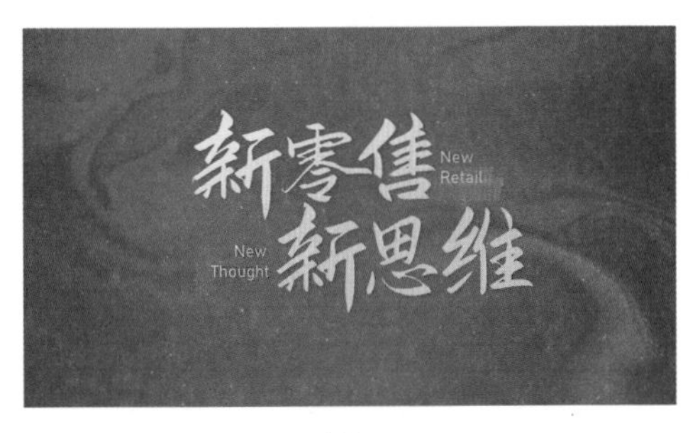

After

字间距调整

方法一：选中文本－单击【文本工具】选项卡－单击【字体】组右下角的小按钮－字符间距－根据需要选择【加宽】或【紧缩】，输入具体数值。

方法二：将标题文本拆分开来，一个字使用一个文本框，再进行调整。

此外，关于字间距还需注意一点：字间距要小于行间距。

错误的间距容易误导阅读顺序，导致阅读效率低

正确的间距

2. 行间距（视频：021）

使用文档排版软件时经常会强调行间距、段间距的重要性，其实在幻灯片的排版中它们也十分重要。处理好行间距、段间距能够让幻灯片的结构层级更加清晰。

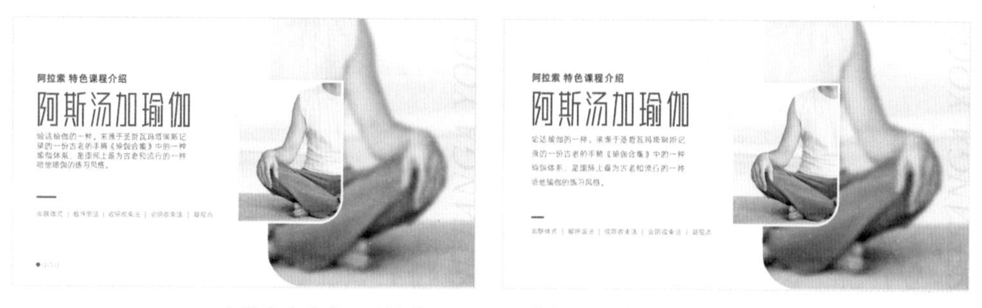

大段文本内容，建议使用1.1～1.5倍行距，增加页面呼吸感

标题型文本，建议直接使用默认单倍行距

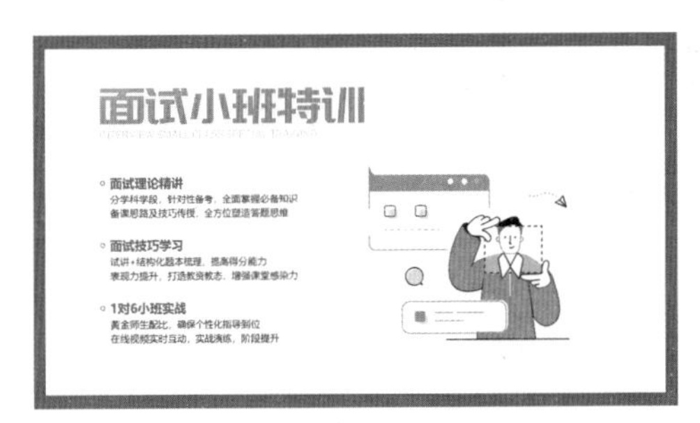

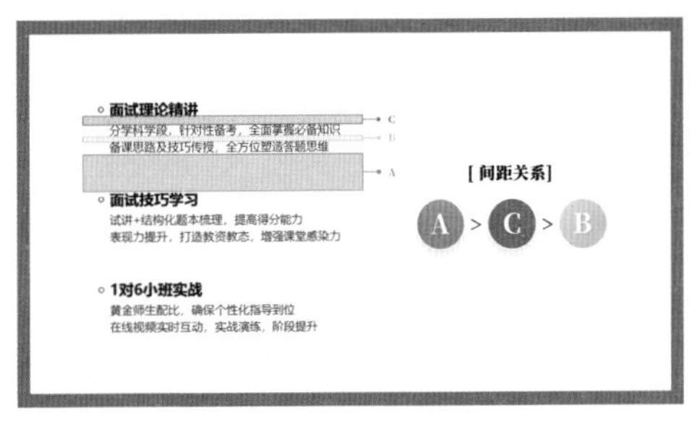

多组型文本，注意各组间距要大于行间距

3. 页边距（视频：022）

什么是页边距呢？在排版四大原则的对齐篇中，我们谈到了设置参考线可以规范标题与正文的位置。其实设置好参考线，幻灯片的页边距也就出来了。

根据亲密性原则，在做幻灯片时经常需要把内容分成几个板块。我们这里要强调的就是各个板块之间的距离与页边距的关系。

制作下面这样的多点式排版页面时，只需记住一个原则：

板块之间的间距要小于页边距

错误的间距关系让页面显得很松散

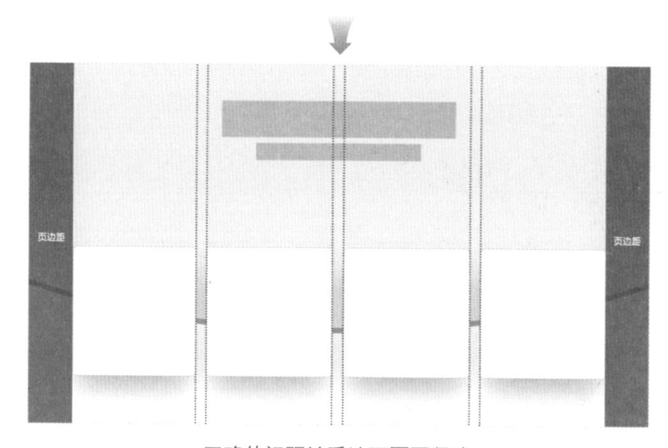

正确的间距关系让页面更紧凑

3.3 字体使用，要用就用对的

字体是文字的外衣，字体类型有成百上千种。就像人一样，每一款字体都拥有自己独特的气质。制作幻灯片虽然不需要像平面设计师一样对文字进行严格的设计编排，但认识字体的特性，懂得根据不同应用场景选择相应的字体却是我们应该学习的。

3.3.1 认识字体类型

在选择字体前要先认识字体。根据目前广义上的分类，可以将中文字体分为4种类型：黑体、宋体、圆体、书法体。学会分辨字体的特性能够让我们在选择字体的时候有一定的参考，节约制作时间。

1. 黑体

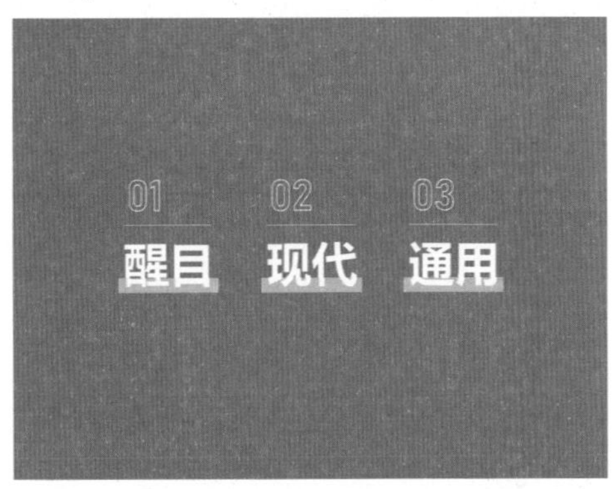

黑体属于无衬线字体。字体简洁大方，横平竖直的笔画让黑体字看起来比较正式稳重。黑体的识别性、通用性较好，是最不容易出错的字体。不论是在正文还是标题上都能轻松胜任，是商务汇报类幻灯片的首选字体。

但是黑体用得不好就会让幻灯片显得比较普通。不少字体设计师在黑体的基础上，设计出了更具个性的黑体衍生字体，适合更多应用场合。

2. 宋体

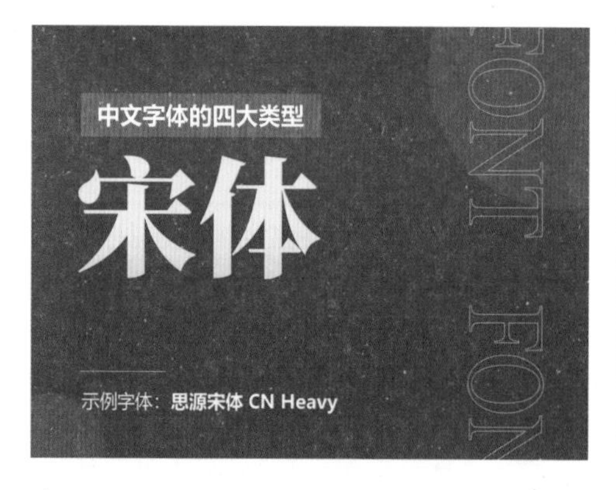

与黑体相反，宋体属于衬线字体。字形有粗细变化的美感，在笔画末端留有装饰部分。宋体具有良好的观赏性与阅读性，较多用于标题。宋体所传达的独特文化气质让它更适合用在与历史、传统有关的场合。

3. 圆体

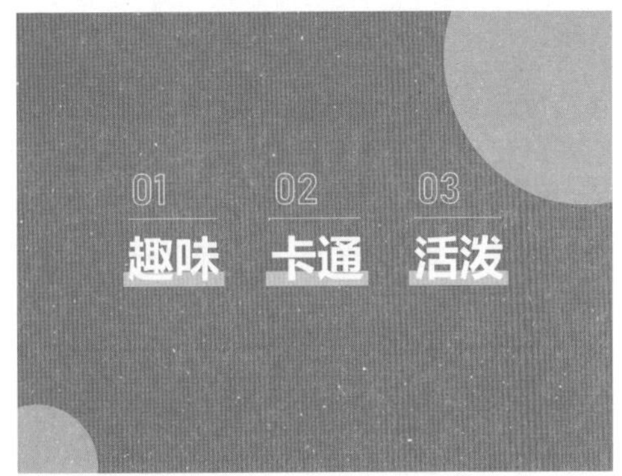

在拐角处、笔画末端呈圆弧形的字体为圆体。圆体的字形相对比较圆润、可爱，给人一种趣味感与亲切感。适合应用在有关儿童、女性、卡通等主题的幻灯片中。但圆体的识别性较差，不宜用作正文排版的文字。

4. 书法体

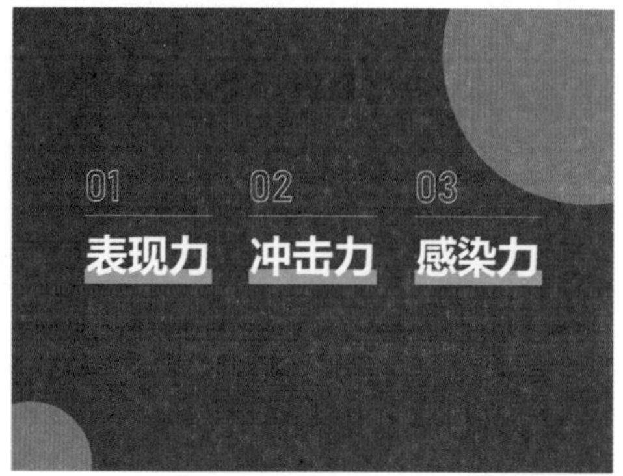

书法字体种类丰富，传递给人的感受也各有不同，或是飘逸潇洒又或是秀丽俊美。恰当地使用书法字体能够让幻灯片更具冲击力与感染力。书法字体通常用于标题，不适用于正文。

3.3.2 字体使用有章法

烹饪美味的大餐除了需要新鲜的食材更需要厨师精湛的厨艺，字体使用亦是如此。只有掌握了一定的使用方法，我们在制作幻灯片时才能游刃有余。

1. 心里有数，好字体不贪多

为了视觉统一性考虑，一份幻灯片演示用文稿中使用的字体数量最好控制在三种以内。

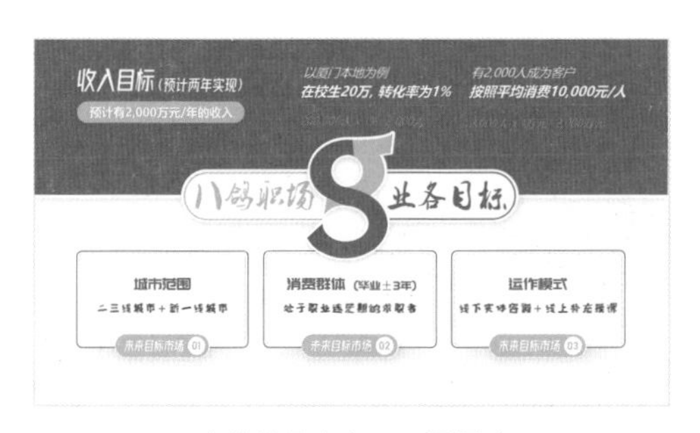

字体数量太多，页面混乱

两种字体，页面简洁

需要通过字体的不同来展现文本内容层级时，可以使用字重（字体的粗细）较多的字体系列，例如，阿里巴巴普惠体、思源宋体、思源黑体。这样有利于页面的和谐统一。

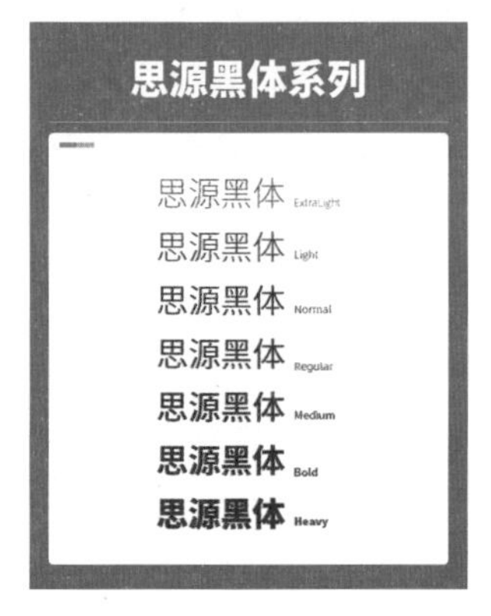

2. 字体选择有依据（视频：023）

字体选择不可随心所欲，根据幻灯片的主题内容匹配字体才是最佳做法。以下是常见的几种幻灯片类型对应的字体搭配方案。

1. 商务风

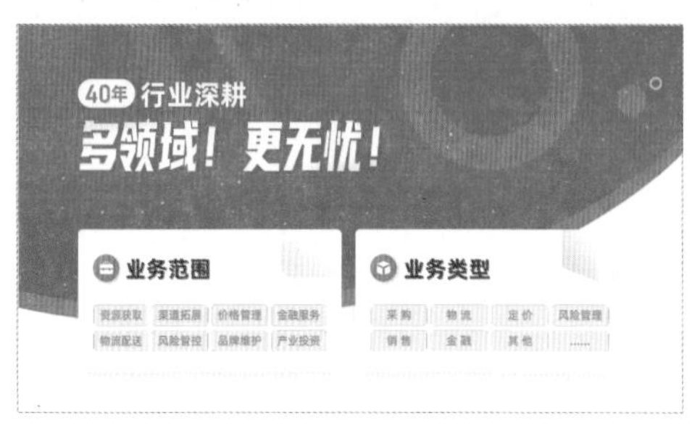

标题	优设标题黑
正文	阿里巴巴普惠体

标题	思源宋体 Heavy
正文	微软雅黑

像工作汇报等偏商务类型的幻灯片一般要求简洁、严谨。标题可以使用相对醒目的黑体，如优设标题黑、庞门正道标题体等。如果汇报内容与教育、时尚有关，较粗的宋体，如思源宋体也是当标题字体的不错选择。

正文为了方便阅读及修改，一般使用通用性高的黑体，如阿里巴巴普惠体等。

2. 科技风

标题	字体圈欣意冠黑体
正文	微软雅黑

标题	站酷酷黑
正文	阿里巴巴普惠体

科技风幻灯片中的字体可以选择笔画比较粗、硬朗有个性、能够传递力量的黑体。例如，站酷酷黑、站酷高端黑、字体圈欣意冠黑体、汉仪菱心体。宋体字的气质偏古典，一般不建议使用在科技风幻灯片中。

3. 可爱风

标题	沐瑶随心手写体
正文	沐瑶随心手写体

标题	素材集市康康体
正文	素材集市康康体

可爱风格的幻灯片适合使用没有明显棱角，字形可爱随性的字体。推荐字体：沐瑶随心手写体、素材集市康康体、站酷庆科黄油体、汉仪小麦体。

4. 文艺/中国风

标题	演示佛系体
正文	思源宋体 CN Medium

标题	方正清刻本悦宋简体
正文	思源宋体 Light

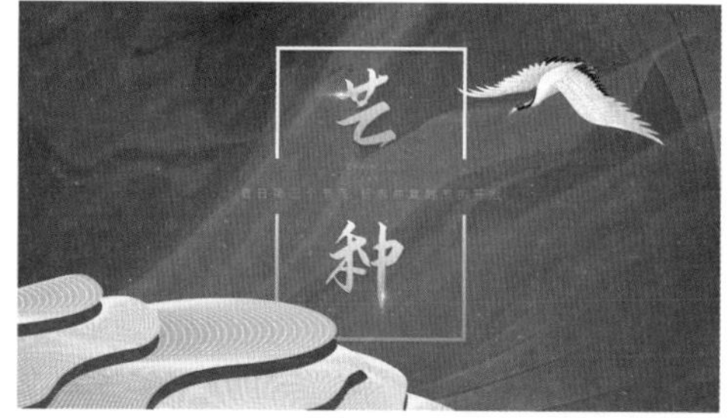

标题	演示悠然小楷
正文	思源宋CN ExtraLight

标题	演示悠然小楷
正文	阿里巴巴普惠体

宋体与书法字最贴近文艺风，并能够体现各种类型的中国风。带有衬线装饰的宋体字结构端正规整，笔画细节变化细腻，自带人文气息。书法字体丰富的笔触变化可以增强页面的感染力、冲击力。

5. 党政风

标题	鸿雷板书简体
正文	微软雅黑

标题	思源宋体 CN Heavy
正文	微软雅黑

党政风幻灯片可以使用一些字形大气豪迈的书法体，例如，鸿雷板书简体、演示镇魂行楷等，让页面显得更有气势。也可以使用端正稳重的思源宋体，字形较粗有分量，让页面显得更为庄重严肃。

3.3.3 特殊字体的保存（视频：024）

如果在幻灯片中使用了非系统自带的特殊字体，那么一定要注意特殊字体的保存问题。因为在没有安装此字体的电脑中播放时，会出现字体缺失的情况，导致演示事故。

有三个办法可解决这个问题：**文字转图片、文字转矢量、字体嵌入。**

正常显示

字体缺失

1. 文字转图片

操作方法

选中文本框－【Ctrl+X】－右击－选择【粘贴为图片】即可。

2. 文字转矢量

操作方法

插入一个任意形状－先选中文本框，再选中形状－单击上方【绘图工具】选项卡下的【合并形状】下拉菜单－单击【剪除】。

3. 字体嵌入

操作步骤

单击左上角【文件】菜单－选项－常规与保存－勾选【将字体嵌入文件】－选择合适的模式，字体就会被嵌入幻灯片中，最后单击【确定】按钮即可。

3.4 轻松配色，快速提升美感

不同的颜色给人的感受是不一样的，对于一份幻灯片而言，色彩在很大程度上决定了人们对其的第一印象。能够让人赏心悦目的幻灯片一定离不开合理协调的颜色搭配。那么怎样才能轻松配色呢？掌握以下两种方法，你的幻灯片也能带给人美的感受。

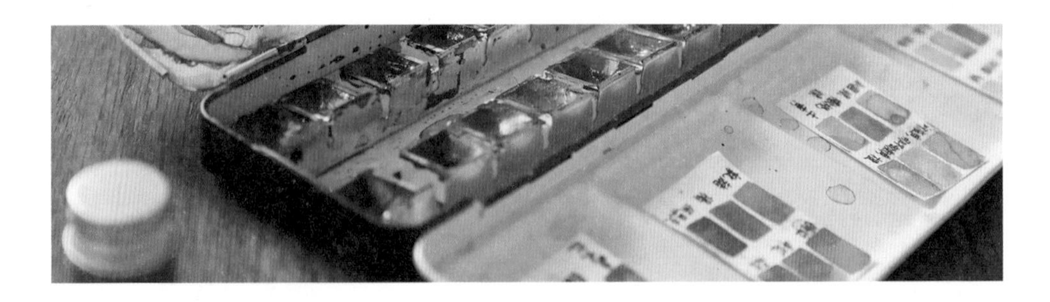

1. 根据Logo配色（视频：025）

Logo作为企业形象识别系统的核心，其在配色选择上十分严谨。在幻灯片配色上毫无头绪的你不妨试试使用Logo配色。这是最保险、最简便的方法。

让你的闲置游起来

阿 里 巴 巴 集 团 旗 下 品 牌

2. 根据行业特性选配色（视频：026）

每个行业都有与之属性相匹配的颜色，如果你认为Logo的颜色不好搭配，也可以根据行业特性选配色。

医疗行业：蓝色、青色、白色

环保能源行业：绿色、白色

互联网科技行业：亮蓝、黑蓝

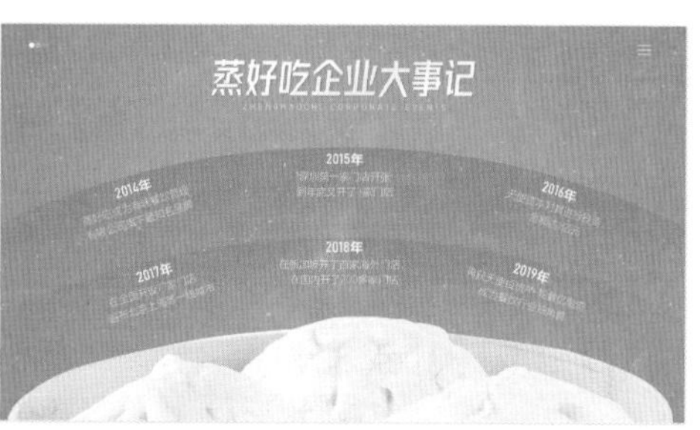

餐饮行业： 红色、橙色、黄色

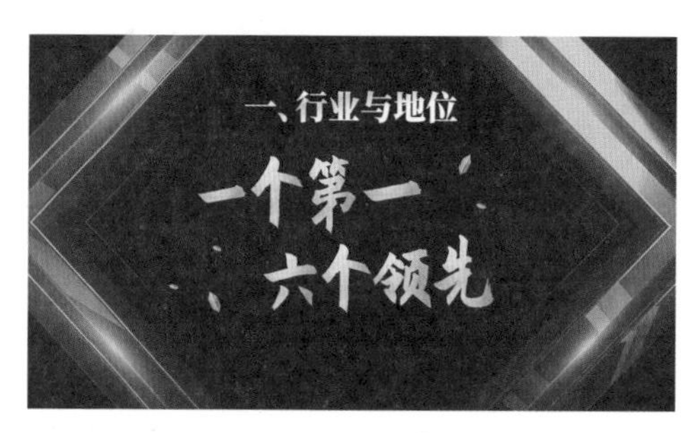

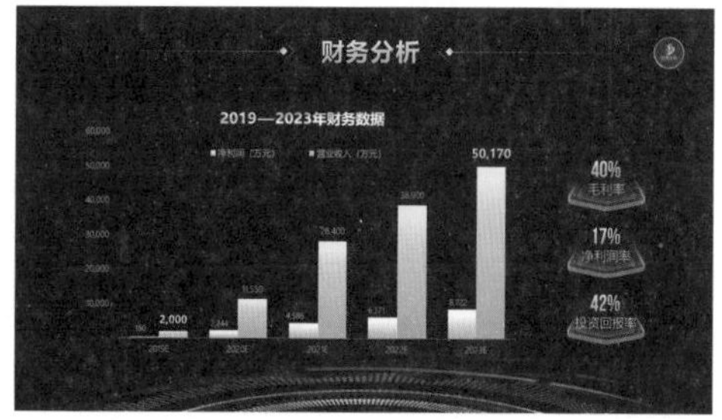

金属矿产行业： 金色、银色、黑色

汽车行业： 红色、黑色

以上只是部分行业的配色方案，你还可以参考相关行业的网站配色。

可以在花瓣网上搜索相关画板，关键词设置为：行业+网站。

3.5 添加装饰，打造精致感

3.5.1 让页面更加灵动——线条（视频：027）

线条是最基础的装饰元素，包括直线与曲线。善用线条装饰能够使页面更加灵动，丰富页面的视觉效果。

Before

After

Before

After

Before

After

3.5.2　让表达更加直观——图标（视频：028）

图标在幻灯片中主要有3大功能：修饰、表意、增加趣味性。当页面较空且没有图片素材时，可以使用图标让页面更加饱满；图标本身具有快速、准确传达信息的功能，比文字更直观；精致的图标可增加页面的趣味性。

Before

After

Before

After

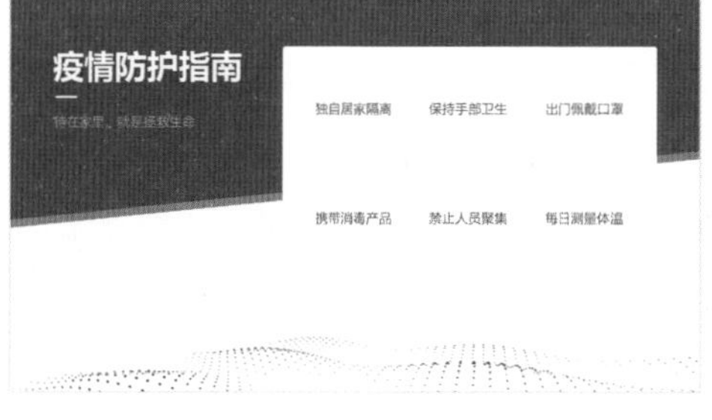

Before

After

3.5.3 让内容更好呈现——容器（视频：029）

如果排版没有灵感，可以试试使用“容器”把内容装起来。这个方法不仅可以使页面看起来更加规整，还能丰富页面。

利用真实场景图

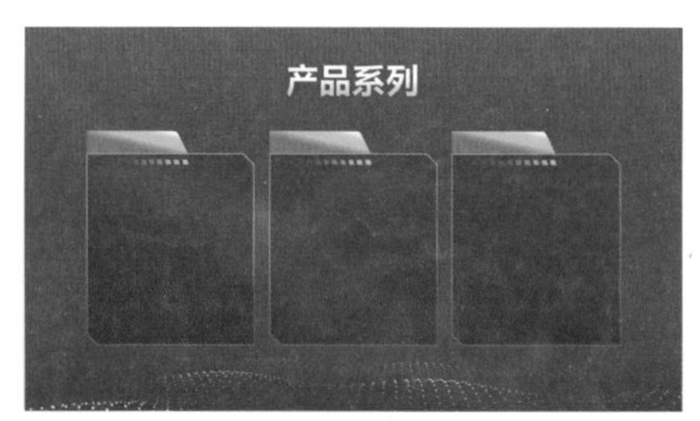

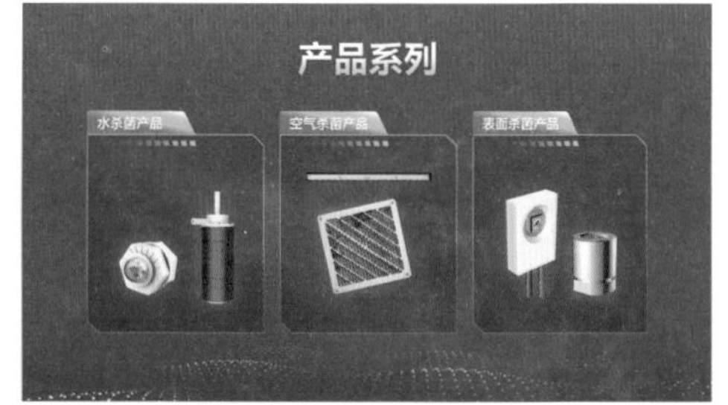

利用基础形状组合

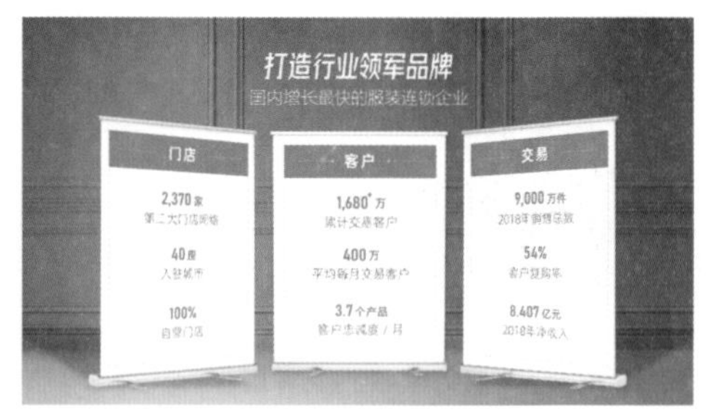

利用PNG素材

3.6 眼前一亮，留下深刻印象

演示幻灯片其实是一个说服观众的过程，如果你的演示能够让人记住，让人听进去，那么这场演示就是成功的。要想做到这个效果，除了要在演讲能力等方面努力，还有一个最简单的方法，就是打磨一页精彩的幻灯片。在整份幻灯片中只要有一页能够做到超出期待，你就容易被人记住。掌握以下三种简单实用的方法，活学活用，可给你的幻灯片增添光彩。

3.6.1 巧用倾斜打造冲击力（视频：030）

倾斜排版能够让版面更富变化性，有新鲜感、有冲击力。这个方法可以应用在整份幻灯片中最需要引起注意的一页里，适合较时尚、年轻主题的幻灯片。

案例一

案例二

案例三

案例四

案例五

案例六

3.6.2 样机让图片展示更“高大上”（视频：031）

对于各种截图的排版，最好的方式是让截图回到它原来的屏幕里。手机截图放进手机样机中，电脑截图就放到电脑样机中。这样可以使幻灯片更有场景感，同时可丰富页面。

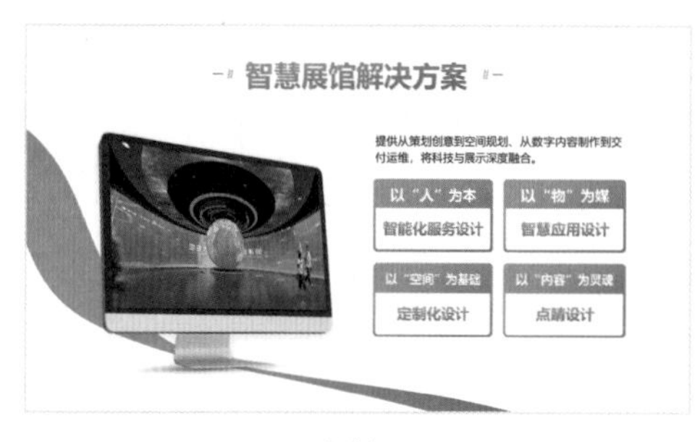

案例一

案例二

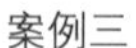
案例三

案例四

3.6.3　使用PNG图片增加层次感（视频：032）

透明背景的PNG图片的可发挥空间很大，具有更多可能性。通过前后层叠关系的处理，可以让幻灯片更具层次感。

案例一

案例二

案例三

案例四

案例五

案例六

04 · 动画篇

让演示随心所欲

在学习演示动画之前，我们首先要牢记一个观点：演示动画永远服务于内容。很多人在制作幻灯片时往往只是为了添加动画而添加，导致各种炫酷的动画都集中在同一页幻灯片里，让人眼花缭乱。这样显然是不合理也不好看的。添加动画是为了让演示随心所欲，但切记，不可随心所欲地添加哦！

用心割舍
智者知止

4.1 平滑切换，实现神奇移动

平滑切换是相邻两页幻灯片之间的切换动画。平滑切换利用两页幻灯片中相同的元素，实现元素变形、位移、放大缩小等操作的平滑过渡。使用平滑切换，能够实现更多炫酷的转场效果。

4.1.1 如何使用平滑切换（视频：033）

使用平滑切换需遵循一个原则：在相邻两页幻灯片中，至少需要一个共同对象。

下面我们结合具体操作，谈谈如何实现从案例一（A）转换为案例一（B）。

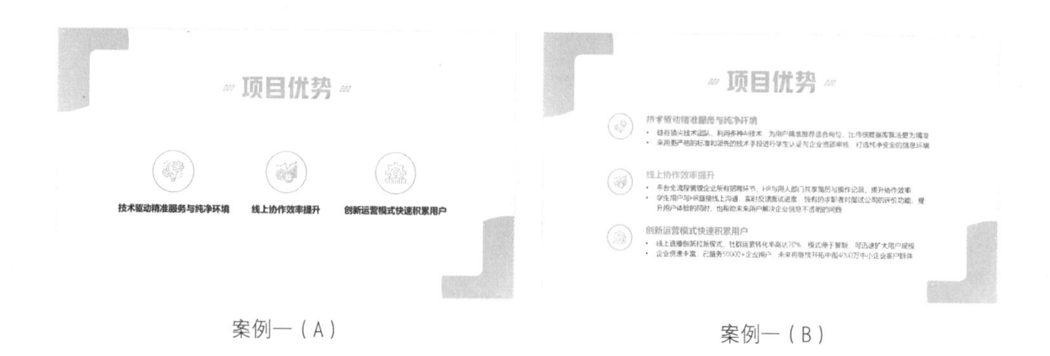

案例一（A）　　案例一（B）

操作步骤

01 新建幻灯片。将文字、图标等元素放置在幻灯片上，摆好位置。

02 将原幻灯片复制一页。按照需要可对图标进行缩小或放大处理，对文字进行变色处理，并将其移动到相应位置。添加需要的更多文字内容或其他元素。（如不想复制原幻灯片，也可以将需要重复出现的元素复制粘贴到第二页。）

03 选中第二页，单击上方菜单栏中的【切换】，选择【平滑】即可。

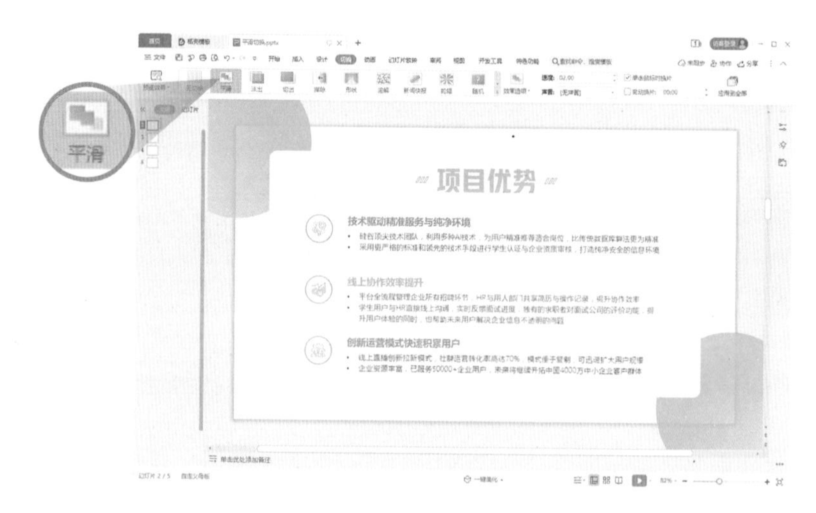

平滑的效果可以选择按对象、文字或字符平滑，以满足各类切换需求。

4.1.2　平滑切换的高阶用法：强制关联（视频：034）

可以在连续的幻灯片上匹配两个不同的对象，强制将一个对象平滑过渡为另一个。

下面我们结合具体操作，谈谈如何实现从案例二（A）转换为案例二（B）。

案例二（A）　　案例二（B）

操作步骤

01　新建两页幻灯片，分别绘制不同颜色的圆形与矩形。

02　选中第一页，单击上方菜单栏中的【开始】，单击【选择】的下拉箭头，单击【选择窗格】。双击对象名称，在英文输入法状态下，输入“!!”（两个英文的叹号），后面可以根据需要添加名称，如，!!形状，也可不再添加内容。

03　对第二页的对象同样进行改名操作。两页中对象的名称要保持一致。最后使用平滑切换即可。

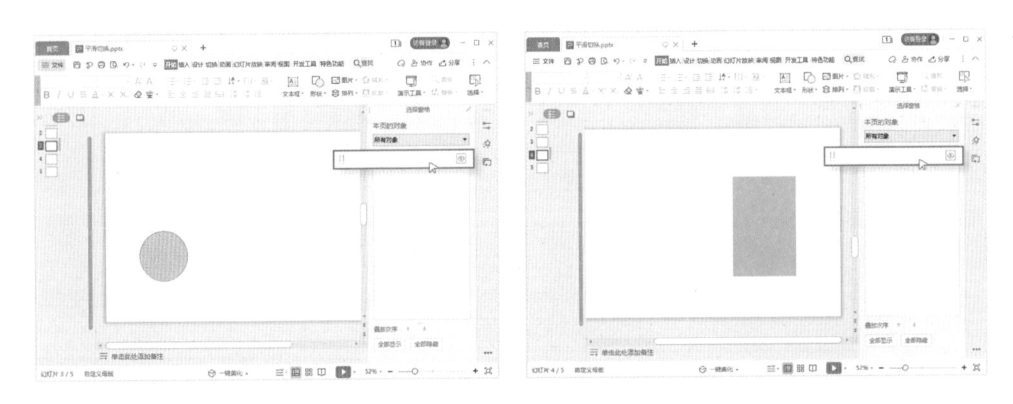

注意：强制关联的两个对象，需保持类型相同。例如，两张不同的图片，两个不同的形状，两组不同内容的文本。不能实现从图片平滑过渡到形状。

4.1.3 平滑切换实例

冯注龙

- “向天歌PPT”创始人，全网付费学员近30万人
- 金山WPS金牌讲师，WPS精品课特约专家
- 抖音“PPT之光”教育达人，粉丝近200万人
- Office培训师/PPT设计师/畅销书作者
- 新浪微博：@冯注龙

平滑切换实例：人物介绍（视频：035）

平滑切换实例：图片展示（视频：036）

4.2 推出切换，让页面串联起来

推出切换通过顺畅的动画效果，将两页幻灯片串联起来，保持演示的连贯性、统一性。推出切换有四种效果选项：向上、向下、向左、向右。利用推出切换，我们可以将一页放不下的内容拆成两页展示，同时又不会破坏演示的节奏。

推出切换实例：制作时间轴页面（视频：037）

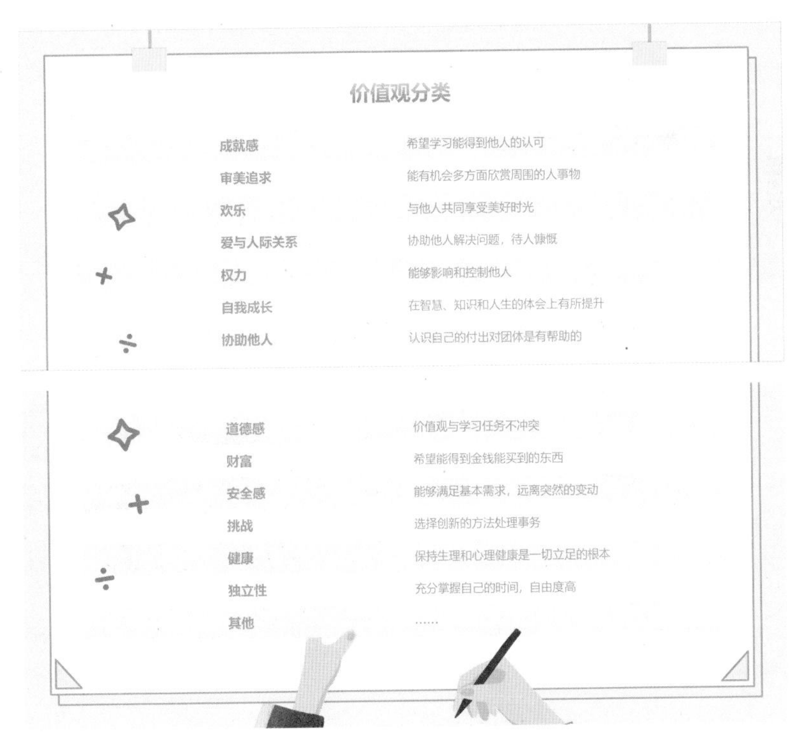

推出切换实例：制作长表格页面（视频：038）

4.3 组合技能，实现伪视频效果

在幻灯片中插入视频背景能够打破原来静态画面的沉闷感。但合适的视频背景不好找，且插入视频背景之后，幻灯片文件变大，不方便发送。要解决这样的问题很简单，这里推荐两种动画：**直线动画与渐变动画**。

结合这两种动画，可以让原图片背景动起来，打破画面的单调。

案例一（视频：039）

案例二（视频：040）

05 · 心法篇

文字处理不盲目

WPS中的文字处理组件，主要用于文档图文排版。但在系统学习具体操作之前，我们要先了解文档的具体规范是什么，什么样的规范会利于文档阅读，体现专业。做到心中有数，方能有的放矢。

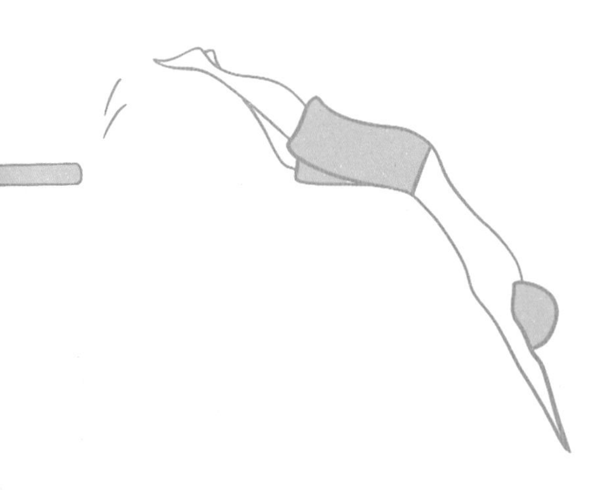

方向比苦干重要，
规范比操作重要。

5.1 方向比努力更重要：文档的品格

很多人都觉得文字处理软件不用学，往上打字就行了，其实这是一个特别大的误解。很多人都没意识到，文字处理软件其实是我们在职场中与别人交流，特别是与上司和客户交流最常用的正式界面。通过这个界面可让自己显得特别专业、高效、靠谱，因此学会文字处理软件的使用方法与技巧是每个对自己有要求的职场人都必须上的一课。

文档的本质是什么

在制作文档时，首先要明确：文档的第一要素并不是好看、漂亮、有设计感，而是要易于阅读，方便文档管理。

所以，文档是否专业，标准就在于是否易于阅读，是否易于信息的传达和理解。也就是说，我们要制作“容易看”的文档，任谁看都能立刻明白，这篇文档的重点是什么。那怎么做呢？精髓都在那句让无数乙方崩溃的万年魔咒里：字要大，要有层次感。字大才能不费眼、层次清晰有逻辑，更方便阅读、理解。

下图是刚开始制作的文档：输入了文字，没有做任何加工和格式设置（称为“纯文本输入”）。很明显，这肯定不是“容易看”的文档。我们一眼看过去，很难理解这篇文档的重点在哪里，讲的是什么。

5.2 制作易读性文档的基本规范

怎么才能让文档易于阅读呢？怎样让领导、合作对象仅通过一份文档，就能看出我们的专业性来？三个要点：字体、字号、间距。

字体　　字号　　间距

还是上页那份文档，一模一样的内容，我们只是改变了不同文字的字体、字号和间距，文档的脉络一下子就清晰起来了。

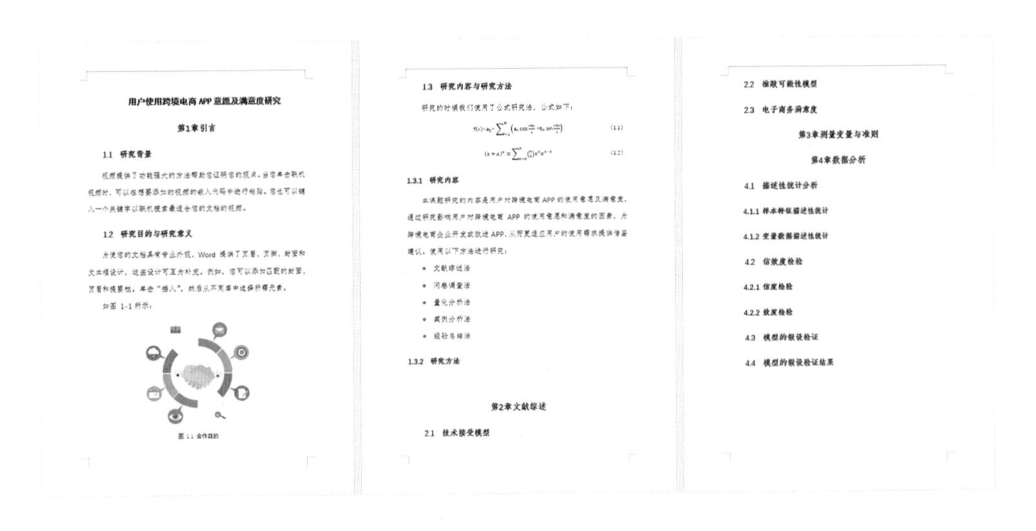

用户使用跨境电商 APP 意愿及满意度研究

第1章引言

1.1 研究背景

视频提供了功能强大的方法帮助您证明您的观点。当您单击联机视频时，可以在想要添加的视频的嵌入代码中进行粘贴。您也可以键入一个关键字以联机搜索最适合您的文档的视频。

1.2 研究目的与研究意义

为使您的文档具有专业外观，Word 提供了页眉、页脚、封面和文本框设计，这些设计可互为补充。例如，您可以添加匹配的封面、页眉和提要栏。单击"插入"，然后从不同库中选择所需元素。

如图 1-1 所示：

图 1.1 合作目的

1.3 研究内容与研究方法

研究的时候我们使用了公式研究法，公式如下：

$$f(x)=a_0+\sum_{n=1}^{\infty}\left(a_n\cos\frac{n\pi x}{L}+b_n\sin\frac{n\pi x}{L}\right) \quad (1.1)$$

$$(x+a)^n=\sum_{k=0}^{n}\binom{n}{k}x^k a^{n-k} \quad (1.2)$$

1.3.1 研究内容

本课题研究的内容是用户对跨境电商 APP 的使用意愿及满意度，通过研究影响用户对跨境电商 APP 的使用意愿和满意度的因素，为跨境电商企业开发或改进 APP，从而更适应用户的使用需求提供借鉴建议，使用以下方法进行研究：

- 文献综述法
- 问卷调查法
- 量化分析法
- 案例分析法
- 经验总结法

1.3.2 研究方法

第2章文献综述

2.1 技术接受模型

2.2 信息可能性模型

2.3 电子商务满意度

第3章测量变量与准则

第4章数据分析

4.1 描述性统计分析

4.1.1 样本特征描述性统计

4.1.2 变量数据描述性统计

4.2 信效度检验

4.2.1 信度检验

4.2.2 效度检验

4.3 模型的假设检验

4.4 模型的假设检验结果

字体、字号和间距是所有类型的文档都应首先设置的基本内容。我们平时接触最多的其实就是格式简单的普通文档。而即使是普通文档，格式排版也依然很重要。设置格式，主要就是设置文字格式。所以一定要做到：字体字号规范，保持统一，行距保持一致。

5.2.1 关于字体

1. 字体使用规范

情况一：非正式发文

只是用于简单的沟通传阅，建议使用微软雅黑字体。因为在PC端阅读，微软雅黑字体的阅读体验最佳。

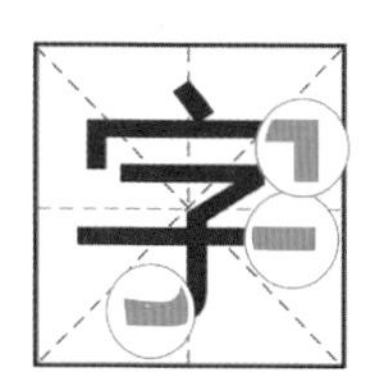

非衬线字体
（如微软雅黑）

情况二：正式发文

企业的正式发文或表单、文案等，建议以宋体字为主。特别是当这份文档需要打印使用时，宋体字体的文档让人阅读起来更舒适。

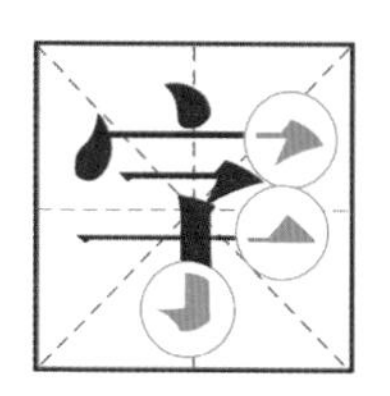

衬线字体
（如宋体）

知识扩展

宋体属于衬线字体，衬线字体在字的笔画开始、结束的地方有额外的装饰，而且笔画的粗细会有所不同。这种字体的识别效率高，尤其是大量阅读的时候，不容易让人产生疲劳感。不同的使用场景要选择不同的字体，这里给大家推荐几个通用的字体搭配方案。

内容	推荐字体
封面标题	华文中宋
一级/二级标题	黑体
三级标题&正文	宋体/仿宋
题注&页眉页脚	黑体
正文部分字体最好≤3种	

另外，在设置字体格式时，最好是中英文字体分开设置，以下提供了两种搭配方案。

	方案一	方案二
中文	宋体/仿宋	微软雅黑
西文	Times New Roman	Arial

2. 字体设置步骤

修改字体非常简单：选中文字，直接在【字体】跟随面板里修改即可。

小提示：【字体】下拉菜单非常长，很多字体查找起来颇费力气。直接在字体文本框里输入字体的名称，然后按回车键（按Enter键），也可以修改文字字体。

如果要分别设置文章的中英文字体，则按Ctrl+D组合键打开【字体】对话框。在【字体】对话框内分别设置中英文字体，则文章中的中英文即可分别被修改。（视频：041）

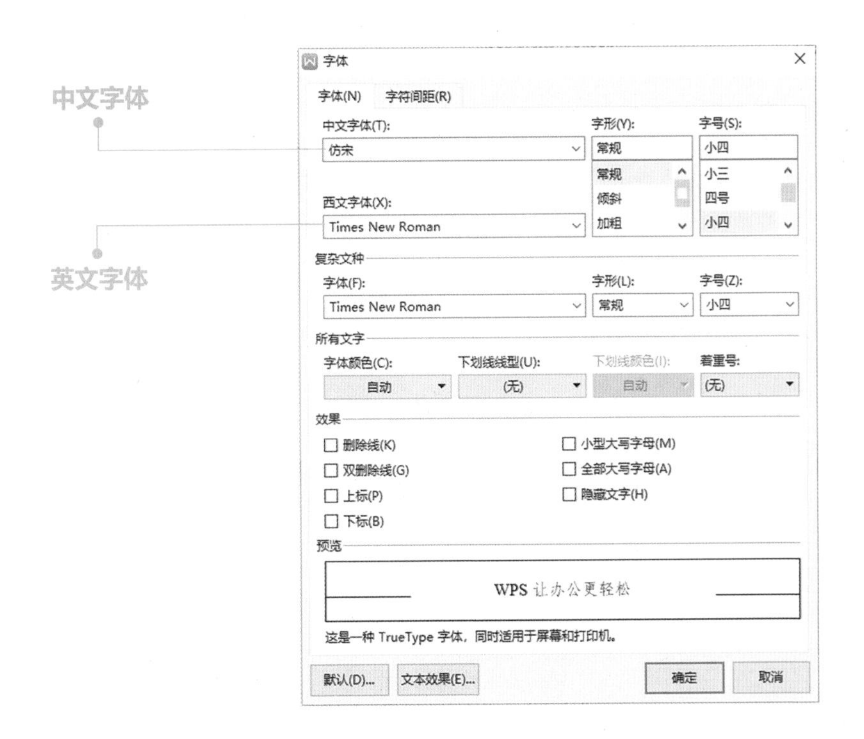

3. 设置文档默认字体

如果对于每次都要变更字体感觉很麻烦，可以把常用的字体设置成文档默认的字体。打开一份新文档，依然是按Ctrl+D组合键打开【字体】对话框。分别设置好中英文字体以后，单击一下左下角的【默认】按钮，然后单击【确定】按钮即可。这样，从下次新打开WPS文档开始，“中文为仿宋字体，数字/英文为Times New Roman字体”的组合就会成为初始设置字体。（视频：042）

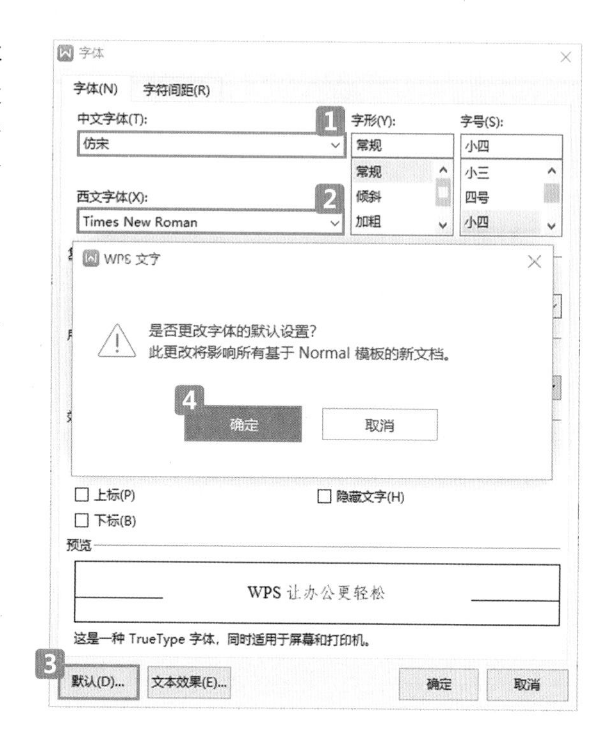

5.2.2 关于字号

1. 字号使用手册

与字体密不可分的就是字号设置，字号可为文档增加层次感。除非是一些行业的特殊要求，比如法律文书之类的，必须细分各种级别，其他文档都要求简单利落。文档最终是让人阅读的，结构复杂烦琐的文档很容易把人绕晕。所以，文档尽量保持三个级别的标题和正文就可以了。

内容	推荐字体	推荐字号
封面标题	华文中宋	一号/二号
一级标题	黑体	三号
二级标题	黑体	小三
三级标题	仿宋	小四加粗
正文	仿宋	小四
题注&页眉页脚	黑体	五号
字号并不绝对，可根据实际情况进行调整，关键是要分出文章层次		

2. 字号设置步骤

选中文字，在弹出的【字体】跟随面板里，单击【字号】下拉按钮，选择相应字号即可。

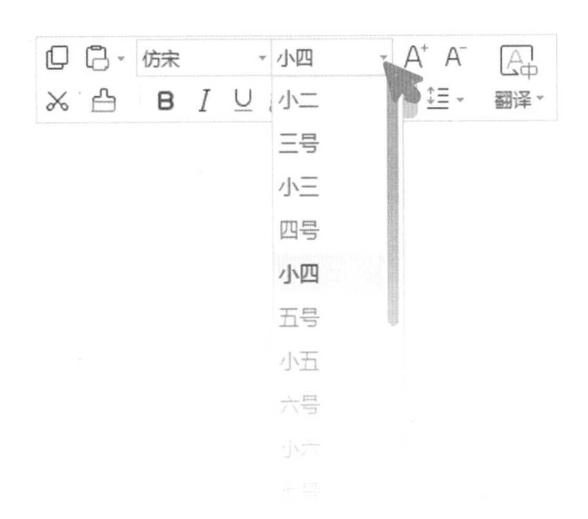

5.2.3 关于间距

制作易读性文档最关键的要点在于“留白”，留白是一个非常常用的艺术手法。好的留白不仅可以突出重点，制造层次感，而且还可以增加版面的“呼吸感”，使文档阅读起来非常舒适。设置留白最常用的技巧就是设置间距，间距分为页边距、行间距、段间距。

页边距是指文字到页边的距离。一般使用【适中】格式。依次单击【页面布局】—【页边距】—【适中】即可。（视频：043）

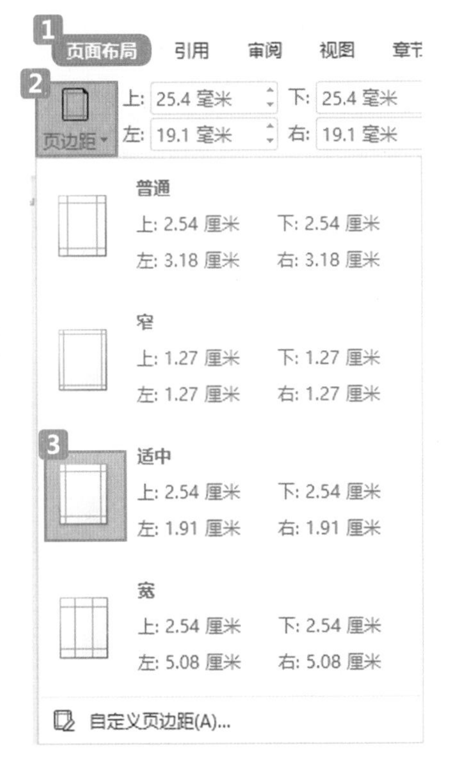

行间距是指每行文字之间的距离，行间距要根据字号进行设定。一般设置为1.2~1.3倍行距看起来是最舒服的。（视频：044）

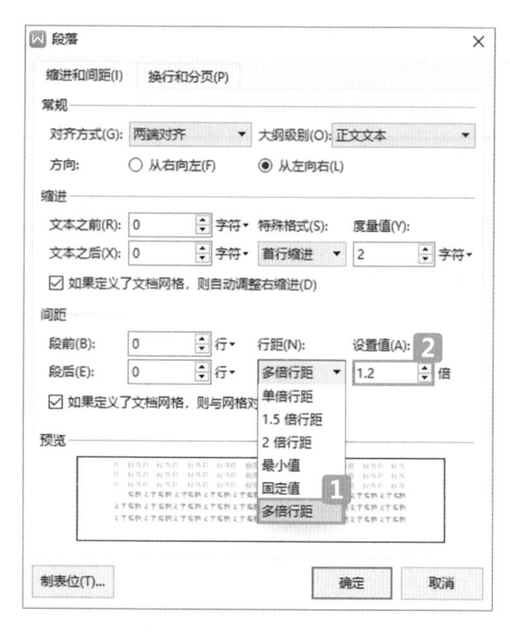

段间距是指段落与段落之间的距离，一般只会给标题设置段前段后间距，正文主体部分不常使用。我的习惯是，如果文档有三级标题的话，仅给第三级标题设置段前1行，段后0.5行间距。这样对相关的内容进行编组，更便于阅读。看一下下图所示的间距设置前后的对比效果。

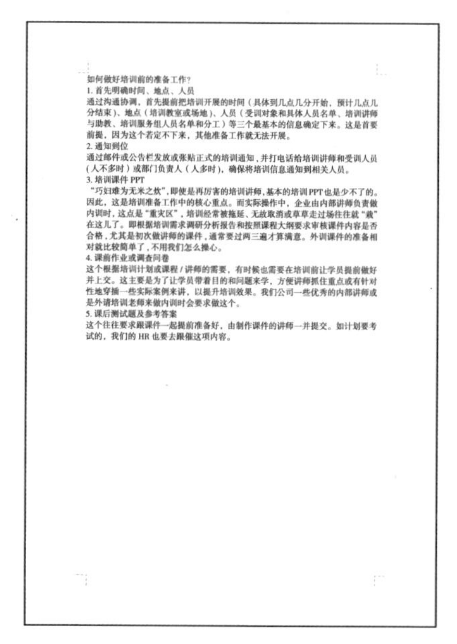

如何做好培训前的准备工作?
1. 首先明确时间、地点、人员
通过沟通协调，首先提前把培训开展的时间（具体到几点几分开始，预计几点几分结束）、地点（培训教室或场地）、人员（受训对象和具体人员名单、培训讲师与助教、培训服务组人员名单和分工）等三个最基本的信息确定下来。这是首要前提，因为这个若定不下来，其他准备工作就无法开展。
2. 通知到位
通过邮件或公告栏发放或张贴正式的培训通知，并打电话给培训讲师和受训人员（人不多时）或部门负责人（人多时），确保将培训信息通知到相关人员。
3. 培训课件 PPT
"巧妇难为无米之炊"，即使是再厉害的培训讲师，基本的培训PPT也是少不了的。因此，这是培训准备工作中的核心重点。而实际操作中，企业由内部讲师负责做内训时，这点是"重灾区"，培训经常被拖延、无故取消或草草走过场往往就"栽"在这儿了。即根据培训需求调研分析报告和按照课程大纲要求审核课件内容是否合格，尤其是初次做讲师的课件，通常要过两三遍才算满意。外训课件的准备相对就比较简单了，不用我们怎么操心。
4. 课前作业或调查问卷
这个根据培训计划或课程/讲师的需要，有时候也需要在培训前让学员提前做好并上交。这主要是为了让学员带着目的和问题来学，方便讲师抓住重点或有针对性地穿插一些实际案例来讲，以提升培训效果。我们公司一些优秀的内部讲师或是外请培训老师来做内训时会要求做这个。
5. 课后测试题及参考答案
这个往往要求跟课件一起提前准备好，由制作课件的讲师一并提交。如计划要考试的，我们的HR也要去跟催这项内容。

设置间距前

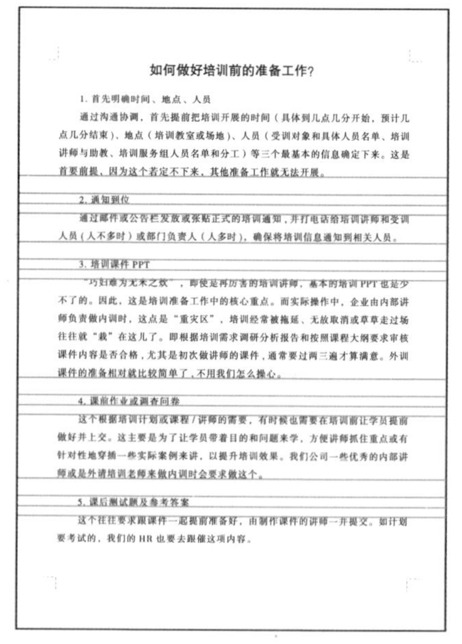

如何做好培训前的准备工作?

1. 首先明确时间、地点、人员

通过沟通协调，首先提前把培训开展的时间（具体到几点几分开始，预计几点几分结束）、地点（培训教室或场地）、人员（受训对象和具体人员名单、培训讲师与助教、培训服务组人员名单和分工）等三个最基本的信息确定下来。这是首要前提，因为这个若定不下来，其他准备工作就无法开展。

2. 通知到位

通过邮件或公告栏发放或张贴正式的培训通知，并打电话给培训讲师和受训人员（人不多时）或部门负责人（人多时），确保将培训信息通知到相关人员。

3. 培训课件 PPT

"巧妇难为无米之炊"，即使是再厉害的培训讲师，基本的培训PPT也是少不了的。因此，这是培训准备工作中的核心重点。而实际操作中，企业由内部讲师负责做内训时，这点是"重灾区"，培训经常被拖延、无故取消或草草走过场往往就"栽"在这儿了。即根据培训需求调研分析报告和按照课程大纲要求审核课件内容是否合格，尤其是初次做讲师的课件，通常要过两三遍才算满意。外训课件的准备相对就比较简单了，不用我们怎么操心。

4. 课前作业或调查问卷

这个根据培训计划或课程/讲师的需要，有时候也需要在培训前让学员提前做好并上交。这主要是为了让学员带着目的和问题来学，方便讲师抓住重点或有针对性地穿插一些实际案例来讲，以提升培训效果。我们公司一些优秀的内部讲师或是外请培训老师来做内训时会要求做这个。

5. 课后测试题及参考答案

这个往往要求跟课件一起提前准备好，由制作课件的讲师一并提交。如计划要考试的，我们的HR也要去跟催这项内容。

设置间距后

设置标题段间距的方法：选中标题—打开【段落】对话框—分别设置【段前】【段后】间距即可。（视频：045）

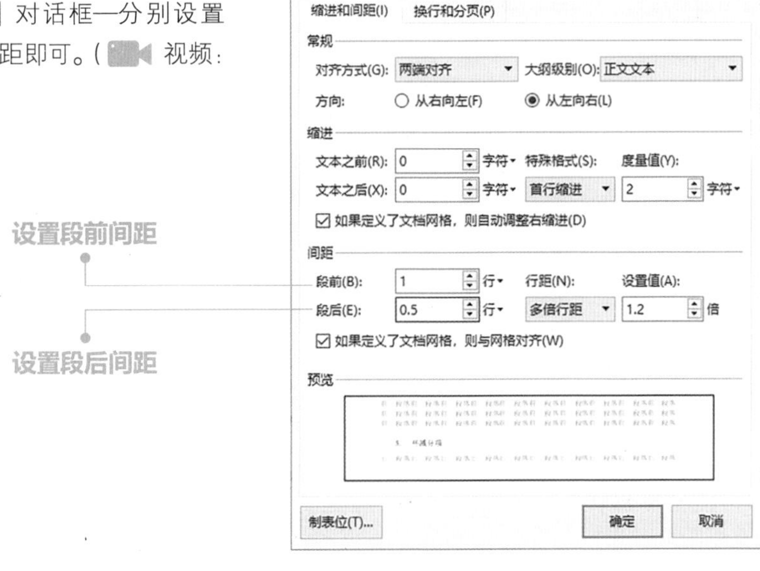

制作文档并没有唯一的正确答案，每个行业和职业都有多种多样的习惯和商业惯例。像很多事业单位、党政机关，文档格式规范一定要按照《党政机关公文格式》（GB/T 9704-2012）的要求来做。这里给大家分享的字体、字号、间距只是普通文档的通用格式规范，如果单位或公司有自己的格式要求，还是要与组织保持一致。而且，小组或公司最好统一一份自己内部的文档格式规范，将文档格式规范化，由所有相关人员共享。这样在内部文档交流时，才能有效避免产生格式问题。

总结一下本章内容，其实就是给你一个参照，告诉你专业的文档应该是什么样子的。无论是字体、字号、间距，还是加分项、减分项，核心思想就是为了让文档易于阅读，易于信息的传达和理解。

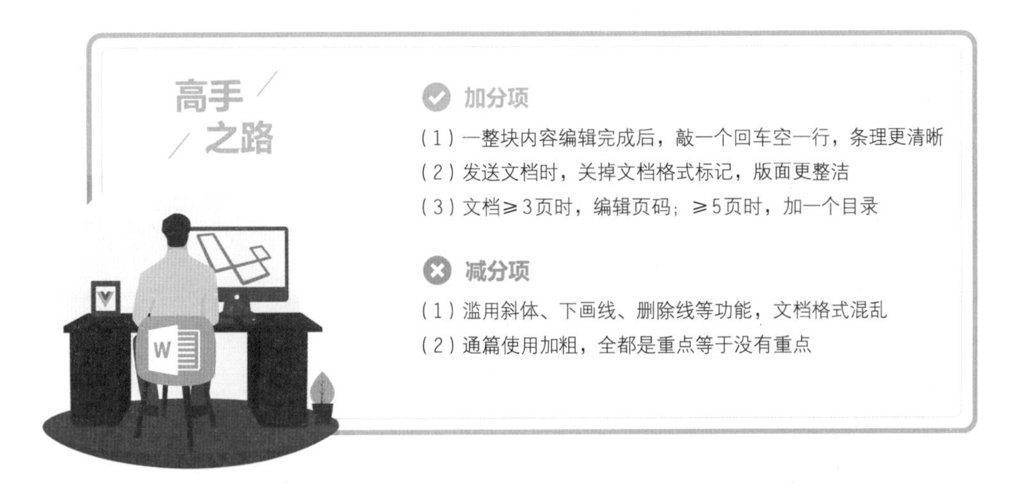

06 · 排版篇

自动化操作不重复

从第5章中咱们知道了文档的格式规范，接下来开始正式进入文档排版。文档排版，最重要的是什么呢？效率。而要想效率高，只要做到两方面即可：问题少，操作快。本章先来解决如何减少问题。若想格式少出问题，只要按照文字处理组件的规则来操作即可。

你通宵费脑，可能还
不如别人随便搞搞。

6.1 科学的排版流程

WPS中的文字处理组件承载的一个很重要的功能就是文字排版，无论是学生时期的毕业论文，还是工作后的商业计划书、标书，抑或各部门的工作汇报，长文档排版总是少不了、躲不掉的。一两页的短文档，一般人都能应付一二。但对于篇幅较长、纲目结构比较复杂的长文档，如果没有经过系统的文字处理软件的学习，恐怕使尽浑身解数也难以搞定。所以，学WPS中的文字处理组件，最重要的就是学长文档排版，会了长文档排版，短文档的排版则是手到擒来。

像长文档目录的制作，标题格式、编号统一，复杂的页眉页码设置，这些都是长文档排版老生常谈的问题，这些问题在本章都会得到解决。但是在解决这些问题之前，先要给大家传递一个观点：科学的排版流程是文档排版成功的一半。

问大家一个问题，你在编辑一份文档的时候，是先把文章内容写完，最后再统一调整格式呢，还是边录入边排版？就是在写文章的时候，就能顺手把所有格式设置好？给大家出一道排序题，看看你是怎么做的。

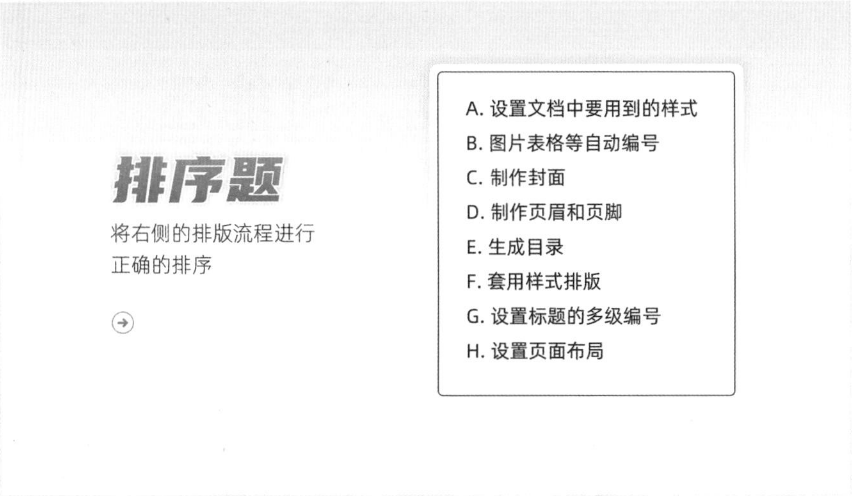

规范的排版流程我推荐是这样的，如下图所示。

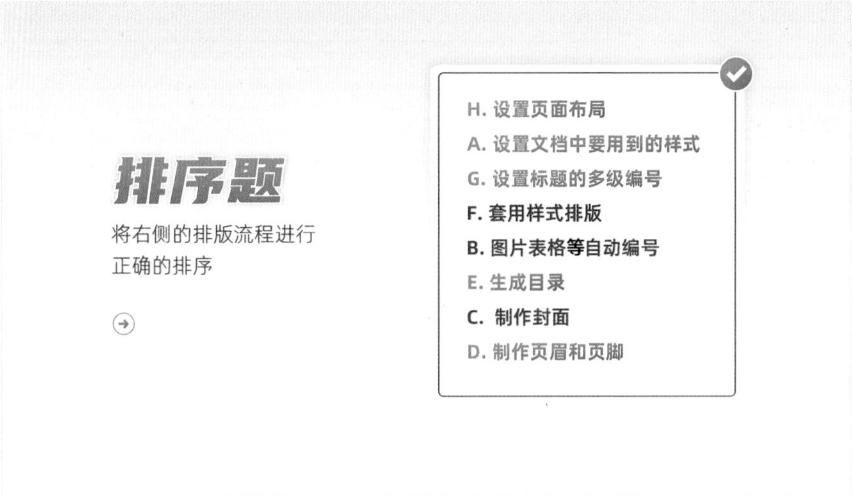

其实这个是没有标准答案的，但是蓝色字的部分建议大家还是按照参考答案的次序进行。这样的流程比较高效，可避免后续返工。只有提前做好统筹，排版才能事半功倍。所以，我把长文档排版分成3个阶段：写作前，写作中，写作后。

大多数人打开文字处理软件就迫不及待地开始码字，管它格式要求怎样，等先把字打完再说。这种方式，看似一时爽，其实会让你后期的其他操作变得很麻烦。那应该怎么做呢？

排版的正确步骤应该是这样的：

第一步 搭建格式框架。也就是打开文字处理软件，先设置好整体的页面参数，给标题设置样式、自定义多级编号。

第二步 开始码字，录入内容。在录入内容的过程中，顺手给标题、正文等套用样式，给图片、表格等自动编号。

第三步 完善排版。开始引用自动目录，制作封面和页眉页脚。

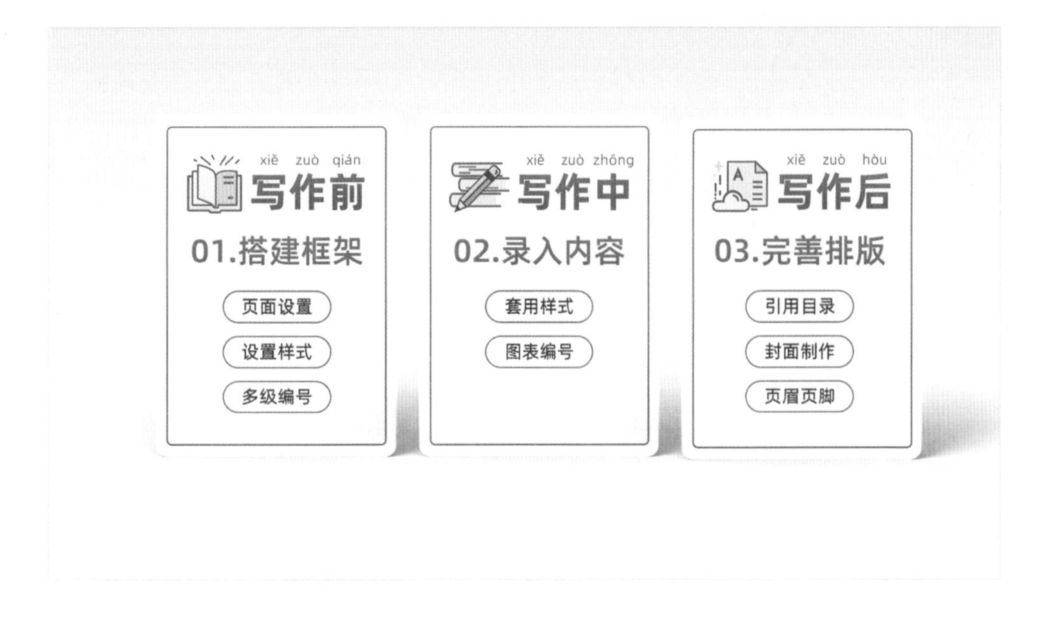

这是一篇长文档科学完整的排版过程。在这个流程中，一共包含8个要点。你可能会问，有些名词之前都没有听说过，像样式、多级编号等，排版的时候真的用得到吗？我想说，这些不仅用得到，而且还是长文档排版自动化的基础。如果你觉得陌生也没有关系，在本章接下来的内容里，我们会按照这个流程把每一个功能及作用都讲得清清楚楚。

6.2 立事先预：做好页面布局

6.2.1 页面设置随心意

页面布局是排版的第一步，非常简单也非常重要。但如果要求稍微多一点，设置起来也要花些力气。像这份文档，要求纸张使用A4纸，上、下页边距都是2.5cm，左右页边距各为2cm。另外，装订线距左边1cm，页眉距边界1.5cm，页脚距边界1.75cm。这要怎么设置呢？（ 视频：046）

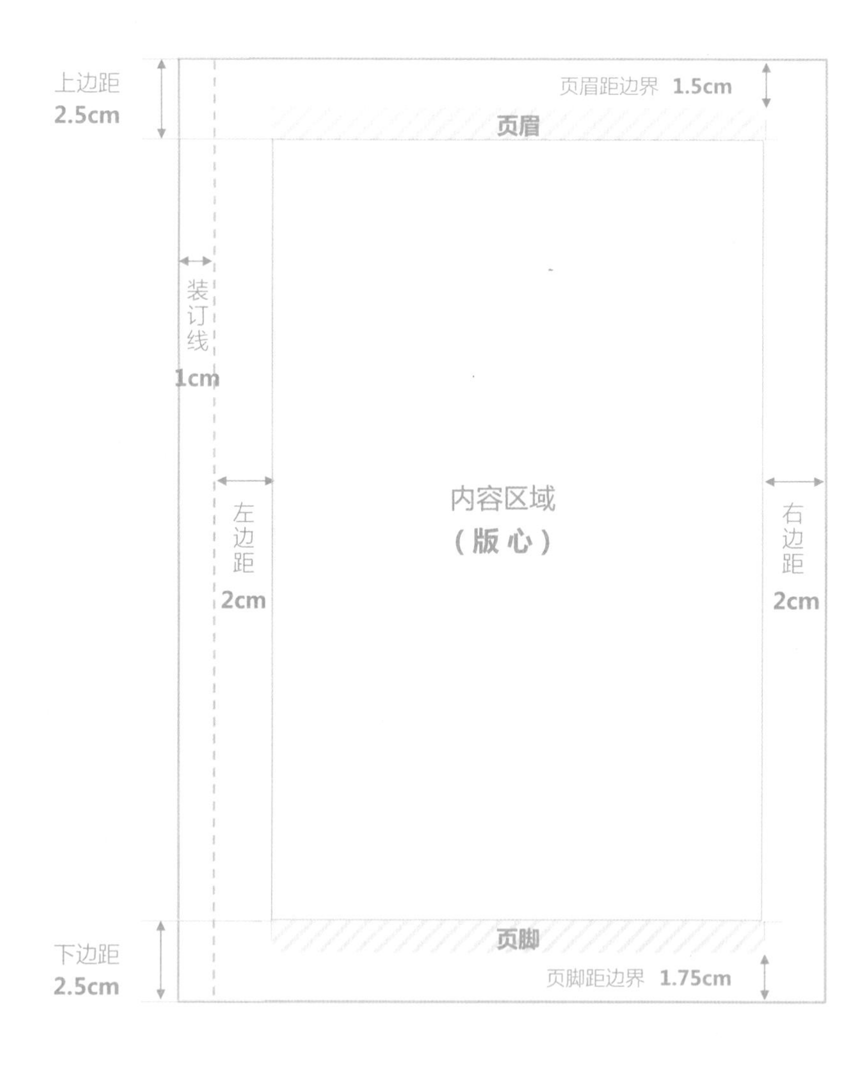

烦琐的设置需要打开【页面设置】对话框，简单的设置在【页面布局】选项卡里就可以直接完成。单击打开【页面布局】选项卡，在这里就可以快捷地设置页边距、纸张方向和大小。

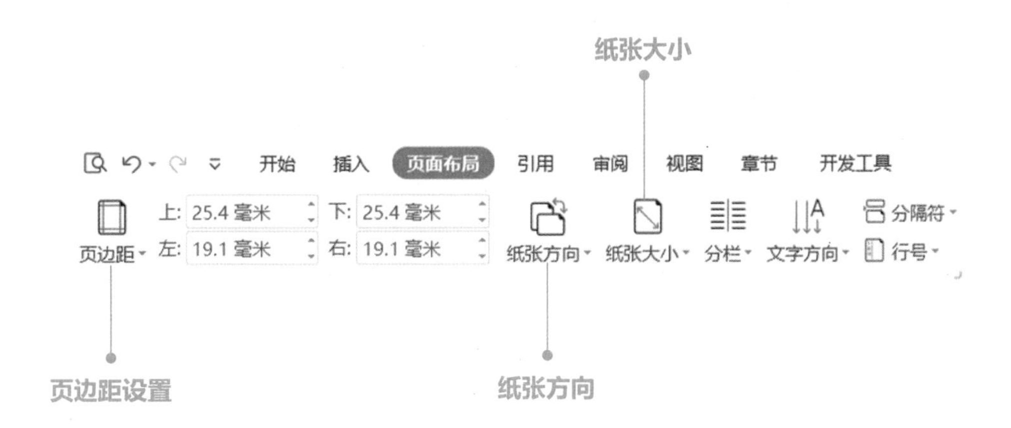

6.2.2 纵横页面排版

页面设置整体不难，稍加摸索就能搞定。但有一种情况这里需要补充讲解：页面纵横排版。一篇专业的文档肯定少不了用数据说话，有了数据，自然就少不了表格。那么，如何把正文内容页纵向显示，而表格内容页横向显示呢？看看视频讲解吧！（视频：047）

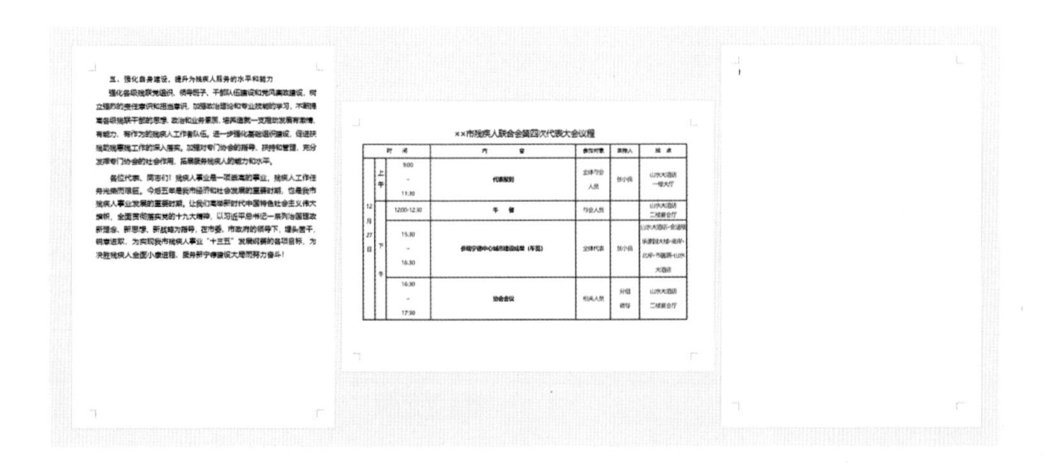

五、强化自身建设，提升为残疾人服务的水平和能力

强化各级残联党组织、领导班子、干部队伍建设和党风廉政建设，树立强烈的责任意识和担当意识，加强政治理论和专业技能的学习，不断提高各级残联干部的思想、政治和业务素质，培养造就一支推动发展有激情、有能力、有作为的残疾人工作者队伍。进一步强化基础组织建设，促进扶残助残惠残工作的深入落实。加强对专门协会的指导、扶持和管理，充分发挥专门协会的社会作用，拓展服务残疾人的能力和水平。

各位代表、同志们！残疾人事业是一项崇高的事业，残疾人工作任务光荣而艰巨。今后五年是我市经济和社会发展的重要时期，也是我市残疾人事业发展的重要时期。让我们高举新时代中国特色社会主义伟大旗帜，全面贯彻落实党的十九大精神，以习近平总书记一系列治国理政新理念、新思想、新战略为指导，在市委、市政府的领导下，埋头苦干，锐意进取，为实现我市残疾人事业“十三五”发展纲要的各项目标，为决胜残疾人全面小康进程、服务新宁德建设大局而努力奋斗！

××市残疾人联合会第四次代表大会议程

时间			内容	参加对象	主持人	地点
12月27日	上午	9:00–11:30	代表报到	全体与会人员	张小良	山水大酒店一楼大厅
	下午	12:00-12:30	午餐	与会人员		山水大酒店二楼宴会厅
		15:30–16:30	参观宁德中心城市建设成果（车览）	全体代表	张小良	山水大酒店-会通桥-[illegible]大桥-南岸-北岸-市政府-山水大酒店
		16:30–17:30	协会会议	相关人员	分组领导	山水大酒店二楼宴会厅

6.3 文档自动化的基础：样式

6.3.1 什么是样式

样式是什么呢？我解释一句你就明白了：如果你想给自己的文章一键生成自动目录，那你就必须得给文章的标题应用样式。如果想让文章标题自动加编号，这也是以标题应用样式为基础的。样式就是文档自动化排版的基础。

如果要修改标题格式，正常操作就是选中一个标题，设置它的字体、字号和段落间距。如果文章里有100个标题，这一系列动作就要重复100遍。而如果给标题应用了样式，它的修改方式会是怎么样的呢？

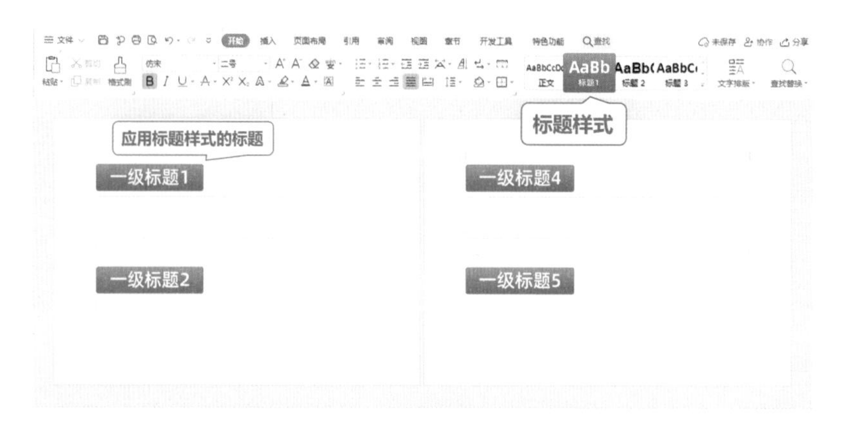

只要给一个标题样式发布一条指令，文章里的100个应用此标题样式的标题文字就会同时被修改。样式是字符格式和段落格式的集合。

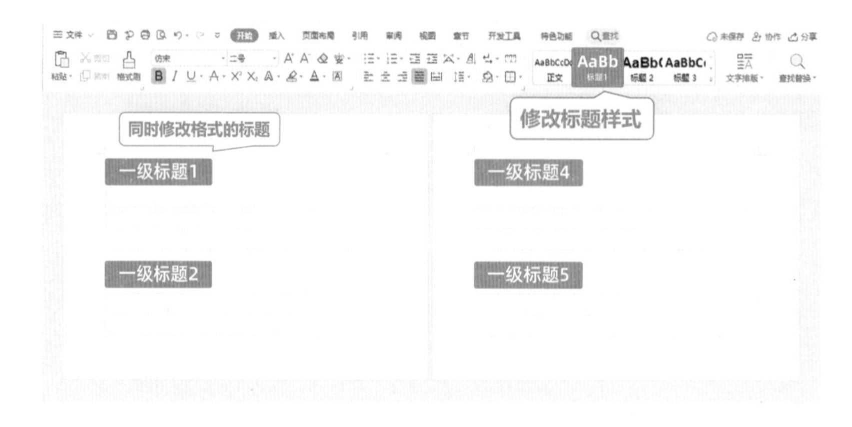

所以，为了文档自动化排版，为了修改文章格式时高效，一定要给文章的各部分内容应用相应的样式。一级标题应用标题1样式，二级标题应用标题2样式，三级标题应用标题3样式等。

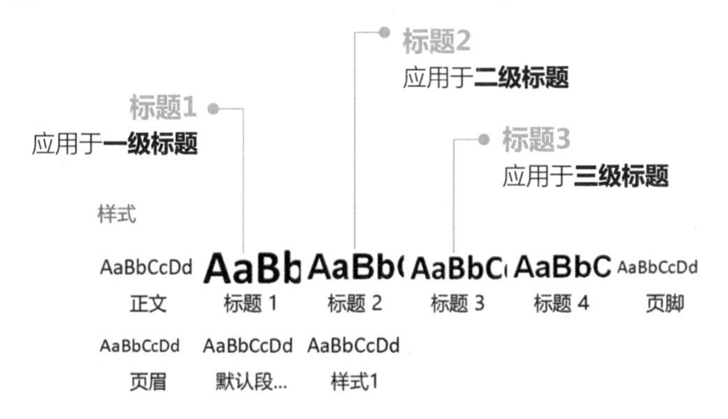

一篇规范的长文档，一般会用到7~10种样式。了解了什么是样式，接下来看看怎么使用样式。

6.3.2 样式的应用和修改

样式查找方式一

在【开始】选项卡下，可以找到样式的功能区，直接选择样式套用或者修改即可。

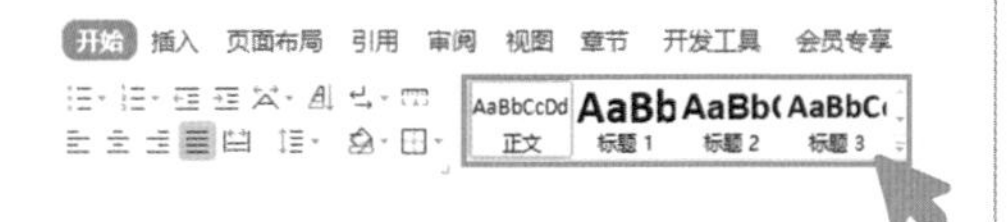

样式查找方式二

快捷使用方式：单击编辑区右侧任务窗格的第一个命令【样式和格式】，即可快速打开样式窗格。

样式的使用方法非常简单：选中标题，然后单击一下样式命令即可。

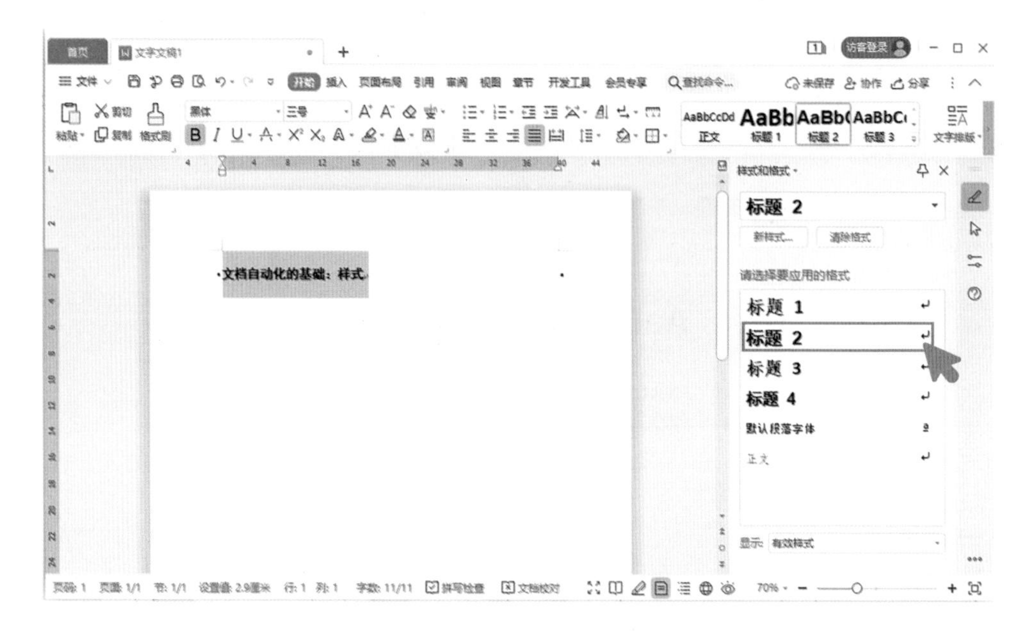

套用样式也非常简单，关键在于如何修改样式。

文字处理组件内置的样式有时不符合我们的排版要求，文本套用以后需要进行二次修改。修改样式的方法也非常简单：单击样式右侧的下拉按钮，选择【修改】命令。

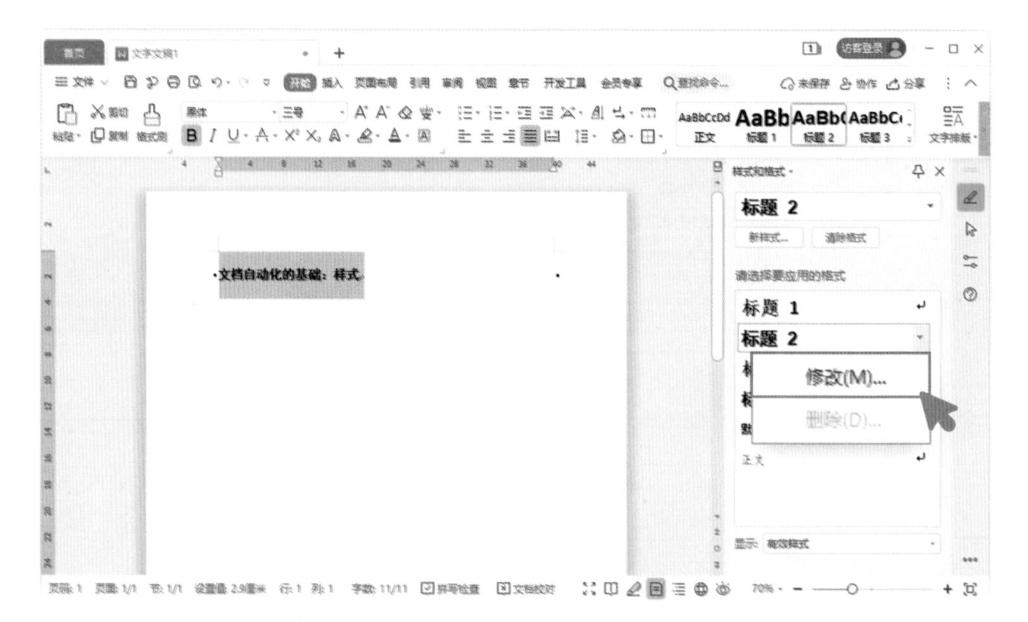

下图所示的是【修改样式】对话框。

了解完样式的基本应用原理，可通过录屏视频来看看我们是怎么通过样式功能批量设置各级标题格式的。（视频：048）

内容	推荐字体	推荐字号
一级标题	黑体	三号
二级标题	黑体	小三
三级标题	仿宋	小四加粗
正文	仿宋	小四

6.3.3 新建样式

在上一节讲解修改样式的录屏视频中，我们只说了文章各级标题的格式修改方法，而没有说正文文本。不是漏掉忘记讲了，而是修改样式格式时，**我建议只修改标题的样式，而不要动正文样式。**

为什么呢？因为在文字处理组件的样式里，正文样式是所有标题样式的基础，一旦修改了正文样式，就会牵一发而动全身，其他设置好的样式也会跟着改变，需要重新设置。

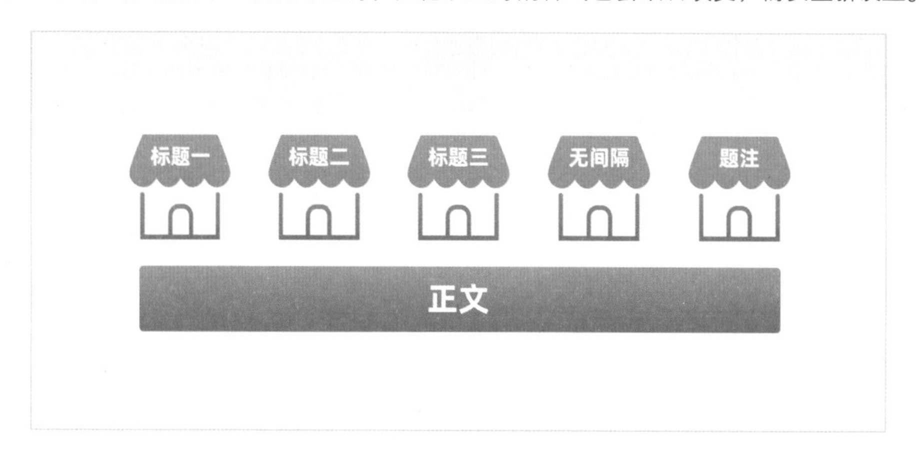

所以，为了高效操作不返工，样式之间不相互影响。对于文章的正文文本，建议大家新建样式。那怎么新建样式呢？通过录屏视频来给大家讲解。（视频：049）

内容	推荐字体	推荐字号
一级标题	黑体	三号
二级标题	黑体	小三
三级标题	仿宋	小四加粗
正文	仿宋	小四

使用样式时，最好为正文文本创建新样式，而标题使用内置的标题样式。因为内置的标题样式自带大纲级别，引用自动目录、给标题自动编号、引用章节信息的时候都会用到。而且，直接用现成的，设置起来也方便。

6.3.4 导航窗格

给文章各级标题应用样式以后，除了前面所说的文档自动化排版以外，还有一个隐藏技能，就是导航窗格。

导航窗格的位置在【视图】选项卡中，单击一下即可启动。导航窗格会在文档界面左侧以目录栏的形式出现，方便我们快速浏览和查看文档的整体组织结构。导航窗格中展示出来的标题信息，就是文章目录的内容。

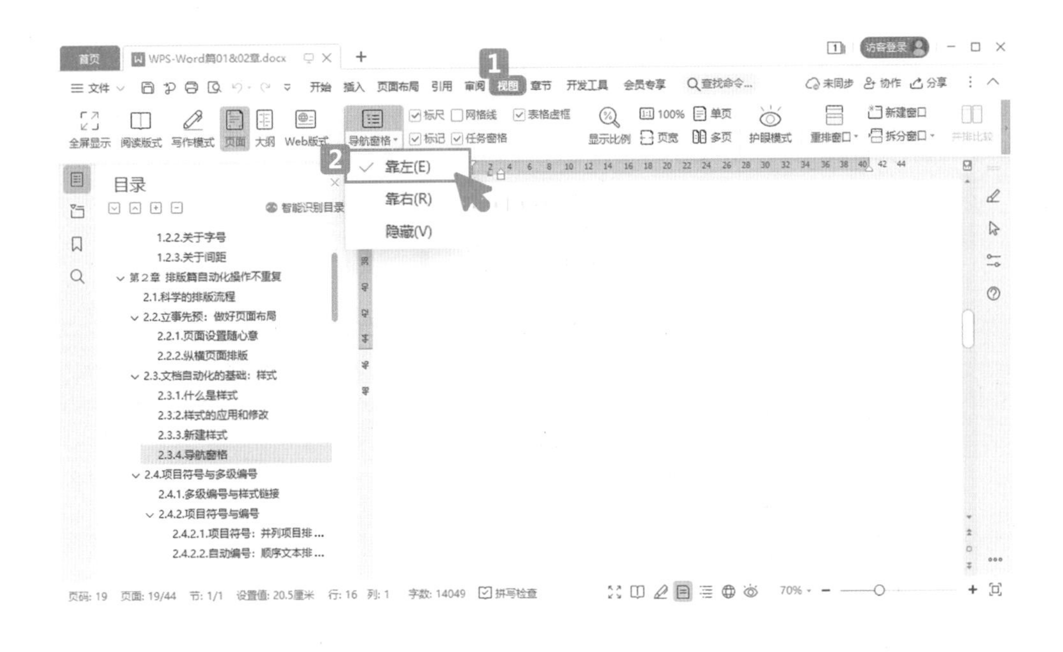

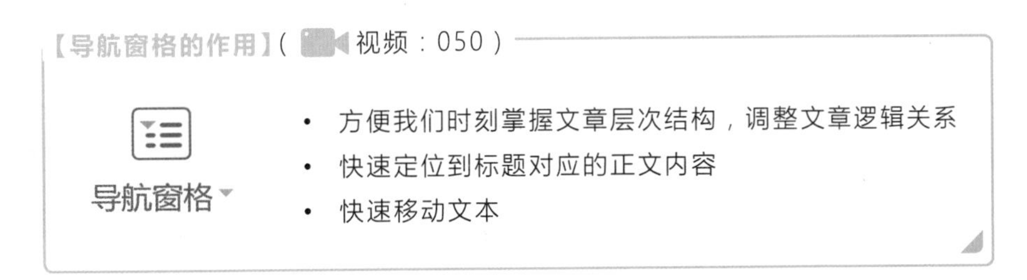

我把“导航窗格”的讲解放在“样式”的讲解后面，特意作为单独的一节来展示，可想而知它对长文档排版的作用有多大。编辑文档的时候打开导航窗格，效率绝对倍增。这里需要注意：如果打开导航窗格，里面的标题导航是空的，那么只有一种可能，你没有给标题应用样式。

6.4 项目符号与多级编号

6.4.1 多级编号与样式链接

本章第一节讲科学的排版流程时我们说：编辑文档时最好先搭建好格式框架，然后再开始码字。搭建框架主要就是给标题和正文定规范、分层级。样式是用来给标题和正文定规范的，用什么字体、什么字号、间距多少等。

而本节要讲的多级编号，是给标题分层级、加编号的。也就是给所有一级标题加上诸如“第1章”“第2章”等的格式编号；给所有二级标题加上诸如“1.1”“2.1”等的格式编号；给所有三级标题加上诸如“1.1.1”“2.1.1”等的格式编号。

文献综述

技术接受模型

技术接受模型的实证研究综述

数据分析

描述性统计分析

样本特征描述性统计

研究假设

边缘路径

APP质量对使用意愿及满意度的影响

第1章 文献综述

1.1 技术接受模型

1.1.1 **技术接受模型的实证研究综述**

第2章 数据分析

2.1 描述性统计分析

2.1.1 **样本特征描述性统计**

第3章 研究假设

3.1 边缘路径

3.1.1 **APP质量对使用意愿及满意度的影响**

前面我们一再强调，在文字处理组件里，能用自动化排版，就坚决不手打。所以，给标题加编号的宗旨依然是：为标题自动添加编号。

怎么自动添加呢？只要把多级编号链接到样式即可。也就是说，文章中凡是应用了【标题1】的样式，都自动加上“第1章”的编号；应用了【标题2】的样式，都自动加上“1.1”的编号，应用了【标题3】的样式，都自动加上“1.1.1”的编号。

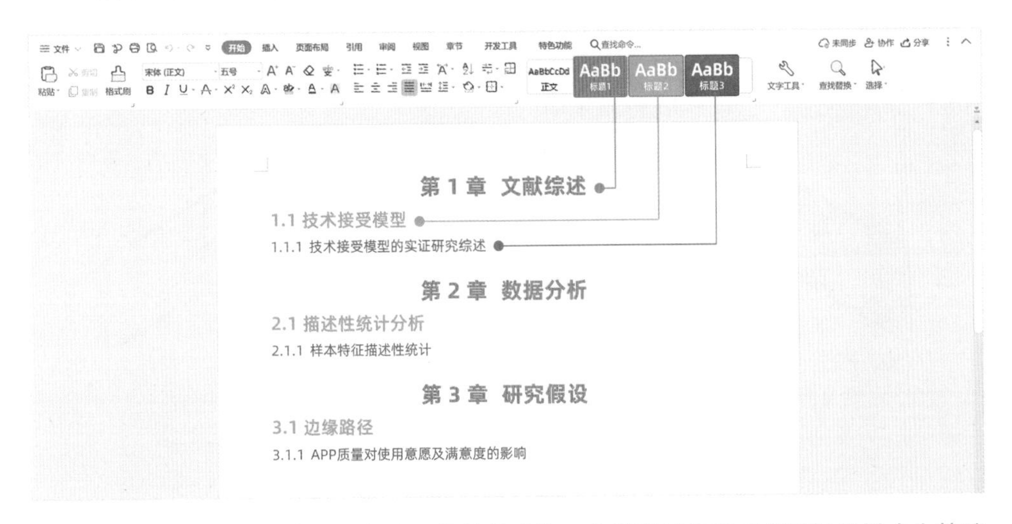

这里提醒一下：文档标题自动加编号的功能，也是要以标题应用了标题样式为基础的。再次强调：6.3节讲解的“样式”很重要。接下来看一下录屏视频，看看是怎么为标题自动加编号的吧！（ 视频：051）

老师，老师，您说的这些都是长文档排版，日常中我并不会总是用到。如果是短的普通文档，给标题加编号有没有偷懒的方法呀？

我还是建议有条件的话，即使是普通文档，也要养成自动化排版的习惯。

但如果普通文档已经编辑成型了，不想从样式开始设置编号，直接使用多级编号的内置编号也是可以的。（ 视频：052）

6.4.2 项目符号与编号

以上讲的多级编号是给标题加的编号，接下来说一说正文里面的编号。文字文档是阅读型文件，所以做好内容的分类归纳可以帮助阅读者快速理解文档内容。如果为了理解文档内容，必须反复阅读多次，就会大大消磨阅读者的耐心。

所以，越是内容多且复杂的文档，越需要花时间分门别类地进行整理。只是将文字陈列在阅读者眼前，很难让人产生阅读兴趣。文字处理组件里的项目符号和编号，就是为了帮助我们分类整理文本、呈现文档的逻辑结构的。

1. 项目符号：并列项目排版

在【开始】选项卡中，【段落】组中第一排的前两个命令即是【项目符号】和【编号】。这两个命令使用起来非常简单，它们在排版中占据着举足轻重的地位。

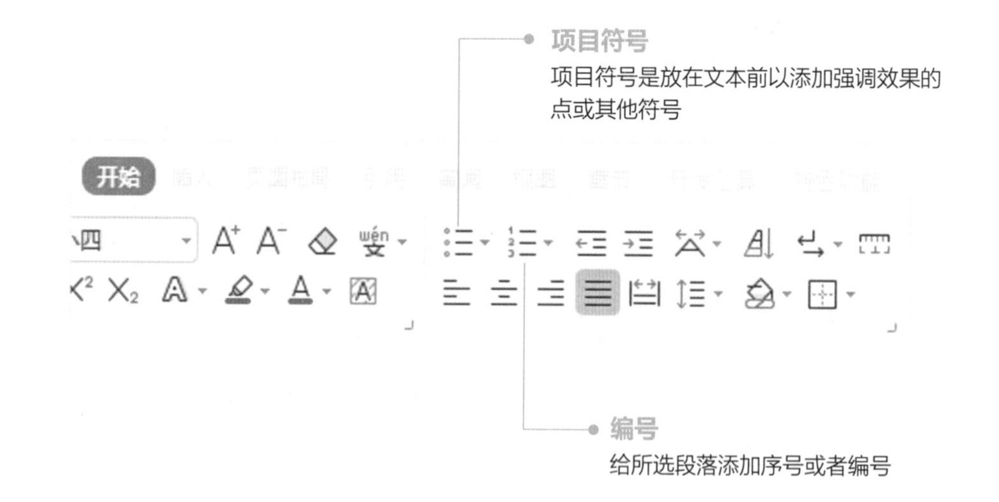

项目符号本身并没有实际意义，但对于视觉化的呈现至关重要。像文章中分条逐项的内容，是否添加了项目符号，观感非常不同。

本课题研究的内容是用户对跨境电商APP的使用意愿及
通过研究影响用户对跨境电商APP的使用意愿和满意度的因素，
跨境电商企业开发或改进APP，从而更适应用户的使用需求。使用以
下方法进行研究：

文献综述法。
问卷调查法。
量化分析法。
案例分析法。
经验总结法。

本课题研究的内容是用户对跨境电商APP的使用意愿及
通过研究影响用户对跨境电商APP的使用意愿和满意度的因素，
跨境电商企业开发或改进APP，从而更适应用户的使用需求。使用以
下方法进行研究：

- 研究方法文献综述法
- 问卷调查法
- 量化分析法
- 案例分析法
- 经验总结法

所以在长文档排版中，对于并列关系的文本，建议都添加项目符号，更便于阅读。项目符号的使用方法非常简单，选中文本，在【项目符号】中任意选中一个预设样式即可。

如何自定义项目符号的大小、颜色和其他样式呢？请看录屏视频。（视频：053）

2. 自动编号：顺序文本排序

自动编号与项目符号的使用方法差不多，但项目符号多用于并列项目的排版，自动编号多用于顺序文本的排序。我一直有一个观点，在文字处理组件里，文档能用自动化排版，就坚决不手打。

像下图这种文本编号，手动输入的编号看起来格式没有任何问题，但是后续调整时隐患非常多。如果删除中间条目或者是调整上下顺序的时候，后续的编号都需要手动修改，苦不堪言。而如果应用了自动编号就不会有这种问题。

第一章行政办公管理制度暂行规定

第 1 条　工作时间内不应无故离岗、串岗，出去办事要请假，确保办公环境的安静有序。

第 2 条　上班时间不要看报纸、玩电脑游戏、打瞌睡或做与工作无关的事情。

第 3 条　进入工作场所应及时进入工作状态，严禁在工作场合闲聊、打闹。

第 4 条　办公室所有的办公用品、用具由行政办公室全面负责，其他部门予以配合。

第 5 条　未经领导批准和部门领导授意，不要索取、打印、复印其他部门的资料。

第 6 条　员工上下班实行打卡机考勤制度，不得迟到早退，不得代他人刷卡。

第 7 条　平时加班必须经部门领导批准，报办公室备案。

第 8 条　不准私自动用办公室物品，如有需要应向办公室登记并做好领取记录。

第 9 条　无工作需要不要进入领导办公室、实验室、财务室、会议室。

第 10 条 各部门务必及时、认真递交下个月的工作计划和上个月的工作总结。

第 11 条 如请病假，需有见证人或出示挂号条/病假条，否则将一律认同为事假。

第 12 条 请假条应于事前交办公室，否则会视为旷工处理。

而且【编号】的使用也非常简单：选中内容，依次单击【开始】→【段落】→【编号】，打开【编号】库，任选一种样式即可。

而如何自定义编号样式，设置例如“第X条”这样的样式，请看录屏视频。（视频：054）

6.4.3 自动编号问题两则

老师，我在使用自动编号的时候，编号跟文字距离非常远，这可怎么办呀？

第一章行政办公管理制度暂行规定

第 1 条　工作时间内不应无故离岗、串岗，出去办事要请假，确保办公环境的安静有序。
第 2 条　上班时间不要看报纸、玩电脑游戏、打瞌睡或做与工作无关的事情。
第 3 条　进入工作场所应及时进入工作状态，严禁在工作场合闲聊、打闹。
第 4 条　办公室所有的办公用品、用具由行政办公室全面负责，其他部门予以配合。
第 5 条　未经领导批准和部门领导授意，不要索取、打印、复印其他部门的资料。
第 6 条　员工上下班实行打卡机考勤制度，不得迟到早退，不得代他人刷卡。
第 7 条　平时加班必须经部门领导批准，报办公室备案。
第 8 条　不准私自动用办公室物品，如有需要应向办公室登记并做好领取记录。
第 9 条　无工作需要不要进入领导办公室、实验室、财务室、会议室。
第 10 条　各部门务必及时、认真递交下个月的工作计划和上一月的工作总结。
第 11 条　如请病假，需有见证人或出示挂号条/病假条，否则将一律认同为事假。
第 12 条　请假条应于事前交办公室，否则会视为旷工处理。

这个使用标尺就能轻松搞定！（视频：055）

老师，有时候我输入数字的时候，一回车第二行文字就会自动编号，怎么办呀？

一、海宝真棒
二、

在【选项】对话框里面设置一下就好啦！（视频：056）

6.5 题注——图片自动编号

其实，要想解决这些看似复杂的问题非常简单，只要给图片添加题注就可以了！

题注的作用就是给文章中的图片、图表、表格、公式等项目添加自动编号和名称。

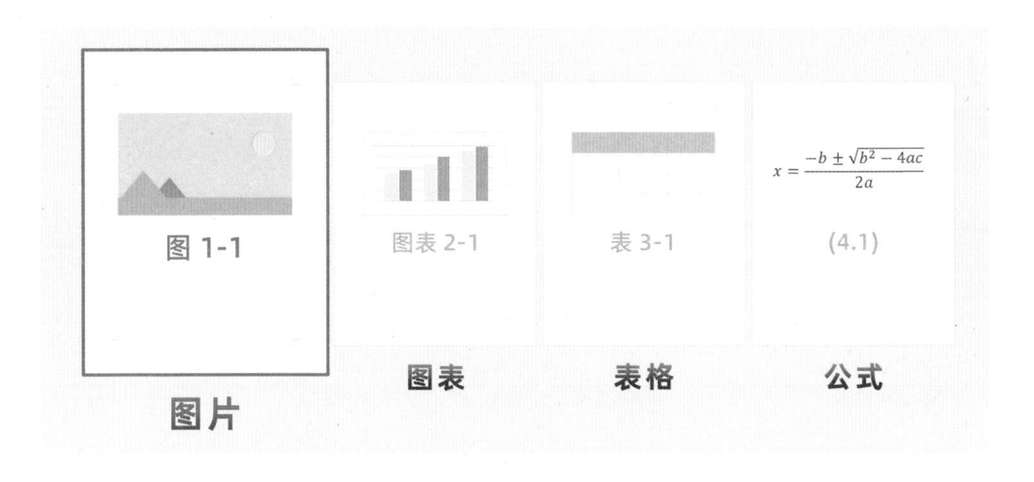

自动编号的意思是：无论项目数量的增删、位置的移动，编号都会按照顺序自动更新。这一节我们就以给图片加题注为例，说一说题注的应用。

6.5.1 图片、表格等自动编号

题注添加方法非常简单：选中图片—【引用】—【题注】—选择相应的【标签】—【确定】即可。

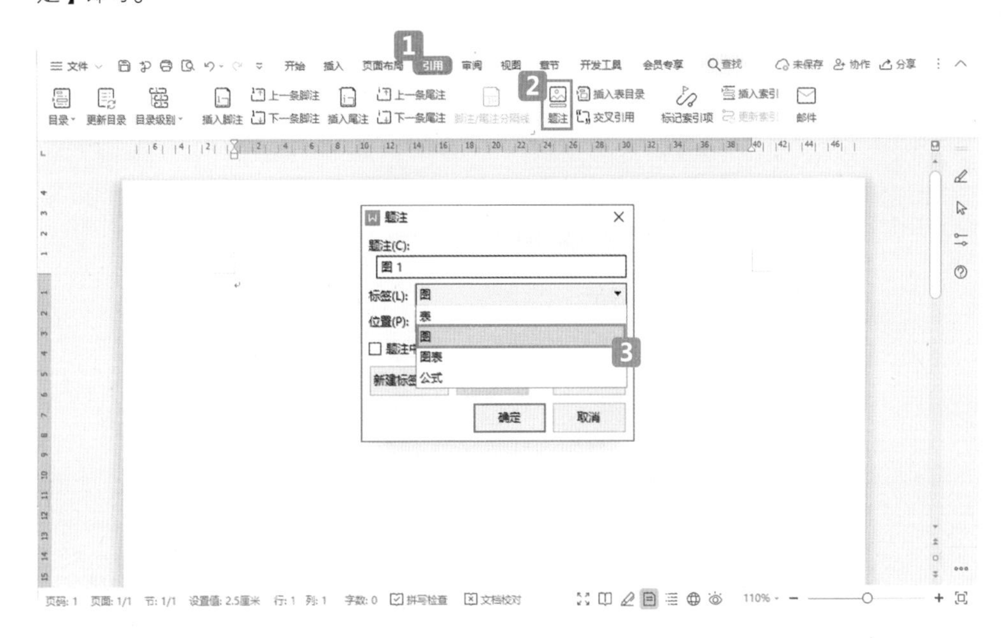

为表格添加题注的方法跟为图片添加题注的方法基本一样，唯一的不同是：图片的题注一般要求放在图片的下方，而表格的题注会要求放在表格的上方。

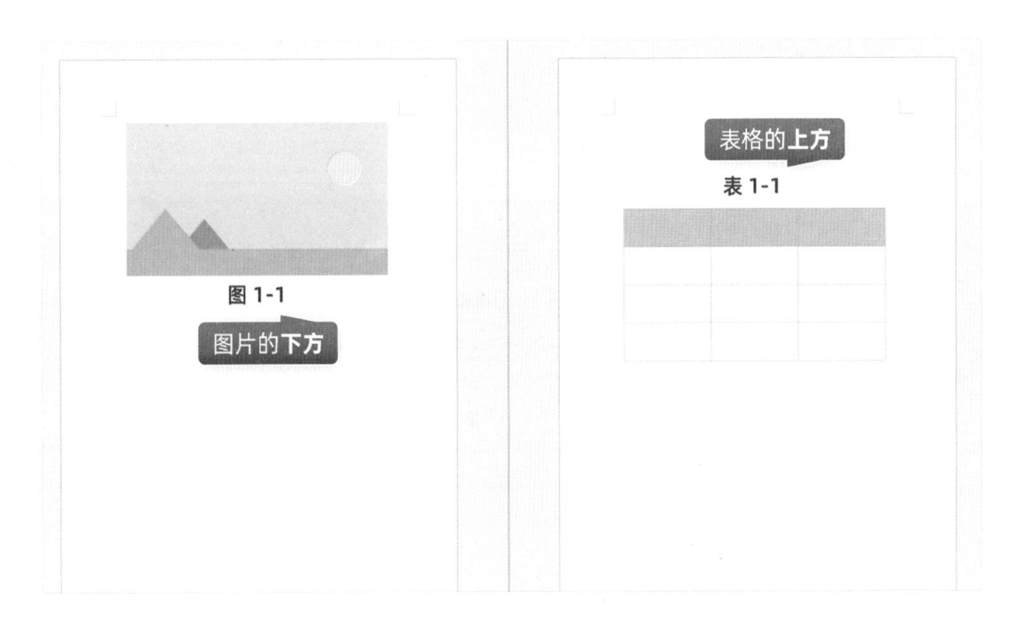

所以，在给表格引用题注时，只需把【位置】项改成【所选项目上方】就可以了。

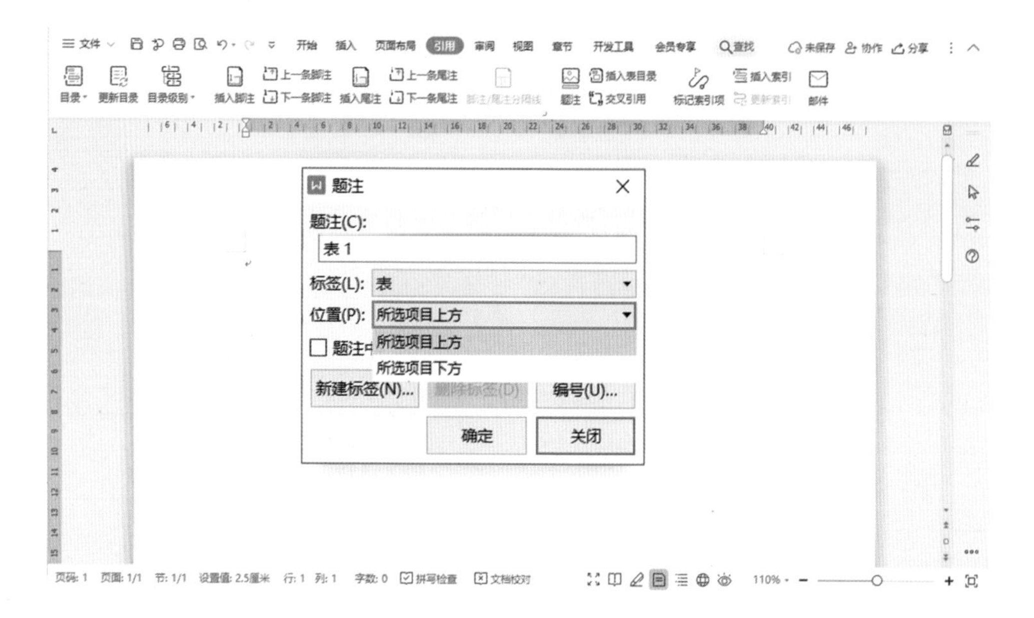

这是最简单的题注添加方法。题注效果是“图1”“图2”……和“表1”“表2”……的形式。如果编号需要“图1-1”“图2-1”……和“表1-1”“表2-1”……的形式，就需要在【编号】里面多一步设置。

单击【编号】—勾选【包含章节编号】—选择【使用分隔符】中的各种符号—依次单击【确定】即可。

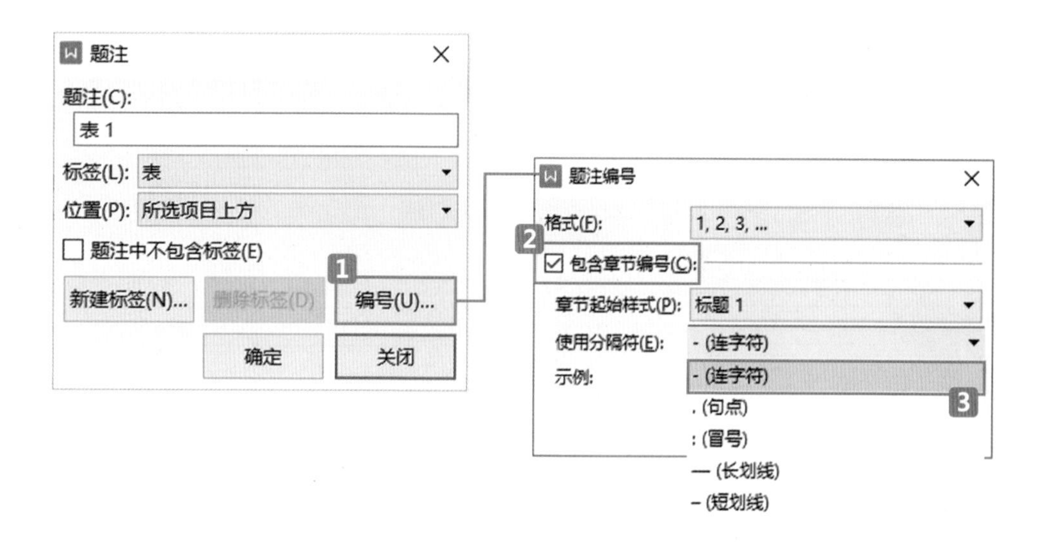

6.5.2 题注章节编号不能正常显示

老师，我是按照你的方法设置的呀，为什么我在设置编号的时候，显示"图 错误！文档中没有指定样式的文字。-1"呀？

图 错误！文档中没有指定样式的文字。-1

别着急，要想正常显示题注章节编号，必须满足两个条件：

（1）给章节标题设置了标题样式
（2）章节标题与多级编号链接

这正是我们前两节刚说过的内容，不明白的话往前翻一翻，别偷懒。

所以，自动化排版的每一个环节都是环环相扣、紧密连接的，一个都不能少！

老师，为什么我删了一张图片后，题注编号没有变化呢？不是说好的题注编号可以自动更新的吗？

图 1-1

图 1-3

这是因为题注的编号是通过域来控制的，而域的更新具有延迟性，需要借助 <F9> 键辅助完成。

每当项目内容发生变化时，选中题注，或者直接按 <Ctrl+A> 组合键全选文章，敲击一下键盘上的 <F9> 键，编号就能自动更新了！

如果你使用的是笔记本电脑，要按 <Fn+F9> 组合键。

6.5.3 批量修改题注格式

老师，我插入题注以后，默认都是左对齐的。我想把它们设置成居中、黑体、五号字，难道要一个一个改吗？

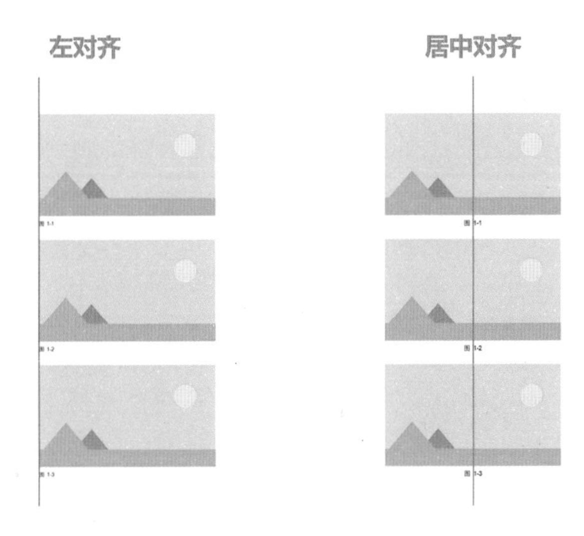

不用，题注也是有自己的专用样式的，直接在题注样式里统一设置就行了！（视频：057）

给图片、表格等使用题注功能，不仅可以让编号自动更新，统一修改格式，而且在大型文档里，如果需要给图片、表格等设置图表目录的话，图表目录自动生成也是以题注功能为基础的。排版自动化的每一个环节都是环环相扣、紧密连接的，一个都不能少！

6.6 目录：拒绝手动输入

6.6.1 引用自动目录

长文档中的目录必不可少，但很多人却不得其法，经常手动制作。工作量大还不好看，插入自动目录其实很简单。依次单击【引用】→【目录】→【自动目录】，即可一键生成目录。

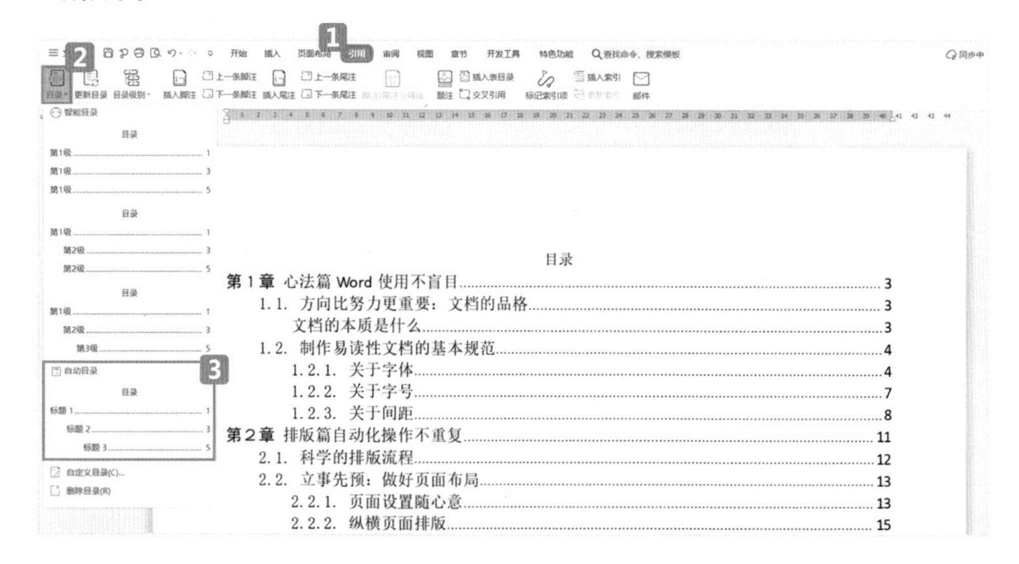

但现实往往是，很多人引用目录以后，得到的不是目录，而是：

1. 文字处理组件是怎么识别目录的

大纲级别是生成目录的唯一依据。在文字处理组件里有一个概念，叫作大纲级别。文字处理组件通过这些层次结构来判定：哪些是标题，可以放进目录里；哪些是正文，不需要在目录中显示。因此在生成目录之前，我们首先要做的是：给不同内容设定大纲级别。

选中标题文字—打开【段落】对话框—在【大纲级别】处选择相应的等级。

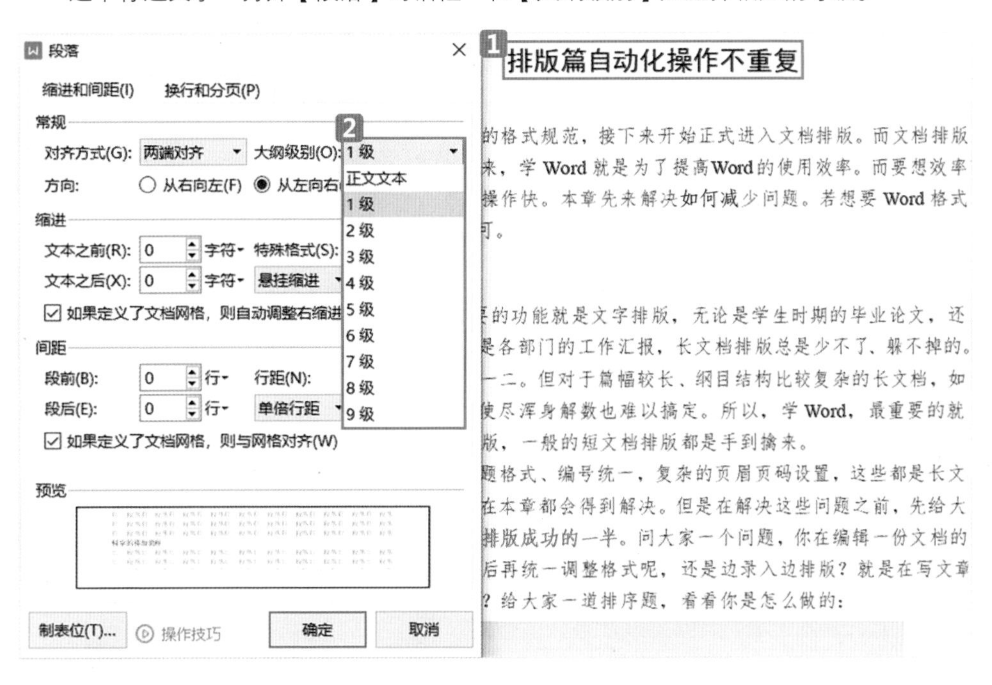

一级标题选择【1级】，二级标题选择【2级】，三级标题选择【3级】，以此类推（一般文字处理组件默认输入的文字都是“正文文本”）。这里的大纲级别就是文字处理组件生成目录的唯一依据。

另外，此操作在【目录级别】处设置拥有同样的效果：选中标题文字—单击【引用】—在【目录级别】处选择相应的等级。

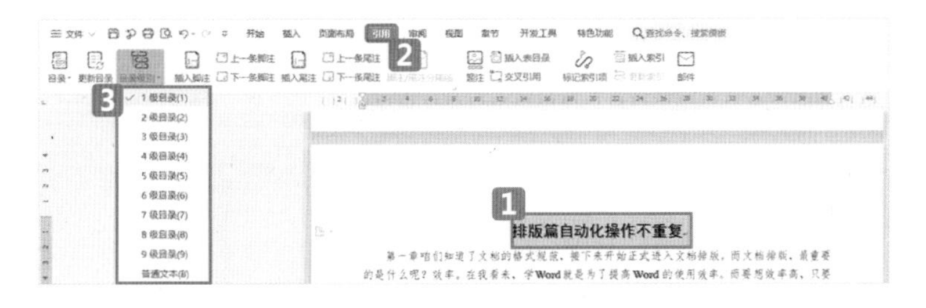

本章第3节讲样式的时候，我一句话概括说：只要给标题应用了标题样式，文章就能引用自动目录。

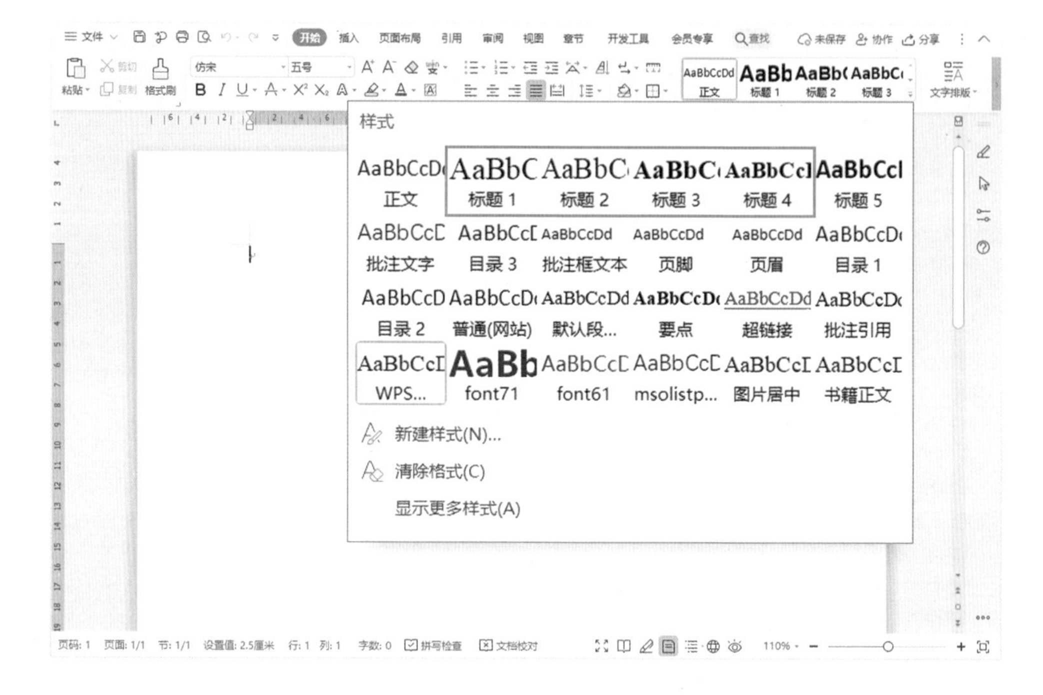

其实这里的关键不是标题样式，而是标题样式原本就内置好的大纲级别。标题有了大纲级别，自然可以生成目录。所以，即使不使用标题样式，标题自定义大纲级别也能生成目录。但依然建议大家还是使用标题样式，因为样式是多种自动格式的集合体，比如第4节涉及的章节标题自动编号，还是使用样式更为方便。

明白了这些，以后如果发现有章节标题不在目录中的情况，那肯定就是因为没有给标题设置大纲级别，或者是没有给标题使用标题样式。

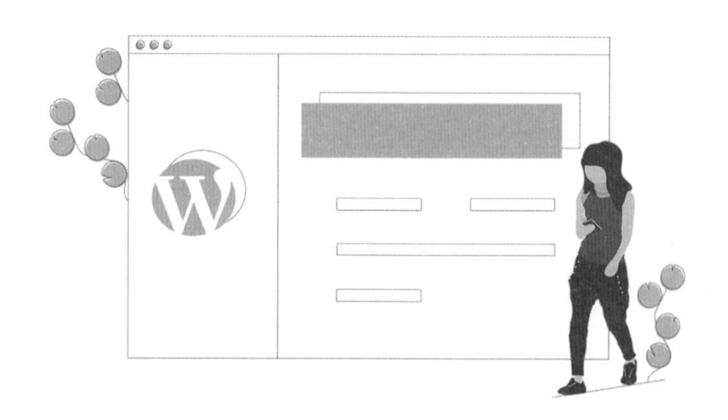

2. 自动更新目录

老师，现在我的文章引用自动目录是成功了，但是我的文章标题修改了，目录怎么自动更新呀？

自动目录是通过域来控制的，而域的更新具有延迟性。

所以，如果修改了文章标题而目录没有即时更新的话，就选中目录，然后按 <F9> 键，一键更新域即可。

使用目录工具组中的【更新目录】按钮也可以。

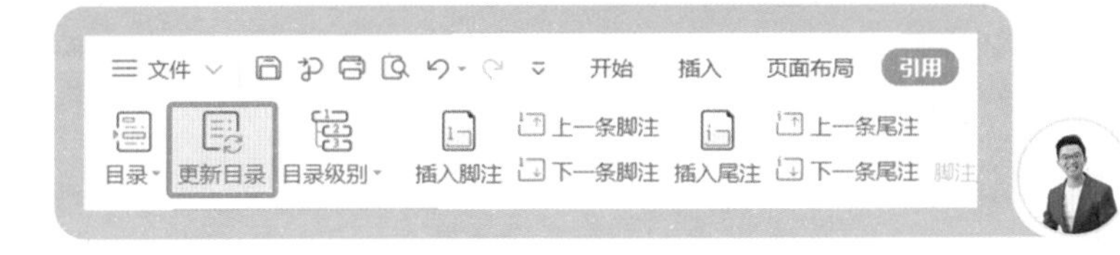

单击一下，就可以选择是【更新整个目录】还是【只更新页码】。

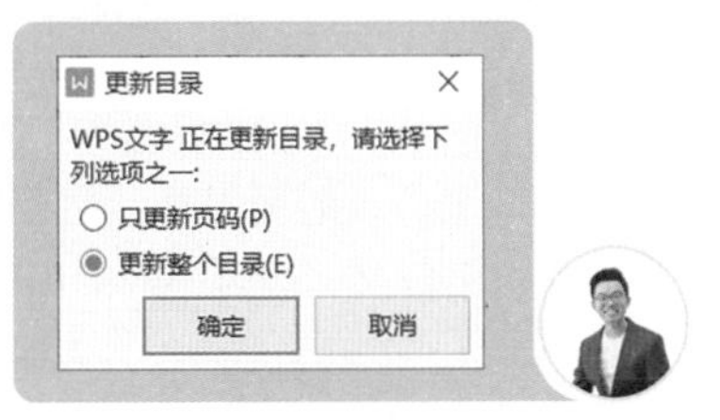

<F9> 键是更新域的快捷键。

6.6.2 自定义目录样式

老师，现在目录内容没有问题了，但是修改目录格式时又遇到了麻烦。

目录规范要求：目录里的标题文字统一为宋体小四号，1.5倍行距，两端对齐；二级标题左缩进 2 字符，三级标题左缩进 4 字符。

我按照这个要求在目录里面修改了呀，可是目录一更新，所有的修改瞬间被打回原形。这可怎么办呀？就没有办法抢救一下吗？

当然有。自动目录修改格式的时候，不能直接在目录上修改，要在目录的样式里面改，来看一下演示吧。（视频：058）

6.6.3 自动生成图表目录

在大型文档中，除了制作标题目录外，如果文章中使用了大量的图片、表格或图表，往往还需要制作一个图表目录，方便查阅和引用。图表目录的制作步骤：单击【引用】—【插入表目录】。（视频：059）

顺利插入表目录的前提是：文章中的所有图片、表格、图表等编号都使用了题注功能，题注是引用自动图表目录的前提和基础。

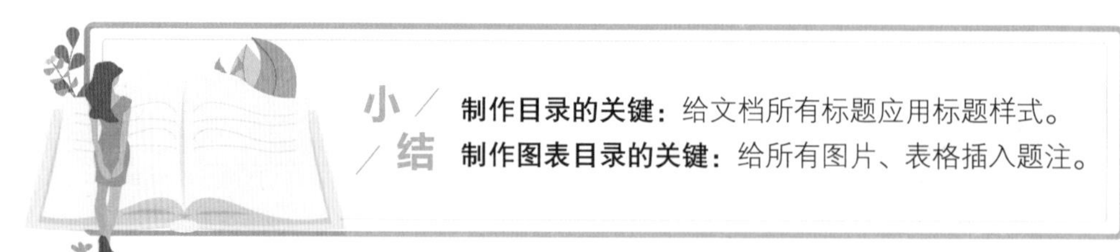

小结

制作目录的关键：给文档所有标题应用标题样式。

制作图表目录的关键：给所有图片、表格插入题注。

6.7 页眉、页码与分节

千难万险，终于来到了排版的最后一步：页眉和页脚。页眉往往用来放置文档信息，页脚放置页码。说着简单，可是一到上手设置时就会难倒一大片英雄好汉。页眉和页脚的设置要求总是多而烦琐，让人手足无措。其实只要摸清套路，设置起来十分轻松。

6.7.1 多重页码的设置

要设置页眉和页脚，首先要搞清楚一个概念：节。一个文档是由字、行、段、页、节构成一整篇的。字、行、段、页很好理解，那节是什么呢？节这个概念有点抽象，不好理解，咱们直接来看案例。

比如一篇长文档的页码格式要求如下：

① 封面不需要页码。

② 目录的页码用大写罗马文数字（I、II…），从I开始编号。

③ 正文页码用“第M页”的形式，“M”为阿拉伯数字，从1开始编号。

其实这就把一篇文档分成了三节，你可以将其理解为三种格式完全不同的部分。封面不要页码是一种格式，目录页用大写罗马文数字页码是一种格式，正文页用阿拉伯数字页码又是一种格式。所以，需把一篇文档分成三节来分别设置。

分节　分节

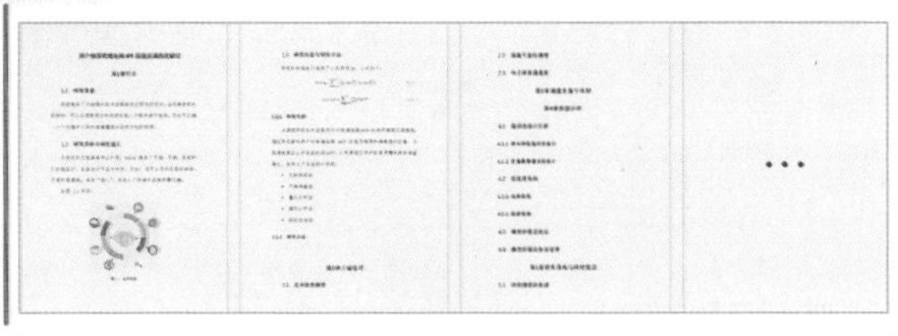

封面（不要页码）　目录（大写罗马文数字）　正文（阿拉伯数字）

那怎么分节呢？用分节符。将鼠标光标置于要分节的位置，依次单击【页面布局】→【分隔符】→【下一页分节符】即可快速给文档分节。（视频：060）

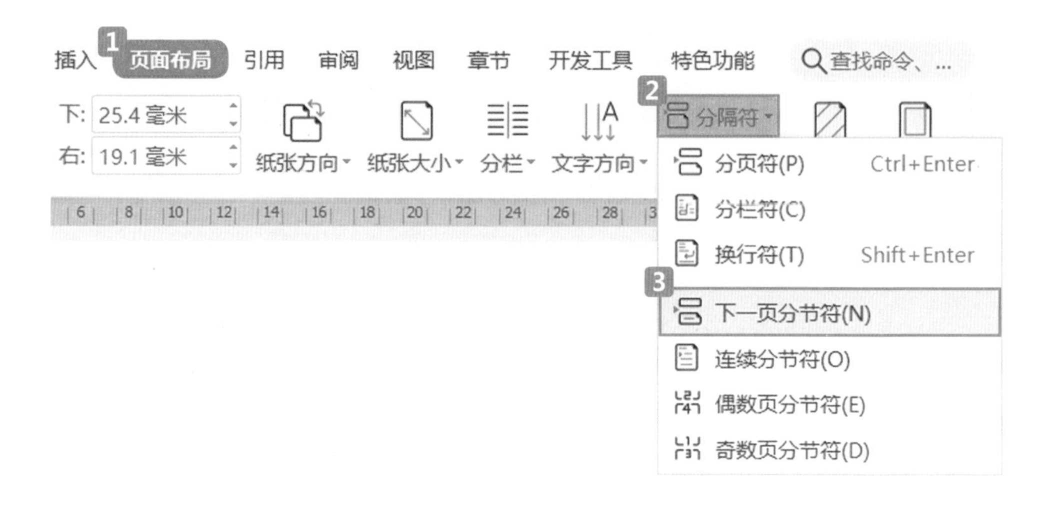

6.7.2 页眉包含章节名＆奇偶页不同

好，说完了页码，接下来说一说页眉。页眉往往放置文档信息，页脚放置页码。二者除了位置不一样，设置方法是一样的。

如果遇到格式要求复杂的页眉，设置起来也会有些吃力。例如，页眉格式要求：封面页不要页眉；目录页页眉摆放“目录”二字，靠右对齐；正文奇数页页眉为章标题，偶数页页眉为文章名。这要怎么设置呢？（视频：061）

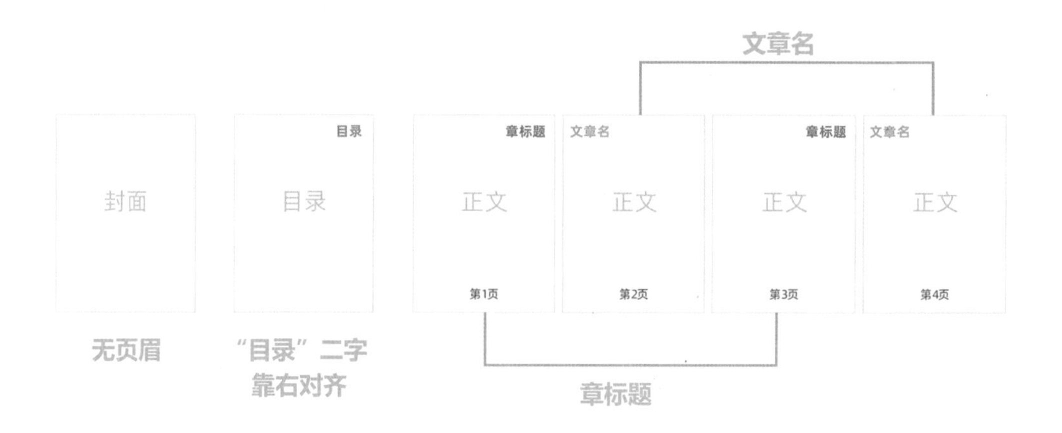

页眉和页脚的格式设置要求虽然烦琐，但设置要点只有两个：插入分节符和取消“同前节”。

① 在不同格式要求的页面之间插入“下一页分节符”，给文档进行分节。

② 光标分别置于页眉和页脚处，单击【同前节】，断开各节之间的链接。

③ 在各独立的小节中根据要求进行精耕细作。

四句话概括就是：文档内容先分节，各节之间去链接，节节独立再耕作，起始页码紧衔接。

6.7.3 小知识：分行、分段、分页、分节的区别

制作页眉和页脚的时候一直在强调：要想制作不同格式的页眉和页脚，就一定要插入分节符。那分节符到底是什么呢？一篇文章由字、行、段、页、节构成，那分行、分段、分页、分节有什么区别呢？

1. 分行符

分行符又称为手动换行符，又叫软回车，按Shift+Enter组合键即可快速分行。格式标记是一个直的向下小箭头：↓。

分行符的作用是换行显示，它不是真正的段落标记，因此被换行符分割的文字还属于同一个段落，基于段落的所有操作都不会识别手动换行符。举个例子。

当应用了自动编号的标题过长时，分行显示排版效果更佳。但是当我们将光标置于标题中间敲Enter键回车时，第二行的文字总是会自动应用标题编号，让人非常烦恼。

第一章 关于校企合作模式下的高职
第二章 思想政治教育体系建设分析

正确的分行方法应该是：将光标置于文字中间，按Shift+Enter组合键，插入一个软回车，第二行的文字就不会自动应用编号了。

第一章 关于校企合作模式下的高职
思想政治教育体系建设分析

2. 分段符

分段符又叫段落标记，这个符号是大家最为熟悉的。段落标记是文字处理组件中敲击回车键后出现的弯箭头标记，该标记又叫硬回车 ↵。

段落标记是真正意义上的重起一段，在一个段落的尾部显示，包含段落格式信息。

3. 分页符

分页符是给文章分页，将内容在不同页面显示，前后还是同一节。按 Ctrl + Enter 组合键可以快速插入分页符。格式标记如右图所示。

分页符

使用分页符，分页前后的页眉页脚设置完全相同。就像正文第一章和第二章的内容，页眉页码格式要求相同，但第二章内容要在新的一页开始，所以需要使用分页符。

4. 分节符

分节符是把文章分成不同的节，节与节之间可以独立编辑。就相当于把一根藕“咔咔”切成几段，既藕断丝连，每一段又可以单独拿来做菜。分节符的格式标记如下图所示。

分节符(下一页)

分页符与分节符最大的区别在于页眉页脚与页面设置。比如，目录页与正文页的页眉和页码格式要求不同，那么就将目录页作为单独的节，正文页作为另一个单独的节。比如，文档排版时，有几页需要单独横排（可参见6.2.2节），或需要设置不同的纸张、页边距等，那么将这几页单独设为一节，与前后内容不同节。

分节符是分节，可以在同一页中有不同的节，也可以分节的同时从下一页开始。

07 · 效率篇

高效操作不加班

要想高效地使用文字处理组件，需要做到两方面：问题少，操作快。文档的格式问题少了，节省了来回试探的调整时间。而快捷的操作，更能减少不必要的时间浪费。第6章说了遵守操作规则即可问题少，那怎么才能操作快呢？本章就给大家介绍几个文件处理组件中的法宝，让别人3小时做完的事，你3分钟就能搞定。

凡是重复，
必有套路。

7.1 一个思维锦囊：凡是重复，必有套路

在介绍具体的法宝之前，先给大家一个重要的思维锦囊：凡是重复，必有套路。

我一直认为：凡事方向比努力更重要，这句话放在WPS的文字处理组件里一样适用。大多数人用文字处理组件，还只是停留在打字的阶段，缺少文字处理思维，不会自动化排版，遇到问题就闷头干，没有技巧和方法，为此在时间和精力上付出了惨重的代价。先看几道选择题，你会怎么做?

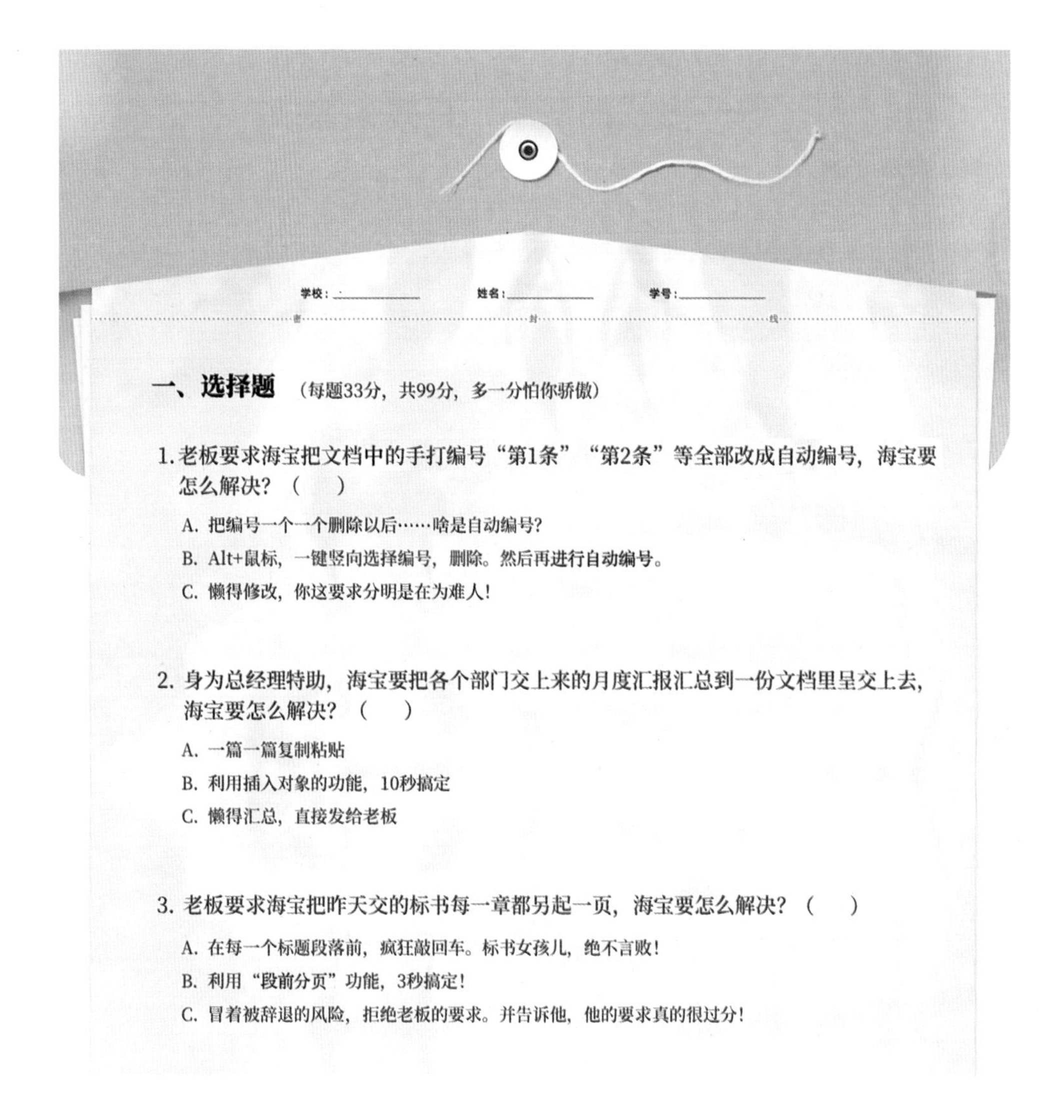
学校：________ 姓名：________ 学号：________

密 封 线

一、选择题 （每题33分，共99分，多一分怕你骄傲）

1. 老板要求海宝把文档中的手打编号“第1条”“第2条”等全部改成自动编号，海宝要怎么解决？（ ）

A. 把编号一个一个删除以后……啥是自动编号？

B. Alt+鼠标，一键竖向选择编号，删除。然后再进行自动编号。

C. 懒得修改，你这要求分明是在为难人！

2. 身为总经理特助，海宝要把各个部门交上来的月度汇报汇总到一份文档里呈交上去，海宝要怎么解决？（ ）

A. 一篇一篇复制粘贴

B. 利用插入对象的功能，10秒搞定

C. 懒得汇总，直接发给老板

3. 老板要求海宝把昨天交的标书每一章都另起一页，海宝要怎么解决？（ ）

A. 在每一个标题段落前，疯狂敲回车。标书女孩儿，绝不言败！

B. 利用“段前分页”功能，3秒搞定！

C. 冒着被辞退的风险，拒绝老板的要求。并告诉他，他的要求真的很过分！

而我是怎么做的呢？请看录屏视频。

1. 手动编号改自动编号（视频：062）
2. 多文档快速合并（视频：063）
3. 章节自动分页（视频：064）

从这三个小案例里我们会发现一些规律：在文字处理组件里，只要一发现操作趋向烦琐、重复、无意义，肯定是操作方法有问题，需要思考有没有简单的解决方法。要高效地制作文档，关键在于找准方法。一味地蛮干只会浪费时间，而且会有隐患。选择需要智慧，只有找对方法才能事半功倍。**凡是重复，必有套路。**

7.2 统一格式的法宝：查找和替换

查找和替换多用于文章内容格式的修缮，把混乱不清的格式快速统一。查找和替换最重要的是替换，而替换的本质其实就是删除目标字符，然后添加新字符。而若要删除目标字符，首先得认识这些字符，知道自己要删除的是什么，要添加的是什么，然后利用替换功能编辑成公式进行快速替换。

7.2.1 交个朋友：先认识一下各种编辑标记

从网上复制的内容，经常会出现很多空白区域和不规范的格式标记符号。例如下例中存在的情况。

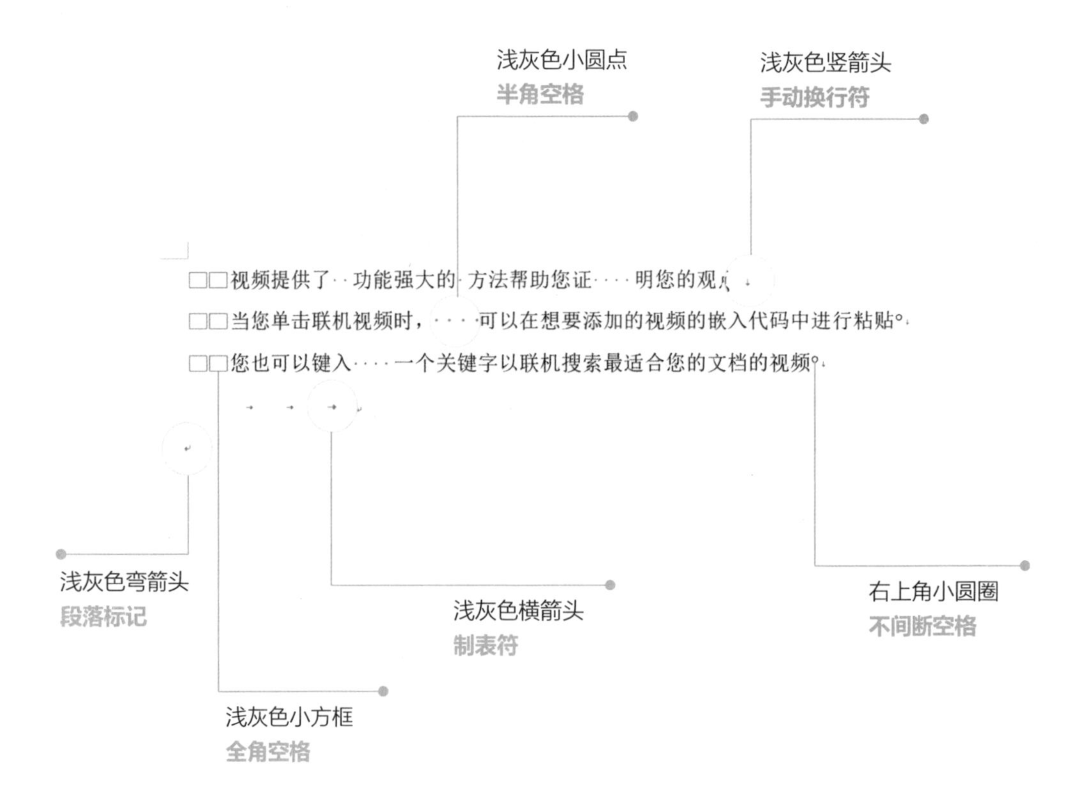

1. 认识格式标记

(1)手动换行符与段落标记的区别

手动换行符的代码是^l，段落标记的代码是^P。

手动换行符是一种换行符号，按Shift+Enter组合键后就会出现竖向的箭头，该标记又叫软回车。它的作用是换行显示，但它不是真正的段落标记，因此被换行符分割的文字仍然还是属于一个段落中的，基于段落的所有操作都不会识别手动换行符。

段落标记是在文档中敲击回车键后出现的弯箭头标记，该标记又叫硬回车。段落标记是真正意义上的重起一段，在一个段落的尾部显示，包含段落格式信息。

(2)半角与全角的区别

全角模式：输入一个字符占用2个字符的位置；半角模式：输入一个字符占用1个字符的位置。全角状态和半角状态对字母和数字的效果显著，对中文输入没有影响，因为汉字本身就是占用2个字符。

半角状态：Enter
全角状态：Ｅｎｔｅｒ
半角状态：1234567
全角状态：１２３４５６７

切换全角和半角状态，只需单击一下输入法“语言栏”中全角和半角的图标即可。全角是太阳，半角是月亮。

S中●°，▦👕简　S中☽°，▦👕简

(3)不间断空格

不间断空格是用来防止行尾单词间断的空格。在文档里输入内容的时候，经常会遇到行尾由多个单词组成的词组被分隔在两行文字里，这样很容易让人看不明白。这种情况就可以使用不间断空格来代替普通空格，使该词组保持在同一行文字里。像下图所示的这种情况：

这是一个英文词组，当它分开的时候，我们分辨起来会有些困难：come up with ，不是吗？

若在每一个单词后面插入一个不间断空格，即在每一个单词后按一次Ctrl+Shift+Space组合键，这样要换行的时候这个词组就会一起跳入第二行，不会分开，以此降低文章的阅读难度。

这是一个英文词组，当它分开的时候，我们分辨起来会有些困难：come up with ，不是吗？

(4)制表符

制表符也叫制表位，按Tab键后产生的右向直箭头，用于在不使用表格的情况下在垂直方向按列对齐文本。制表符的具体应用我们下一节会详细介绍。

此外常用的还有6.7.3节详细介绍过的分页符、分节符等，忘记的同学可以往前翻一翻。

2. 显示/隐藏格式标记

这些标记符号其实都是不被打印的，它们对文档内容本身并不会有影响。但是如果文档中大量出现这些标记会在格式排版时有干扰，那么，怎么显示/隐藏这些格式标记呢?

在【开始】选项卡中单击【显示/隐藏编辑标记】，勾选第一项【显示/隐藏段落标记】即可。

7.2.2 替换的常规应用：代码

认识了这些格式标记，要想熟练使用替换功能，标记代码是必须要掌握的。

部分特殊字符	代码
段落标记	^p
制表符	^t
任意单个字符（只用于查找框）	^?
任意字符串	*
任意单个数字（只用于查找框）	^#
任意英文字母（只用于查找框）	^$
图形（只用于查找框）	^g

部分特殊字符	代码
手动换行符	^l
手动分页符	^m
分节符（只用于查找框）	^b
尾注标记（只用于查找框）	^e
域（只用于查找框）	^d
查找的内容（只用于替换框）	^&
剪贴板内容（只用于替换框）	^c

Tips："^"输入方法：Shift + 6　　"#"输入方法：Shift + 3

"$"输入方法：Shift + 4　　"&"输入方法：Shift + 7

"*"输入方法：Shift + 8

以上符号的输入，都必须在英文输入法状态下输入。

这么多符号代码要怎么记呢?

其实根本不用记,【替换】→【特殊格式】中有列表,需要哪个直接选择就可以了。

而且,在【高级搜索】中,是否勾选【使用通配符】,【特殊格式】里显示的符号是不一样的,大家可以自己对比看一下。

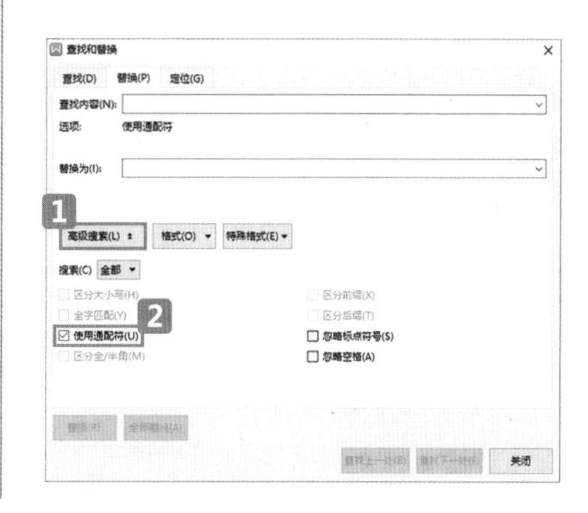

1. 批量删除空格和空白行

从PDF文档、网页上复制粘贴下来的文本里总会有大量的空格和空行。一个一个手动删除真能要人命!其实,想要删什么,利用替换功能5秒钟就能搞定!

批量删空格(视频:065)

创业·型·公·司·通·常·具·有□·巨·大·的·创新性、市场性、动态性及其·适应性。对创业·型·公·司·来·说,创新性是·企·业□·发·展必须·具备·的·关键动力·之·一。正是创新性·的·存°·在,才能·使·得·企·业有能力创·造·全新·的·产品,满·足·日·益变化□·的·客户·需·求°。而·市场性是要求创业·型·公·司·时刻·以市场□·的·变化为基准,根据市场·的需·求变化来制定适°·合企·业·自·身发·展的□·战略·目·标。动态性包括创业·型·公·司·内部□□·的·组·织·结构°。

半角空格　全角空格　不间断空格

文档里面有大量空格，首先打开编辑标记。分析发现里面有半角空格、全角空格、不间断空格三种。要删除它们非常简单。

Step 1：复制一个空格。(复制快捷键：Ctrl + C)

Step 2：Ctrl + H，选择【替换】选项卡。【查找内容】文本框会自动识别复制的内容。

Step 3：【替换为】文本框留空(留空即是删除)，单击【全部替换】按钮即可。(3种空格重复3次这一系列操作即可。)

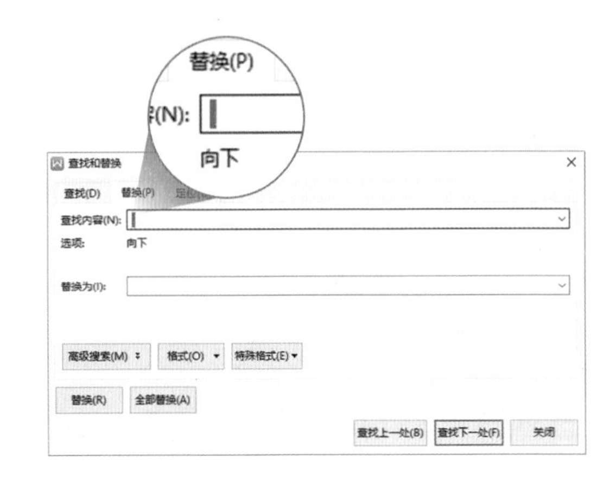

批量删空行（视频：066）

手动换行符

创业型公司通常具有巨大的创新性、市场性、动态性及其适应性

对创业型公司来说,创新性是企业发展必须具备的关键动力之一。正是创新性的存在,

才能使得企业有能力创造全新的产品,满足日益变化的客户需求。而市场性是要求

创业型公司时刻以市场的变化为基准,根据市场的需求变化来制定适合企业自身发展的战略目标。

视频提供了功能强大的方法帮助您证明您的观点。当您单击联机视频时，可以在想要添加的视频的嵌入代码中进行粘贴。您也可以键入一个关键字以联机搜索最适合您的文档的视频。

为使您的文档具有专业外观，Word 提供了页眉、页脚、封面和文本框设计，这些设计可互为补充。例如，您可以添加匹配的封面、页眉和提要栏。单击“插入”，然后从不同库中选择所

段落标记

一般有两种情况会造成多余的空行：一种是不恰当的手动换行符，一种是多余的段落标记。

情况一：不恰当的手动换行符

前面已经介绍过，换行符又叫软回车，会让一段内容分为很多行显示。遇到这种不规范分行，我们只需要删除文章中多余的手动换行符即可。

Step 1：按 Ctrl + H 组合键，选择【替换】选项卡。

Step 2：在【查找内容】框中输入“^l”；【替换为】框留空。

Step 3：单击【全部替换】按钮即可。

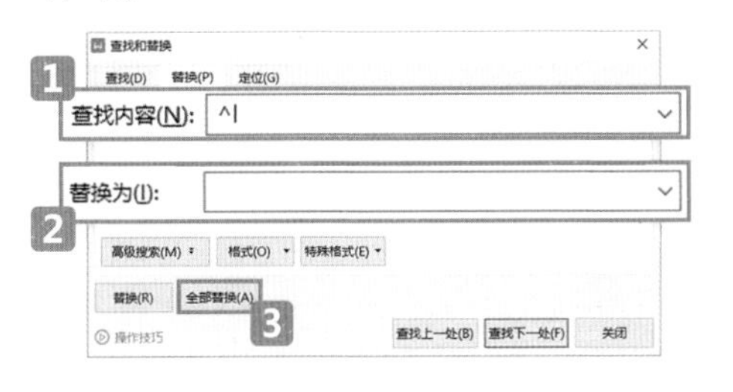

情况二：多余的段落标记

文章中大部分的空白行问题都是由多余的段落标记造成的，这种情况要怎么操作呢?

Step 1：按 Ctrl + H 组合键，选择【替换】选项卡。

Step 2：在【查找内容】框中输入“^p^p”；在【替换为】框中输入“^p”。

Step 3：一直单击【全部替换】按钮，直到出现【全部完成。完成0处替换】提示框。

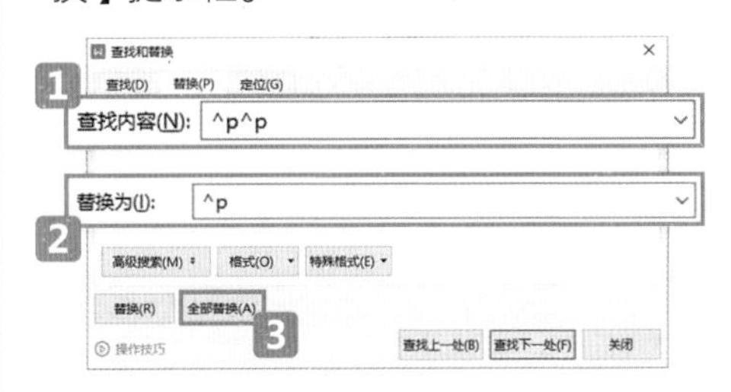

这里我们要思考：为什么在替换的时候，在【查找内容】框中要输入两次段落标记呢？直接在【查找内容】框中输入一次“^p”，然后【替换为】留空，全部删除不可以吗?

这是因为，文章中的段落都是通过段落标记来分段的。两个“^p”替换为一个“^p”是为了在替换的最终结果里，给每一个段落结尾保留一个段落标记。如果一下子把文章中的所有“段落标记”都删除了，最终替换的结果只有一个：全篇文章就只有一个自然段。

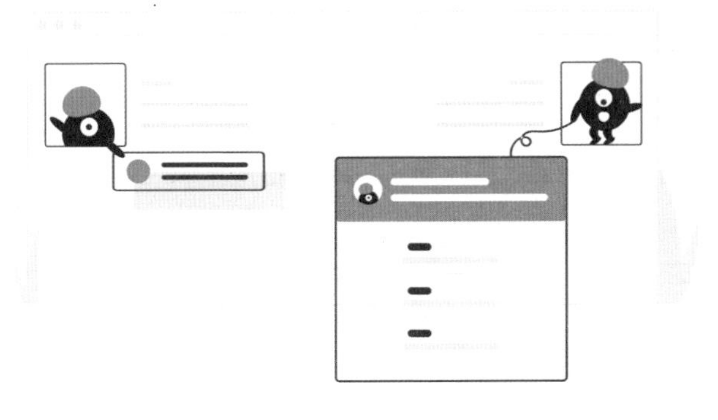

用替换功能批量删除空格和空白行是比较常规的方法，WPS 自 2019 版本有了更加人性化的功能：文字排版。

在【开始】—【文字排版】—【删除】菜单中，单击相应的命令按钮，即可完成一键删除空格和空白行的操作。(视频：067)

2. 批量修改错误

简单的文字替换 (视频：068)

替换功能最简单的应用就是文字的替换了。

例如，有一份客户资料文档，新来的小伙伴不小心把客户的名字“朱月坡”全部打成“朱肚皮”了，这时就可以利用替换功能一键全改。

Step 1：按 Ctrl + H 组合键，选择【替换】选项卡。

Step 2：在【查找内容】框中输入“朱肚皮”，在【替换为】框中输入“朱月坡”。

Step 3：单击【全部替换】按钮即可。

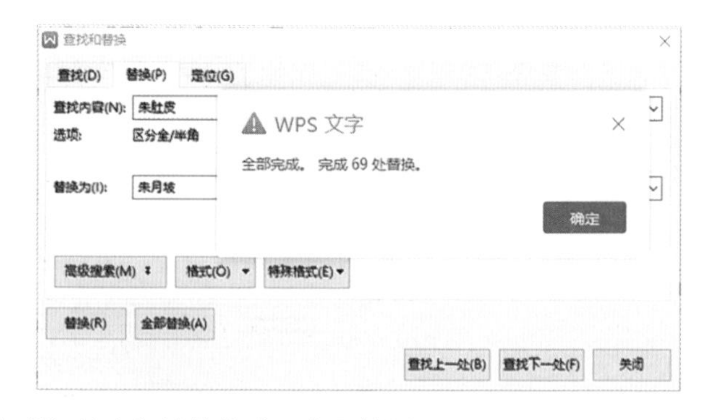

这样，文档中69处“朱肚皮”瞬间就全部被替换成“朱月坡”了。

复杂的文字替换

(1) 单个字符不同（视频：069）

在职场中，如果遇到“错别字达人”，有可能发生这样的意外：例如，把文中的“朱月坡”写成了“朱星坡”“朱日坡”“朱辰坡”，这要怎么改正呢？

分析发现，无论是“朱日坡”“朱星坡”“朱辰坡”，第一个字和最后一个字都是不变的，我们只要把中间的内容用一个字符替代，使它包含以上三种情况即可。

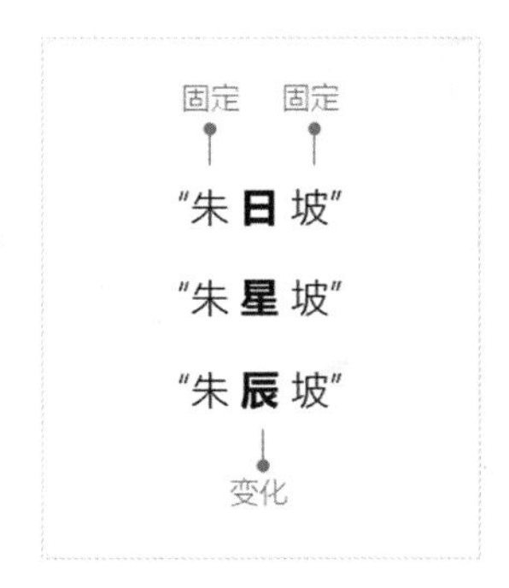

在WPS的文字处理组件中，符号“^?”即代表任意单个字符。

Step 1：在【查找内容】框中输入“朱^?坡”。

Step 2：在【替换为】框中输入“朱月坡”。

Step 3：单击【全部替换】按钮。

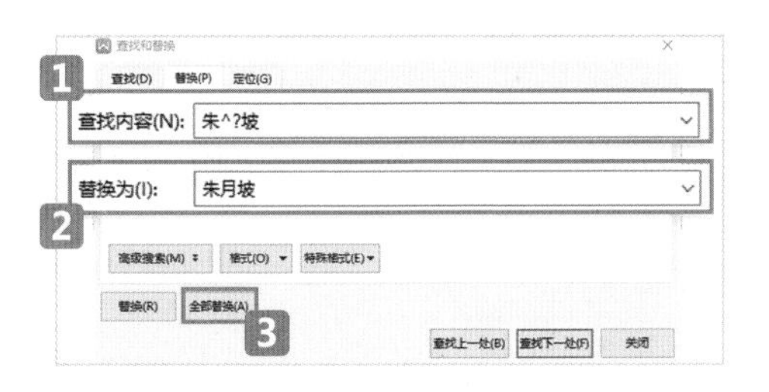

(2) 多个字符不同（视频：070）

如果“朱月坡”被输入成“朱日坡”“朱星坡”“朱辰坡”“朱什么坡”“朱爱什么什么坡”，这要如何改正呢？

在WPS的文字处理组件中，“*”代表任意字符串，字符可以是0个也可以是多个。所以，在模糊查找时，如果我们已经确定了一段话的首尾内容，而不确定中间的内容，就可以用“*”来代表中间的内容。

所以要解决这种多个字符不同的情况，只需在查找替换内容时做如下设置。

Step 1：在【查找内容】框中输入“朱*坡”。

Step 2：在【替换为】框中输入“朱月坡”。

Step 3：单击【高级搜索】选项，勾选【使用通配符】。

Step 4：单击【全部替换】按钮。

注意：使用“*”时，必须要勾选【使用通配符】才能生效。

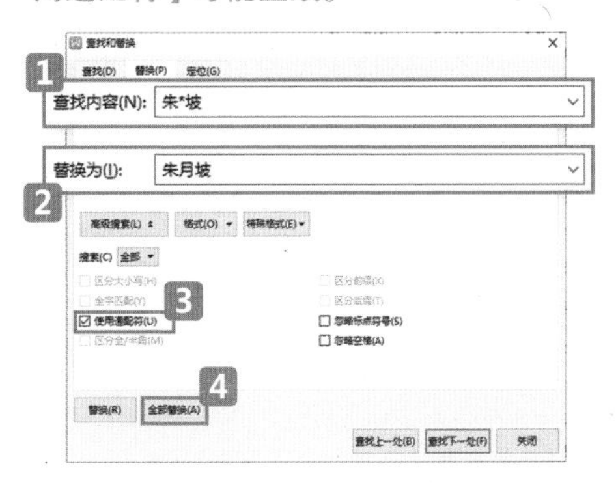

Tips：“*”输入方法：Shift + 8

3. 批量居中对齐图片（视频：071）

将图片插入文档时，默认的格式都是左对齐。而一份几十页的文档，单图片就有几十上百张，如果一张一张地进行居中操作着实麻烦。利用格式替换功能，可以一步搞定！

Step 1： 按 Ctrl + H 组合键，选择【替换】选项卡。

Step 2： 在【查找内容】框中输入“^g”或者直接单击【特殊格式】—【图形】。

Step 3：【替换为】内容留空，依次单击【格式】→【段落】，打开【替换段落】对话框。

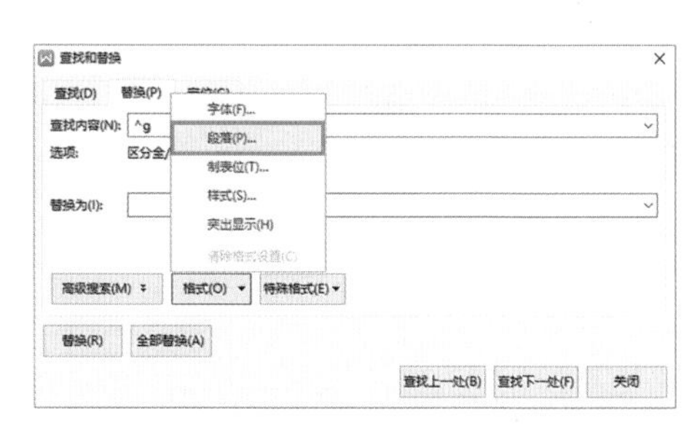

对齐方式选择【居中对齐】。依次单击【确定】→【全部替换】即可。

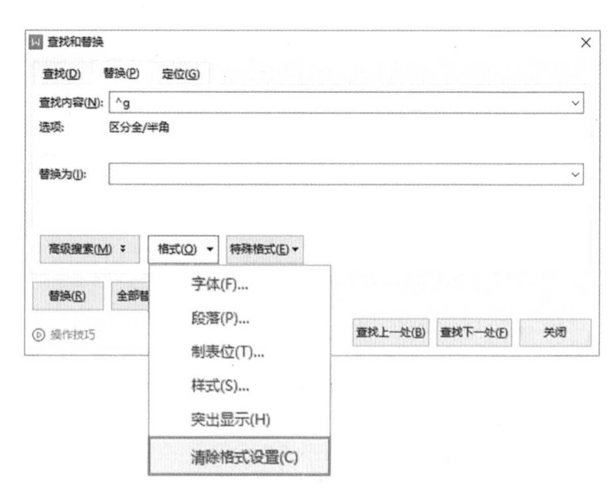

Tips： 在使用查找替换功能时，文字处理组件会自动保存上一次的格式设置记忆。所以，在设置新的格式内容时，先检查原来的格式内容是否已经清除。

清除方法： 将鼠标光标置于输入框内，单击【格式】→【清除格式设置】即可。（视频：072）

为什么我的图片无法居中？（视频：073）

有时进行了上述操作以后，发现图片没有发生变化，没居中的还是没居中！这时要检查一下图片的文字环绕方式是否是嵌入型，图片是否独立占据一行。

替换功能仅对“嵌入型”的图片有效！

选中图片，单击图片右上角的【布局选项】按钮，在【布局选项】面板中即可查看图片当前的文字环绕状态。

设置图片默认格式为【嵌入型】（视频：074）

其实，文字处理组件对新插入的图片设置的默认文字环绕方式就是嵌入型，但是如果在操作过程中图片出现了问题，则很可能是默认设置被更改了。

依次单击【文件】—【选项】—【编辑】—【剪切和粘贴选项】，然后将【将图片插入/粘贴为】设置成【嵌入型】，单击【确定】按钮即可。

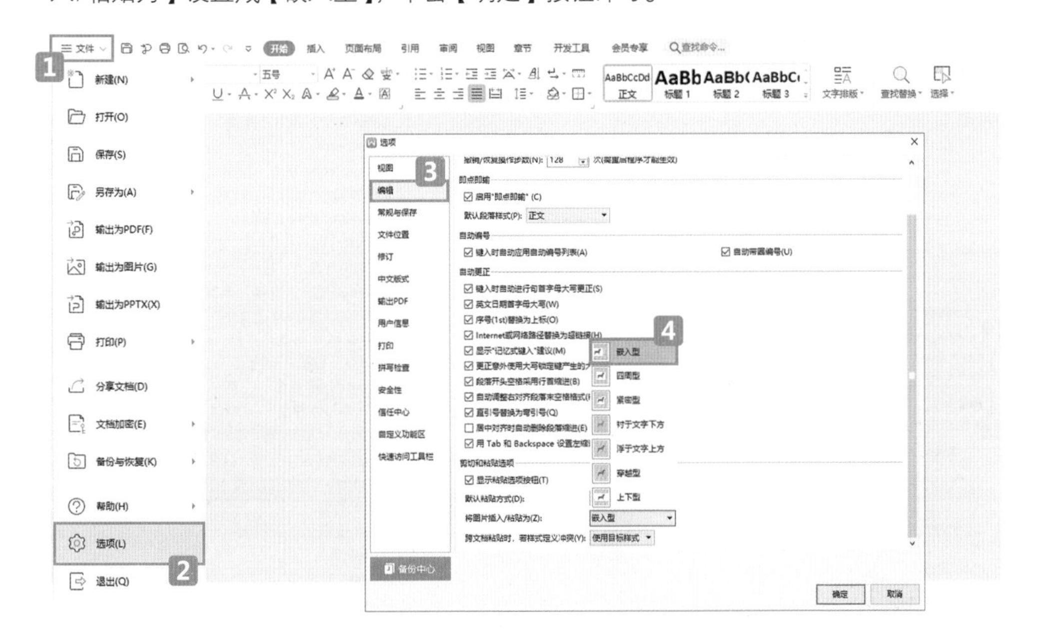

7.2.3 替换的高级应用：通配符

1. 阿拉伯数字前快速分段（视频：075）

直接从网上复制内容时，格式经常问题百出，不是多空行就是少分段。像右边这份网上复制的内容，杂乱无章一团糟，读起来非常吃力。怎么利用替换功能在每一个序号前进行快速分段呢?

1.abilloffare 菜单；节目单 2.acaseinpoint 一个恰当的例子 3.acoupleof 一对，一双；几个 4.afarcry 遥远的距离5.afew 少许，一些6.agooddeal 许多，大量；…… 得多7.agoodfew 相当多，不少 8.agoodmany 大量的，许多，相当多 9.ahardnuttocrack 棘手的问题 10.alittle 一些，少许；一点儿 11.alotof 大量，许多；非常 12.anumberof 一些，许多 13.apointofview 观点，着眼点 14.aseriesof 一系列，一连串 15.avarietyof 种种，各种 16.abideby 遵守(法律等)；信守 17.aboundin 盛产，富于，充满 18.aboveall 首先，首要，尤其是 19.above-mentioned 上述的 20.abstainfrom 戒除，弃权，避开 21.accessto 接近；通向…… 的入口22.accordingas 根据……而……23.accordingto 根据…… 所说；按照 24.accountfor 说明(原因等)；解释 25.accountfor 占；打死，打落(敌机) 26.accusesb.ofsth.控告(某人某事) 27.actfor 代理 28.acton 按照…… 而行动29.actout 演出30.adaptto 适应31.addupto 合计达，总计是32.addup 加算，合计33.adhereto粘附在……上；坚持34.adjacentto 与……毗连的35.admiretodosth.(美口)很想做某事 36.admitof 容许有，有…余地 37.admitto 承认 38.admitto 让…… 享有 39.advertisefor 登广告征求(寻找)某物 40.affectto 假装 41.affordto(买)得起(某物)42.afteralittle过了一会儿43.afterawhile 过了一会儿，不久44.afterall 毕竟，终究；虽然这样 45.agreeabout 对……有相同的看法46.agreeon 就……达成协议决定 47.agreeon 同意，赞成48.agreeto 同意，商定49.agreewith 同意，与……取得一致50.agreewith 与…… 相一致；适合

Step 1：按 Ctrl + H 组合键，选择【替换】选项卡。

Step 2：在【查找内容】框中输入“([0–9]{1,2}).”；在【替换为】框中输入“^p\1.”。

Step 3：单击【高级搜索】，勾选【使用通配符】，然后单击【全部替换】按钮即可。

注意：

①必须勾选【使用通配符】。

②代码必须是英文输入法输入。

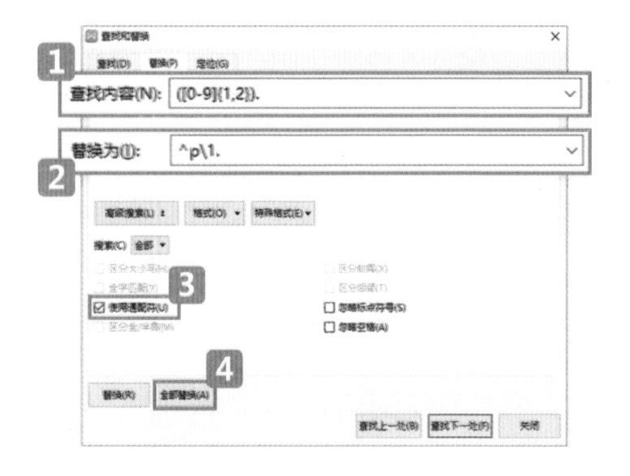

结果如下：

1.abilloffare 菜单；节目单
2.acaseinpoint 一个恰当的例子
3.acoupleof 一对，一双；几个
4.afarcry 遥远的距离
5.afew 少许，一些
6.agooddeal 许多，大量；…… 得多
7.agoodfew 相当多，不少
8.agoodmany 大量的，许多，相当多
9.ahardnuttocrack 棘手的问题
10.alittle 一些，少许；一点儿
11.alotof 大量，许多；非常
12.anumberof 一些，许多
13.apointofview 观点，着眼点
14.aseriesof 一系列，一连串
15.avarietyof 种种，各种
16.abideby 遵守(法律等)；信守
17.aboundin 盛产，富于，充满
18.aboveall 首先，首要，尤其是
19.above-mentioned 上述的
20.abstainfrom 戒除，弃权，避开
21.accessto 接近；通向 …… 的入口
22.accordingas 根据……而……
23.accordingto 根据…… 所说；按照
24.accountfor 说明(原因等)；解释
25.accountfor 占；打死，打落(敌机)
26.accusesb.ofsth.控告(某人某事)
27.actfor 代理
28.acton 按照…… 而行动
29.actout 演出
30.adaptto 适应
31.addupto 合计达，总计是
32.addup 加算，合计

（1）查找内容：([0–9]{1,2}).

[0–9] 表示匹配0~9的任意阿拉伯数字。
{1,2} 表示前面的字符个数为1~2个。例如：[0–9]{1,3}可以匹配1、12、123等。
此处也可以用“@”字符替换，“@”表示1个以上前一个字符或表达式，即“([0–9]@).”。
( ) 表示把括号内看作一个整体，在后续替换中会用到。
. 即序号后面的间隔点。

（2）替换为：^p\1.

① ^p 表示需要添加的段落标记。
② \1 表示查找括号里的内容。
③ . 即序号后面的间隔点。

2. 批量提取出生日期（视频：076）

在整理员工资料或客户信息时，经常会遇到要从身份证号码中提取对应人员的出生日期等看似重复烦琐的工作，瞬间感觉工作量好大。其实使用替换功能，10秒搞定!

姓名	身份证号码	出生日期
路飞	350583199505280771	
索隆	340827199705050601	
乌索普	350822199706236441	
山治	620502199502151207	
娜美	620502199706141206	
乔巴	622201199510300633	
罗宾	350481199303288401	
弗兰奇	350121199412219123	
布鲁克	350724199107088051	
甚平	350301199601228071	

Step 1：将身份证号码复制一列出来，按Ctrl+H组合键，选择【替换】选项卡。

Step 2：在【查找内容】框中输入：([0-9]{6})([0-9]{4})([0-9]{2})([0-9]{2})([0-9]{4})。

Step 3：在【替换为】框中输入：\2年\3月\4日。

Step 4：单击【高级搜索】，勾选【使用通配符】，单击【全部替换】按钮，替换结果选择【取消】—【确定】即可。

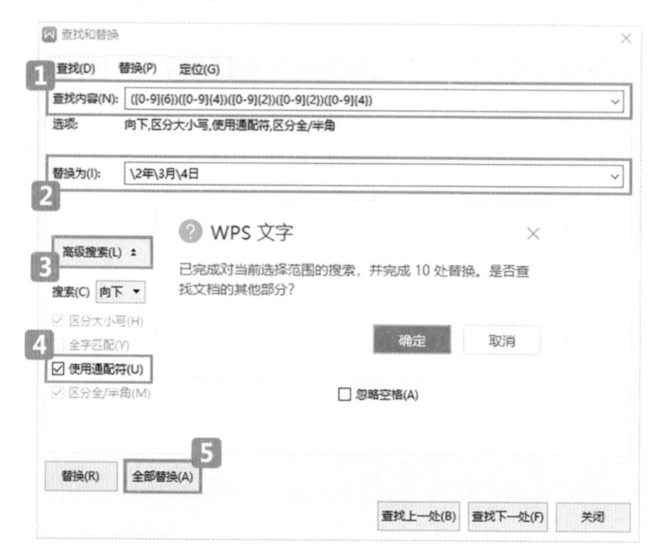

结果如下所示。

姓名	身份证号码	出生日期
路飞	350583199505280771	
索隆	340827199705050601	
乌索普	350822199706236441	
山治	620502199502151207	
娜美	620502199706141206	
乔巴	622201199510300633	
罗宾	350481199303288401	
弗兰奇	350121199412219123	
布鲁克	350724199107088051	
甚平	350301199601228071	

姓名	身份证号码	出生日期
路飞	350583199505280771	1995年05月28日
索隆	340827199705050601	1997年05月05日
乌索普	350822199706236441	1997年06月23日
山治	620502199502151207	1995年02月15日
娜美	620502199706141206	1997年06月14日
乔巴	622201199510300633	1995年10月30日
罗宾	350481199303288401	1993年03月28日
弗兰奇	350121199412219123	1994年12月21日
布鲁克	350724199107088051	1991年07月08日
甚平	350301199601228071	1996年01月22日

Tips：为什么【全部替换】以后，替换结果要选择【取消】呢？

因为第一遍查找替换的是已经选中的内容，如果替换结果这里选择了【确定】，文字处理组件就会继续替换，波及原始的身份证信息。而替换结果选择了【取消】，就会终止继续替换，原来的身份证号码才能得以保留。

【查找内容】

([0-9]{6})([0-9]{4})([0-9]{2})([0-9]{2})([0-9]{4})

完整表述：

① 将查找的这个字符串分成5段。

② 每一段的字符都是任意阿拉伯数字。

③ 5段字符：第一段有6个数字，第二段有4个数字，第三段有2个数字，第四段有2个数字，第五段有4个数字。

【查找原理解析】

([0-9]{6})([0-9]{4})([0-9]{2})([0-9]{2})([0-9]{4})

( )　　括号表示将查找的内容分段，5个括号表示将原字符串分成了5段。

[0-9]　勾选【使用通配符】时表示这5段字符是0~9之间的任意阿拉伯数字。

{ }　　大括号表示每个字符串包含的字符个数。例如，案例中表示这5段字符分别是6、4、2、2、4个字符。

【替换原理解析】

\2年\3月\4日

查找内容中每个括号( )分一组，一共是5组。【替换为】中的\2、\3、\4表示保留2、3、4组，并在后面分别加上“年”“月”“日”。第1组和第5组自动删除。

3. ABCD选项批量对齐（视频：077）

要说文字处理组件里最难搞定的是什么，文本对齐绝对能榜上有名。特别是像ABCD选项对齐这种，量多又烦琐。我见过太多人做问卷、做试卷、做调研的时候，几页的ABCD全部敲空格一个一个对齐。耗时耗力不说，如果哪个选项有个小调整，空格还得来回删。使用替换功能，几分钟搞定！

ABCD批量对齐

1. 《Word之光》的作者是谁?
A、海宝老师　B、大毛老师　C、注龙老师　D、沛文老师

2. 我们演示操作用的是哪个版本的软件?
A、WPS 2003　B、WPS 2010　C、WPS 2016　D、WPS 2019

3. 向天歌目前总共有几本书?
A、3本　B、4本　C、5本　D、6本

4. 《Word之光》的作者是谁?
A、海宝老师　B、大毛老师　C、注龙老师　D、沛文老师

5. 我们演示操作用的是哪个版本的软件?
A、WPS 2003　B、WPS 2010　C、WPS 2016　D、WPS 2019

6. 向天歌目前总共有几本书?
A、3本　B、4本　C、5本　D、6本

7. 《Word之光》的作者是谁?
A、海宝老师　B、大毛老师　C、注龙老师　D、沛文老师

8. 我们演示操作用的是哪个版本的软件?
A、WPS 2003　B、WPS 2010　C、WPS 2016　D、WPS 2019

Step 1：按 Ctrl + H 组合键，选择【替换】选项卡。在【查找内容】框中输入“[BCD]”，在【替换为】框中输入“^t^&”；然后单击【高级搜索】，将【使用通配符】项勾选上。

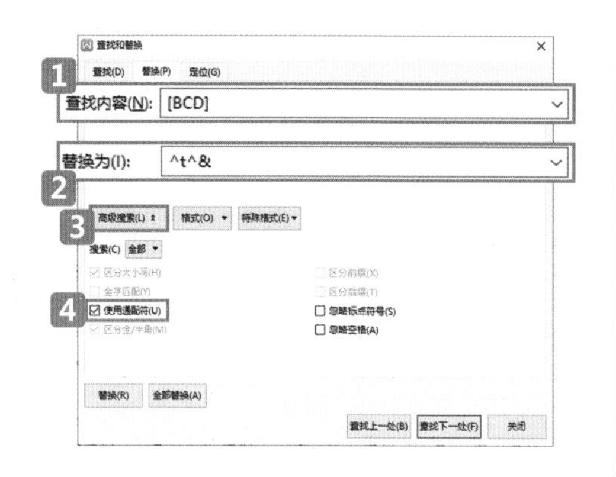

Step 2：将鼠标光标置于【替换为】文本框内，依次单击【格式】→【制表位】，打开【替换制表位】对话框。

在【制表位位置】框中输入“11”，单击【设置】按钮，在下方的【要清除的制表位】中就会出现刚才输入的制表位位置，重复刚才的操作，在“22个字符”处和“33个字符”处设置制表符。

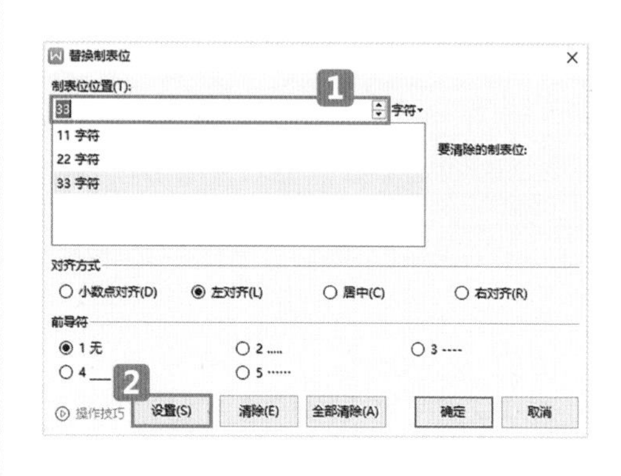

Step 3：依次单击【确定】→【全部替换】即可。

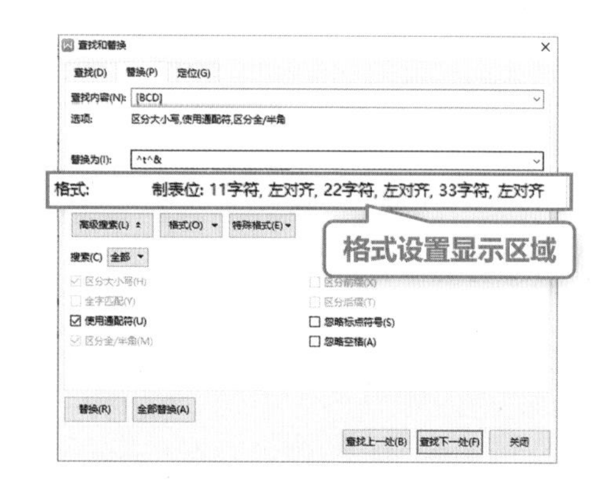

短短100多字的步骤介绍，却包含了文字处理组件中最精华的两个知识点：

查找替换和制表符。咱们一个一个来解析。

制表符

批量对齐拆解一下就是“批量”和“对齐”。要想知道ABCD是怎么批量对齐的，首先得知道ABCD是怎么对齐的，然后才是批量。制表符就是专门设置文档中各种对齐的。

制表符也叫制表位，在文档中的编辑标记是一个灰色的右向小箭头：→。

制表符的作用就是在不使用表格的情况下让文本在垂直方向按列对齐。很好理解，对应到咱们ABCD对齐的案例中就是：在不使用表格的情况下，使用制表符让A的一列统一在行首对齐，B的一列统一在行的另一个位置并在垂直方向对齐，C列和D列又分别在另一个位置的垂直方向对齐。

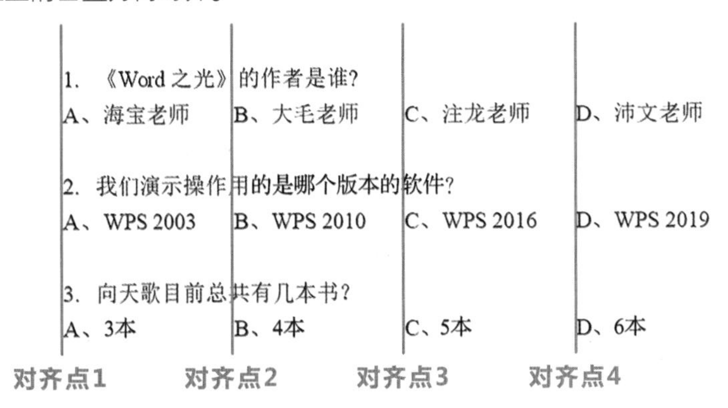

1. 《Word之光》的作者是谁?
A、海宝老师　B、大毛老师　C、注龙老师　D、沛文老师

2. 我们演示操作用的是哪个版本的软件?
A、WPS 2003　B、WPS 2010　C、WPS 2016　D、WPS 2019

3. 向天歌目前总共有几本书?
A、3本　B、4本　C、5本　D、6本

对齐点1　对齐点2　对齐点3　对齐点4

而一个制表符仅负责一种对齐方式。也就是说，抛开A列默认在行首对齐，B列、C列和D列都是在一行的另一个位置对齐，所以就需要分别在“B”前、“C”前和“D”前各添加一个制表符。一个制表符就相当于一面无形的墙。

操作步骤的第二步，就是为了确定插在“B”“C”“D”前面的制表符的位置。

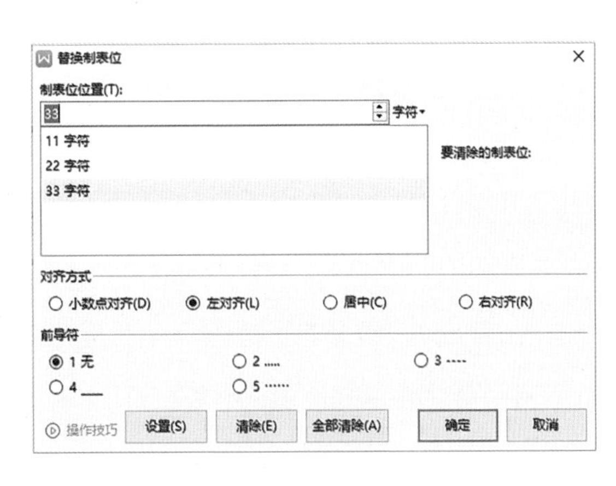

为什么是“11个字符”处、“22个字符”处、“33个字符”处呢？因为文字处理组件中行的计量单位就是“字符”。一行有多长，就看这行能放多少个字符。在文字处理组件中一般一行长是44个字符，所以一行平均分成4段，就是“11个字符”处、“22个字符”处、“33个字符”处。

Tips：当然，制表符的位置是可以根据选项文本的长短自由调整的。这里的平均分段是一种比较理想的状态。

那怎么看自己的文档一行有多少个字符呢？制表符是跟标尺相伴而生的。单击【视图】，勾选【标尺】，此时文档功能区的下方会出现一个像尺子一样的东西，这个就是标尺。标尺上的数字就代表着字符。

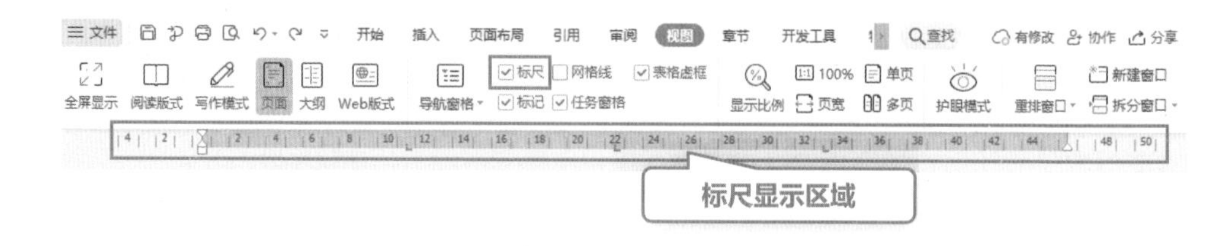

查找和替换

知道了文本对齐的关键是制表符，所以要想省时省力操作快，只要批量在“B”“C”“D”前面插入指定位置的制表符就可以了。而批量操作的关键是：查找和替换。

咱们操作的第一步，就是为了批量在“B”“C”“D”前插入制表符。

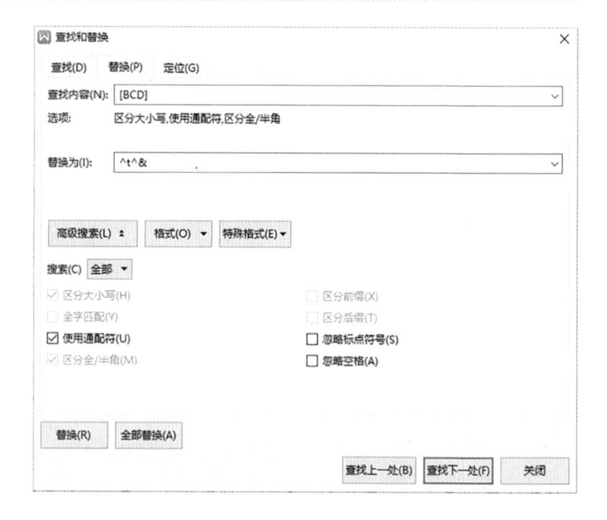

替换步骤不难，难在提炼“查找内容”和“替换为”的格式特征并编辑相应的代码。所以，“[BCD]”和“^t^&”是什么意思呢？

【查找原理解析】

- “[ ]”表示查找的字符。
- “[BCD]”表示分别查找字母“B”“C”“D”。

【替换原理解析】

- “^t”表示制表符。
- “^&”表示查找内容。
- “^t^&”的完整表述为：在原查找的内容“B”“C”“D”前，分别插入一个制表符。

因为“[ ]”属于替换里面的通配符，所以要勾选【使用通配符】。

再次回顾右侧整个操作步骤，完整的表述如下：

① 查找文档里的所有“B”“C”“D”字符，并分别在字符前面插入一个制表符。

② 这三个制表符的位置分别在该行的第11个字符处、第22个字符处、第33个字符处。

这样一解析，是不是觉得简单了很多？

“引用”

Step 1：按 Ctrl + H，选择【替换】选项卡。在【查找内容】框中输入“[BCD]”，在【替换为】框中输入“^t^&”；单击【高级搜索】，勾选【使用通配符】。

Step 2：依次单击【格式】→【制表符】，打开【替换制表符】对话框。手动在“11个字符”处、“22个字符”处、“33个字符”处设置制表符。然后依次单击【确定】→【全部替换】。

查找替换、制表符和邮件合并是文字处理组件中的三大宝藏功能，下面两个小节再详细介绍另外两个。

在文字处理组件中，使用通配符和表达式属于查找替换的高级应用，了解一些常用的通配符表达式，可以帮助我们完成很多不可思议的工作。最重要的是要结合实际举一反三，才能知行合一，披荆斩棘。

Word 通配符用法一览表

序号	查找内容	通配符	示例
1.	任意单个字符	?	例如，s?t 可查找“sat”和“set”
2.	任意字符串	*	例如，s*d 可查找“sad”和“started”
3.	单词的开头	<	例如，<(inter)查找“interesting”和“intercept”，但不查找“splintered”
4.	单词的结尾	>	例如，(in)>查找“in”和“within”，但不查找“interesting”
5.	指定字符之一	[]	例如，w[io]n 查找“win”和“won”
6.	指定范围内任意单个字符	[-]	例如，[r-t]ight 查找“right”和“sight”。必须用升序来表示该范围
7.	中括号内指定字符范围以外的任意单个字符	[!x-z]	例如，t[!a-m]ck 查找“tock”和“tuck”，但不查找“tack”和“tick”
8.	*n* 个重复的前一字符或表达式	{n}	例如，fe{2}d 查找“feed”，但不查找“fed”
9.	至少 *n* 个前一字符或表达式	{n,}	例如，fe{1,}d 查找“fed”和“feed”
10.	*n* 到 *m* 个前一字符或表达式	{n,m}	例如，10{1,3}查找“10”、“100”和“1000”
11.	一个以上的前一字符或表达式	@	例如，lo@t 查找“lot”和“loot”

7.3 文本对齐的法宝：制表符

制表符又称制表位，专门设置文档中的各种文本对齐。它可以在文档的任何地方，以任何你想要的对齐方式，在不使用表格的情况下，在垂直方向按列对齐文本。听起来有点儿绕，后面我会以三个小案例来给大家具体展示制表符的妙用。

7.3.1 制表符与标尺的关系

前面讲ABCD批量对齐的时候，咱们说道：制表符总是伴随着标尺出现，在【视图】里面勾选【标尺】，制表符就会出现在标尺的拐角处。

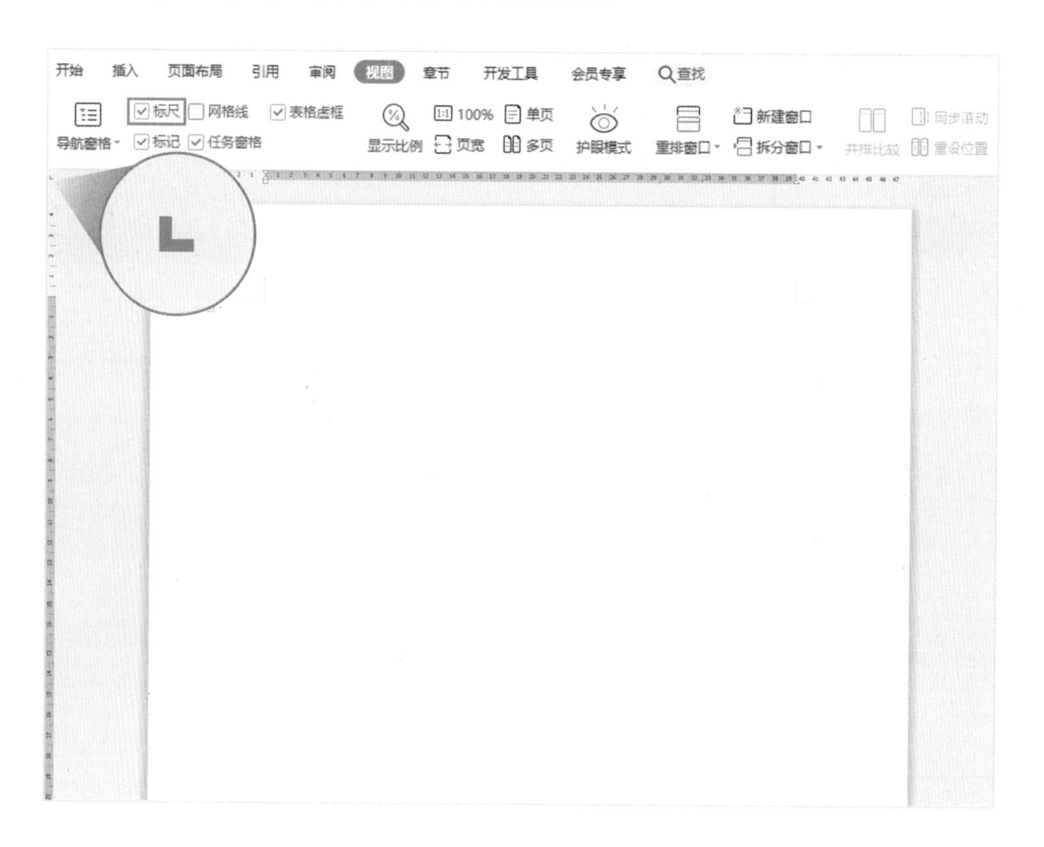

单击一下制表位按钮，即可选择相应的对齐功能。其中，最常用到的是前四项。

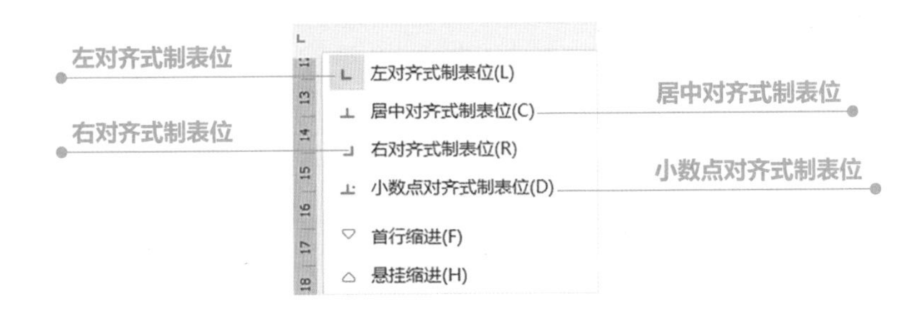

选择要用的制表位后，在标尺上单击一下，即可插入相应的制表位，此时标尺上就会出现一个制表位符号。

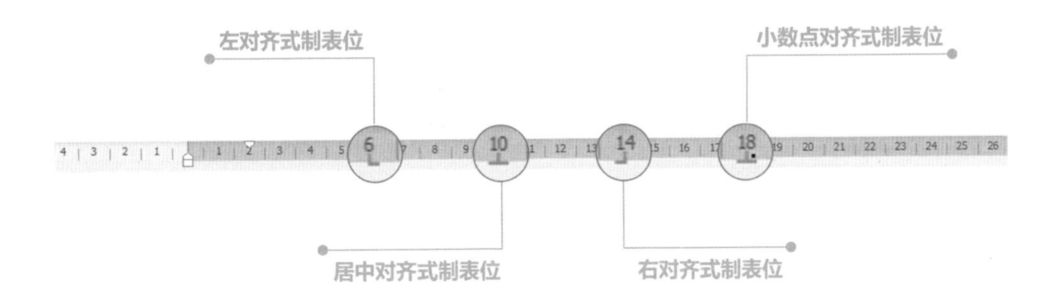

制表位在文档中的编辑标记是一个灰色的右向小箭头：→。

在文档中看到它，就说明这里使用了制表位，即可进行相应的编辑。

7.3.2 与会人员名单两栏对齐（视频：078）

对于一些文员来说，在文字处理组件中处理人物名单的时候，经常会遇到人名排列不整齐的问题，这样既影响美观又影响阅读体验。那么如何快速将名单里的姓名进行对齐排列呢？大多数人都是疯狂敲空格，又麻烦又费时。

高效简单地做出下图所示这种效果，才是我们今天要探讨的。

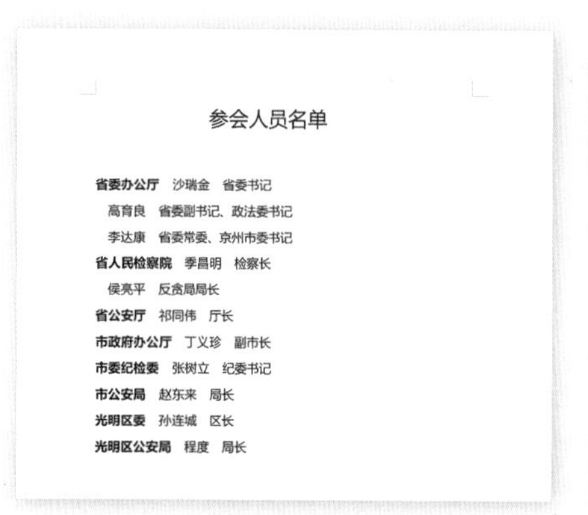

对齐前

对齐后

操作步骤很简单。

Step 1：选中要对齐的文本，然后在标尺上与文本分列对应的位置处单击一下，添加左对齐制表位。

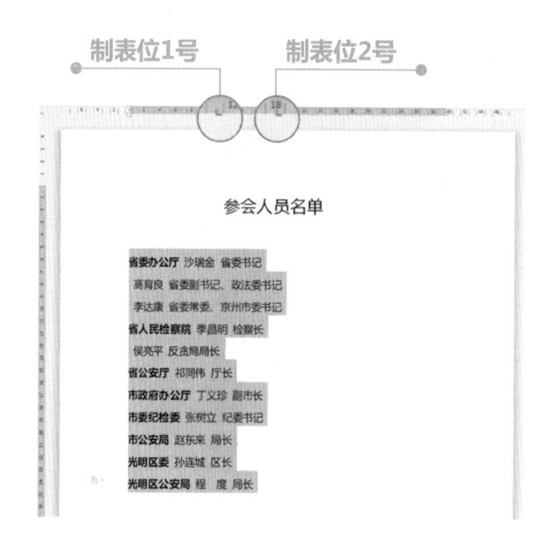

Step 2：在所有要分列的文本前，敲一个Tab键。

打开【显示段落标记】可以看到制表符。

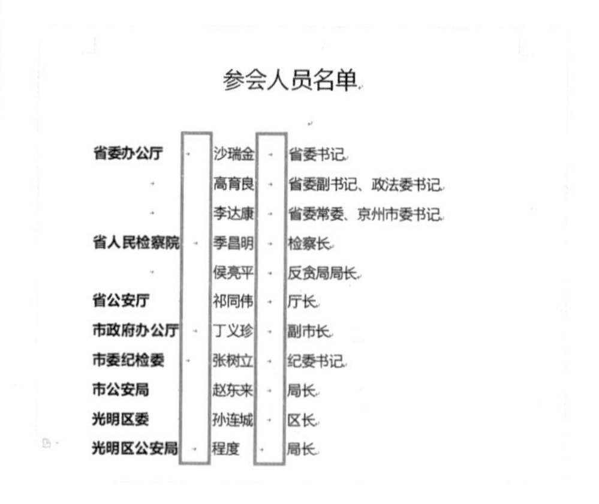

7.3.3 表演节目单三栏对齐（视频：079）

单位的节目单要求：第一列序号列左对齐，第二列节目列居中对齐，第三列表演人员列右对齐。并且中间用虚线前导符连接起来，这要怎么设置呢？

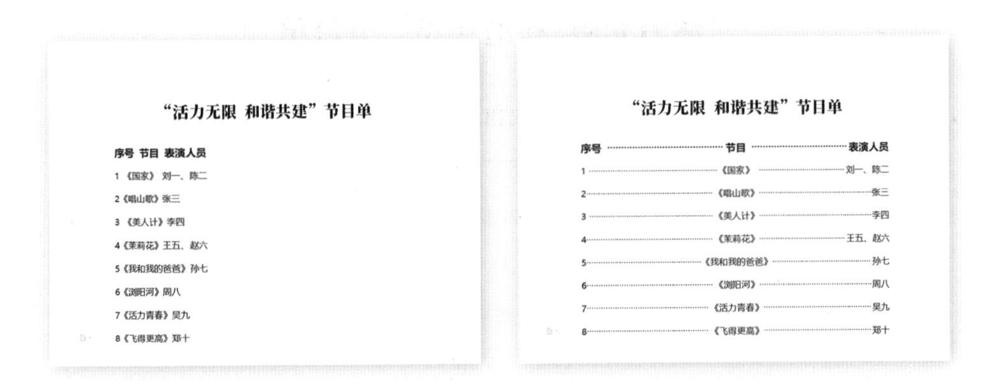

对齐前　　　　对齐后

分析要求发现，一行文本要求有三种对齐方式，并且各栏之间还要有前导符连接。所以这里不能直接在标尺上设置了。直接在标尺上设置虽然可以设置三列不同的对齐方式，但是不能设置前导符。这里我们需要在【制表位】对话框里进行设置。

Step 1：选中要对齐的文本，单击【开始】-【制表位】，打开【制表位】对话框。根据标尺的长度计算（案例中标尺的长度为40个字符），在标尺的中间位置——20个字符处——设置一个【前导符】为2的【居中】制表位，在标尺的末尾——40个字符处——设置一个【前导符】为2的【右对齐】制表位。

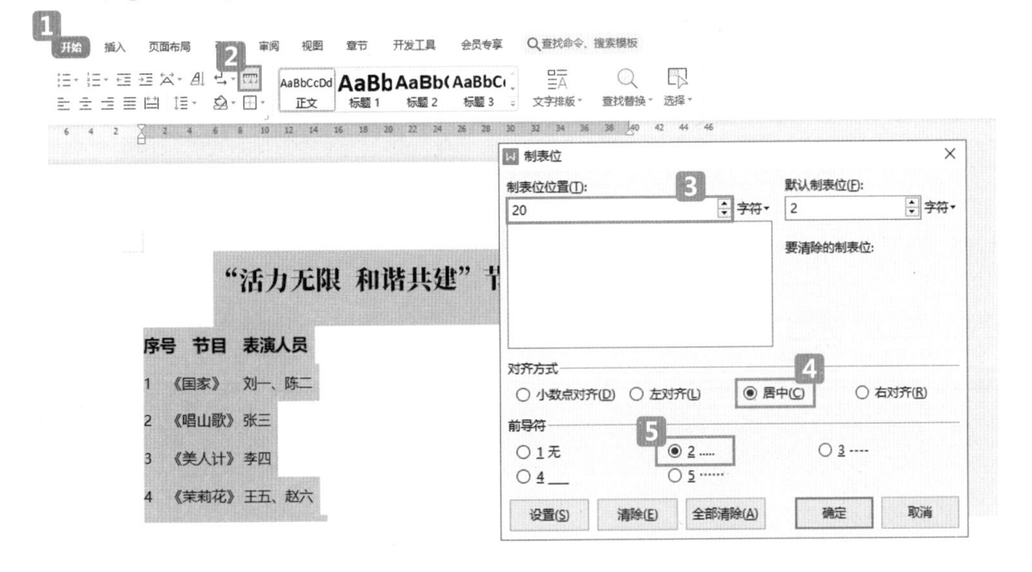

Step 2：完成以上操作后，在需分列的文本前分别敲一个 Tab 键即可。

“活力无限·和谐共建”节目单

序号……………………节目……………………表演人员

1……………………《国家》……………………刘一、陈二

2……………………《唱山歌》……………………张三

3……………………《美人计》……………………李四

4……………………《茉莉花》……………………王五、赵六

5……………………《我和我的爸爸》……………………孙七

6……………………《浏阳河》……………………周八

7……………………《活力青春》……………………吴九

……………………飞得更高》……………………郑十

加了【前导符】为2的制表位

7.3.4 表格小数点对齐（视频：080）

文章中如果用到了数据表格，表格内的所有文本数据都默认是左对齐的。怎么让表格数据列单独实现小数点对齐呢？

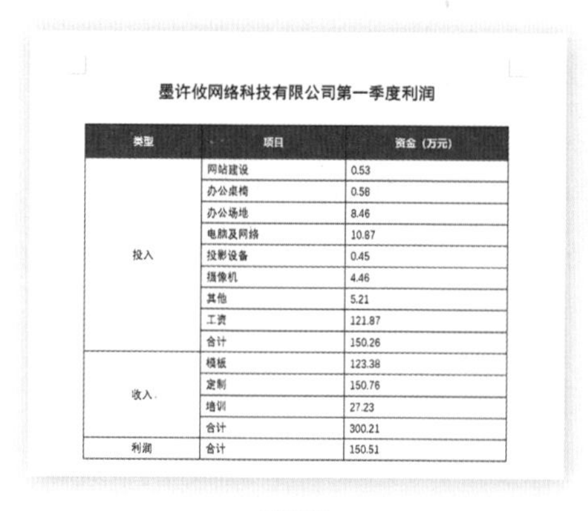

墨许攸网络科技有限公司第一季度利润

类型	项目	资金（万元）
投入	网站建设	0.53
	办公桌椅	0.58
	办公场地	8.46
	电脑及网络	10.87
	投影设备	0.45
	摄像机	4.46
	其他	5.21
	工资	121.87
	合计	150.26
收入	模板	123.38
	定制	150.76
	培训	27.23
	合计	300.21
利润	合计	150.51

对齐前

墨许攸网络科技有限公司第一季度利润

类型	项目	资金（万元）
投入	网站建设	0.53
	办公桌椅	0.58
	办公场地	8.46
	电脑及网络	10.87
	投影设备	0.45
	摄像机	4.46
	其他	5.21
	工资	121.87
	合计	150.26
收入	模板	123.38
	定制	150.76
	培训	27.23
	合计	300.21
利润	合计	150.51

对齐后

Step 1：单击标尺拐角处的【制表位】按钮，选择【小数点对齐式制表位】。

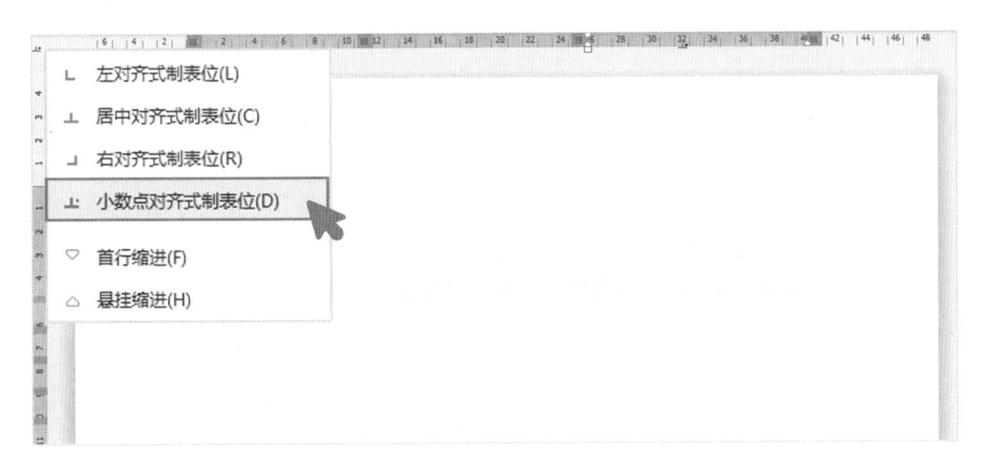

Step 2：选中数据列，将鼠标光标在该列上方标尺的适当位置单击一下即可。

小数点对齐

墨许攸网络科技有限公司第一季度利润

类型	项目	资金（万元）
投入	网站建设	0.53
	办公桌椅	0.58
	办公场地	8.46
	电脑及网络	10.87
	投影设备	0.45
	摄像机	4.46
	其他	5.21
	工资	121.87
	合计	150.26
收入	模板	123.38
	定制	150.76
	培训	27.23
	合计	300.21
利润	合计	150.51

Tips：在标尺上单击添加制表位时，如果位置不准确的话，按住 Alt 键拖动标尺上的制表位标记即可进行精细调整。

7.4 批量制作的法宝：邮件合并

考过计算机二级的小伙伴都知道，邮件合并是必考题！它可以由一个范文文档快速生成结构相似的内容区块，也就是说，邮件合并可以在1分钟之内做出1000份版式一样的内容。这一小节，我们就以几个典型案例来分析一下邮件合并的使用：利用邮件合并批量制作邀请函、奖状和桌签。

邮件合并必须有两个文件：

一个数据源，一个主文档。

数据源是一份表格处理组件中的表格，里面必须包含需要用到的变量信息。例如，我们要制作邀请函，需要用到的变量信息就是姓名。

这里一定要注意：表格的第一行必须是标题行，标题行下面是对应的具体信息。

	A	B	C	D	E	F
1	姓名	性别	职务	联系方式	家庭住址	邮箱
2	玉皇大帝	男	董事长	166-1234-5678	银河系地球村天宫号凌霄宝殿	yudi@outlook.com
3	王母娘娘	女	大股东	166-1234-5679	银河系地球村天[illegible]	wangmu@outlook.com
4	瑶姬	女	总裁	166-1234-5680	银河系地球村天宫号瑶池宫	yaoji@outlook.com
5	天蓬	男	银河环境监测员	166-1234-5681	银河系地球村天宫号银河边	tianpeng@outlook.com
6	杨戬	男	南天门门卫	166-1234-5682	银河系地球村天宫号灌江口	yangjian@outlook.com
7	千里眼	男	宣传委员	166-1234-5683	银河系地球村天宫号南天门	qianliyan@outlook.com
8	顺风耳	男	信息科长	166-1234-5684	银河系地球村天宫号南天门	shunfenger@outlook.com
9	悟空	男	实习生	166-1234-5685	银河系地球村花果山水帘洞	dasheng@outlook.com
10	海宝	[illegible]	[illegible]	166-1234-5686	银河系地球村种花家兔子洞	haibao@outlook.com

标题行

变量信息

主文档是一份文字处理文档，也就是版式统一的文字处理文档模板。

只要准备好这两个文件，邮件合并就可以大杀四方了！

7.4.1 批量制作邀请函（视频：081）

古有广发英雄帖，召集各路英豪群雄逐鹿。今有群发邀请函，感恩客户老爷同舟共济。然而客户那么多，做好模板以后再一个一个地修改名字，这种事情是WPS的文字处理组件忍不了的！

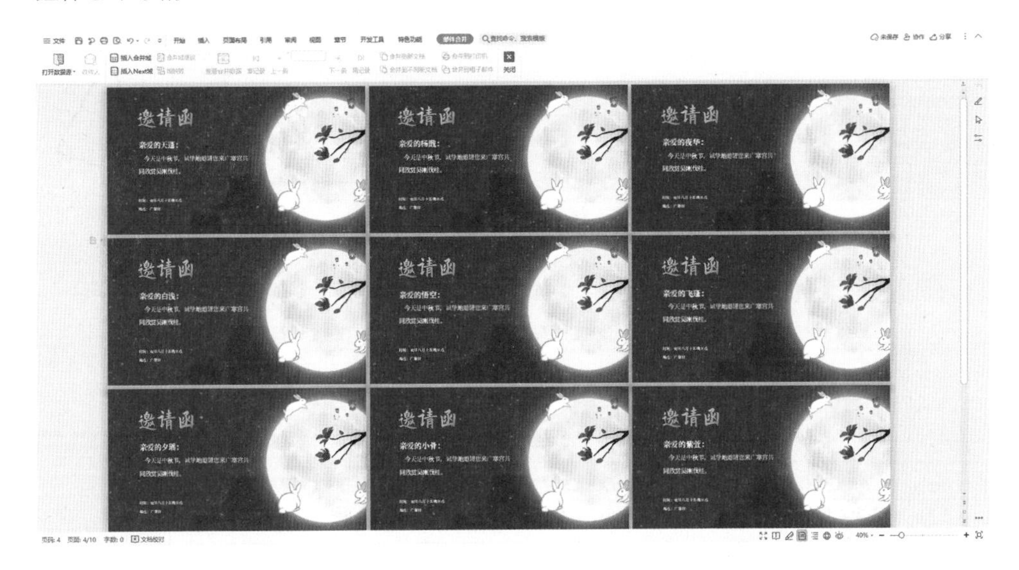

前面咱们一再强调：凡是重复，必有套路。既然我们要一下子制作多张不同姓名、相同版式的邀请函，那使用邮件合并功能就再合适不过了。观看录屏视频了解一下详情吧！

7.4.2 批量制作奖状（视频：082）

无论是学校还是企业，评优奖先、颁发奖状一直是我们的优良传统。几十上百张奖状一张一张地制作效率太低了，用邮件合并功能几分钟即可搞定。

奖状如果是自主设计的，制作完用空白纸张打印，那制作方法跟批量制作邀请函一模一样。奖状如果是购买的成品奖状，只需要把名字打印到奖状上，这时候就需要用到精确套打。自主设计奖状的邮件合并方法我们就不赘述了，观看视频即可了解使用邮件合并功能如何进行奖状的精确套打了。

7.4.3 批量制作桌签（视频：083）

临开会的时候，领导要求给所有与会人员制作一份带名字的桌签，也就是席卡。时间紧迫，怎么办呢？分析一下，所有桌签版式相同，就名字不一样，这很符合邮件合并的使用条件。

前两个案例我们也看到了，使用邮件合并功能制作数据源不难，难在文字处理主文档的制作。分析一下桌签结构：A4纸制作，完成以后折两折固定，并且两面都要有字。

桌签的名字字体统一，字号一定要大。这里建议使用非衬线字体，就像微软雅黑字体，四平八稳，比较容易辨识。

了解完这些，接下来看一下录屏视频中的具体操作吧。

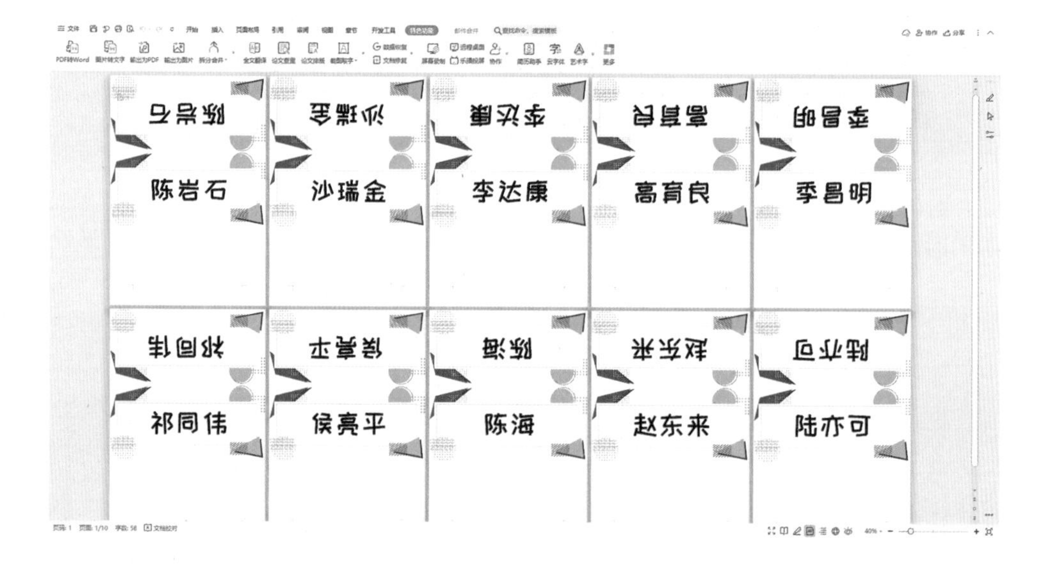

其实制作完桌签事情还没有结束，桌签的摆放也大有学问！日常比较常用的座次模式有：主席台模式、餐桌模式、会议模式和签字模式，建议大家花些心思了解一下商务礼仪，细节决定成败！

08 · 表格篇

表格处理不犯难

经常有人问我：WPS的文字处理组件和表格处理组件中都有表格，哪个更好用呢？这还真不好回答。如果你的表格结构复杂、数据简单或者是图文表混排，那就是文字处理组件中的表格好用。如果你的表格结构上具有二维表的特征，需要复杂的数据统计与筛选，那就是表格处理组件中的表格好用。软件没有好坏，只是各有侧重。文字处理组件的强项是文字排版，所以文字处理组件中表格的主要功能也是辅助排版的。

没有不听话的表格，
只有不规范的操作！

8.1 表格排版——用表格制作文档封面

第6章讲长文档排版全流程的时候，其中有一个环节是制作封面。长文档的封面制作之所以放在这里讲，是因为规范的封面制作一定离不开表格。

8.1.1　封面信息下画线对不齐

无论是报告、论文、申请材料，制作封面的时候经常会遇到一个问题：封面信息下画线对不齐。原本看起来好好的下画线，一填内容就会变得很奇怪——下画线不仅跟着字往后走，而且调来调去，还是各种对不齐，出现一堆问题。那如何优雅地对齐这些封面信息的下画线呢？答案很简单：用表格，详细操作步骤请参看录屏视频。（视频：084）

申报单位：
地　　址：
邮政编码：
联 系 人：
电　　话：
传　　真：
主持部门：
申报日期：

8.1.2　用文字处理组件中的表格设计封面

文字处理组件中的表格除了可以解决封面信息下画线对不齐的问题，还可以高效精良地进行封面整体排版。在文字处理组件中，很多正式文书都有自己的封面格式规范。像论文、报告、公司内部材料等，封面要求很简单：只要信息突出，元素对齐就好。这种文书封面一般都不能太花哨，只需把封面内容排版整齐即可。所以，像这种结构复杂的排版，一定要用文字处理组件中的表格。表格是图文排版的一大神器。

看一下录屏视频，这里以毕业论文封面的制作为例，介绍了表格的封面排版。（视频：085）

厦门理工学院
XIAMEN UNIVERSITY OF TECHNOLOGY

毕 业 论 文

中文题目　用户使用跨境电商 APP 意愿及满意度研究
英文题目　A Study on Users' Willingness to Use APP and Their Satisfaction with Cross-Border Ecommerce

系　　别：经济与管理学院（海峡商贸学）
年级专业：2015 级电子商务
姓　　名：李海宝
学　　号：138 XXXX XXXX
指导教师：姜酱酱
职　　称：副教授

2019 年 5 月 6 日

8.2 表格计算——制作物资采购一览表

8.2.1 文字处理组件中的表格的公式计算（视频：086）

文字处理组件中的表格虽然主要应用于对齐排版，但是如果表格中的计算比较简单，也没必要舍近求远麻烦表格处理组件了。文字处理组件中的表格也可以进行简单的数据计算。例如，活动策划时的采购清单一览表，一些简单的数据计算和表格排序、编号等，文字处理组件的表格中的公式完全可以出色地完成。

采购清单一览表

采购物品	单价（元）	数量（个）	总计（元）	备注
饼干	10	20		
纸巾（条）	6	15		
沐浴露	26	5		
洗发水	20	5		
洗衣液	32	5		
鼠标垫	9.9	15		
衣架	15	20		
排插	21	5		
合计				

8.2.2 文字处理组件与表格处理组件交互（视频：087）

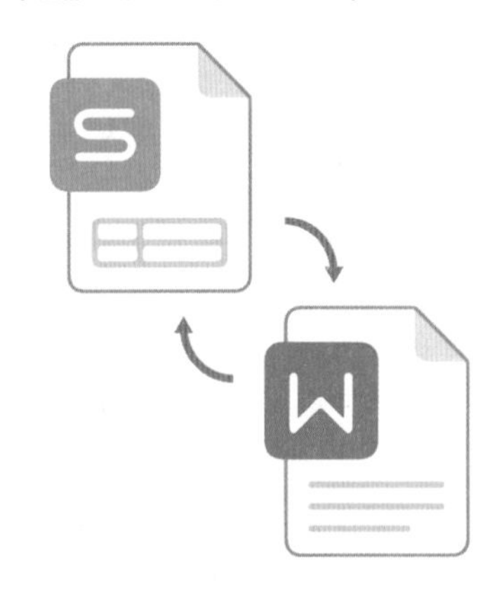

当然，如果表格中涉及复杂的数据运算或者涉及图表展示的话，文字处理组件自带的简单的计算功能就不够用了。像论文、工作汇报等，经常会用到大量的表格、数据进行统计、计算。这种情况建议大家：先在表格处理组件中做好表格，然后再链接到文字处理组件中。如果是普通的复制粘贴，表格处理组件中的数据一旦修改更新，表格就要重新复制到文字处理组件中一遍，这显然不科学。所以，这里需要表格处理组件与文字处理组件的交互。

8.3 表格设计——制作人事信息档案表

日常我们会用到很多表格，像人事档案表、工作登记表，还有各种申请表。这些结构复杂的表格，制作起来颇费时间，好在网上都有类似的模板提供下载。下载模板虽然方便，但是填写内容、调整结构的时候还是会问题百出，追根究底还是对表格工具的使用不熟练。这一节我们就以人事信息档案表为例，系统地讲讲表格工具常用的功能，演示一下一张信息表从0到1的诞生过程，看看视频讲解吧。（视频：088）

基本信息登记					
姓 名		性 别		出生日期	
身份证号码			婚姻状况	□未婚 □已婚 □离异	
家庭住址			户口所在地		
手 机			电子邮箱		
教育/工作经历					
个人发展愿景					
公司发展建议					

8.4 表格美化——制作科技简约三线表

三线表格以简洁、干净著称，常被应用于科技论文中。要说三线表格的制作，可简可繁，我们一起看看录屏视频。（视频：089）

表 1 某地区成年人身高与体重数据

编号	身高（cm）	体重（kg）
1	163	50
2	173	60
3	160	50
……	……	……
n	175	58

注：本次数据采集采用随机抽样调查法。

09 · 思维篇

让你掌握做表的核心规范

刚开始用WPS的表格组件办公的时候，我和大多数人一样，遇到问题就去网络上寻找答案。诚然，这是一种很高效的方法，既能解决燃眉之急也锻炼了搜索能力，但是这并没有解决本质上的问题。做了很长一段时间还是不明白表格应该是什么样的？其实，最好的方法是提前预防问题，才能减少问题，而不是一味地遇到问题解决问题。

学表格到底要学什么？要怎么学？在本章中我想和大家一起来探讨这些问题。希望看完本章，大家都可以用科学的思维设计表格、规范的技术填写表格。

与其起早贪黑拼命跑，
不如学会表格的技巧。

9.1 数据思维三张表

“思维”是一个很抽象的概念，如何让自己拥有科学的数据思维呢？我觉得将这个抽象的词变成具体的表格，变得可以学习，可以操作，是一个不错的方法。就像学车一样，掌握了开车技术和开车（交通）规则，上路多开几次，就可养成安全行车的思维和意识。做表格也如此：数据源表、参数表、报表是必学的三张表，先掌握这几张表的制作规范，多做几次，自然就可养成良好的数据思维。

9.1.1 万表之源：数据源表

数据源表几乎是所有人接触的第一张表，不要被它“万表之源”的名字唬住，它其实就是最常见的一种表，就像下图所示的这样。

日期	区域	订单号	型号	产品	销售量	销售额
2017/1/2	华南	CB2017058	XTG-YS15	空调压缩机	12	18276.00
2017/1/14	华南	CB2017069	XTG-LN04	冷凝器	15	6990.00
2017/1/23	东南	CB2017104	XTG-YS16	空调压缩机	3	4890.00
2017/1/26	华中	CB2017101	XTG-YS15	空调压缩机	15	22845.00
2017/2/3	华南	CB2017039	XTG-LN06	冷凝器	13	8073.00
2017/2/4	华东	CB2017080	XTG-LN06	冷凝器	6	3726.00
2017/2/7	华北	CB2017017	XTG-JZ32	减震器	8	25680.00
2017/2/10	华南	CB2017051	XTG-LN04	冷凝器	7	3262.00
2017/2/11	东北	CB2017085	XTG-LN06	冷凝器	14	8694.00
2017/2/16	华东	CB2017002	XTG-LN06	冷凝器	12	7452.00
2017/2/18	华东	CB2017042	XTG-LN06	冷凝器	9	5589.00
2017/2/21	华东	CB2017077	XTG-LN04	冷凝器	4	1864.00
2017/2/26	华南	CB2017100	XTG-LN04	冷凝器	4	1864.00

把日期、订单号、型号、单价、数量、总价等信息记录到一张表里，就是一张正规的数据源表。它就像古时候记账的账本一样，记录了详细的数据明细，要查账的时候翻出来看一下，就知道某年某月卖了什么东西，卖了多少钱，卖给谁了。虽然大家都会记账，可每个人记账的表格还真不太一样。不信我给大家出道题：设计一张销售表格，记录如右图所示的相关信息，大家先不看下文自己动手试试。

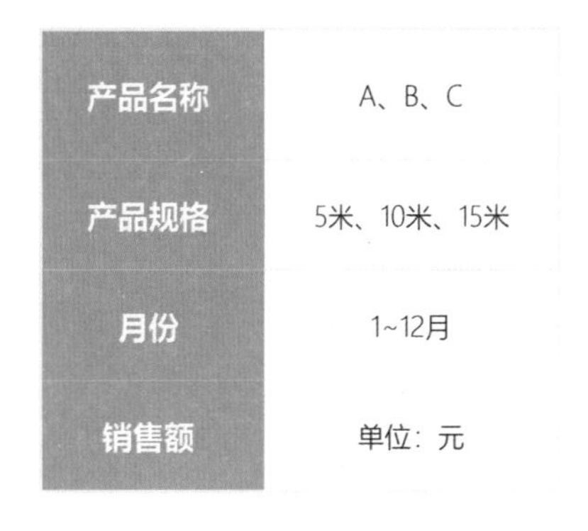

产品名称	A、B、C
产品规格	5米、10米、15米
月份	1~12月
销售额	单位：元

① 记录所有关键信息。

② 简单易懂，数据易查询。

③ 扩展性强，增加新数据（字段）时，不用改变原表格的结构。

④ 表格结构有利于汇总分析。

对照以上标准我们一起来评判一下。

表1

产品	规格	月份	销售额
A	5米	2月	3240
A	10米	5月	2308
A	15米	3月	1071
B	5米	6月	4368
B	10米	10月	3052
B	15米	1月	1366
C	5米	7月	3043
C	10米	3月	1185
C	15米	5月	3550

表2

产品	规格	销售额	1月	2月	3月	4月	5月	6月

表3

1月			2月			3月		
产品	规格	销售额	产品	规格	销售额	产品	规格	销售额

大家做出来的表格结构可能有上面所示的几种，将上面的三张表分别称为表1、表2、表3，这三张表基本都符合要求①和②。但面对要求③的时候，假如，增加月份的数据，表1是一直往下增加，而另外两张表格是一直往右边增加。从做表的习惯来说，人们都习惯把表格做“长”而不是做“宽”，所以后面两张表的扩展性是不好的。

此外，面对要求④“表格结构有利于汇总分析”，使用数据透视表分析大量数据时（详见第12章），要求表格尽量是一维表，这样使用数据透视表时才不容易出错，而表2和表3则是二维表甚至多维表，所以很明显，表1是我们的最佳选择。

知识扩展

在设计表格时，尽量采用一维表，不用二维表。它们有什么区别呢？

如果表格每一列的标题字段是独立的，没有同类项可以合并，这就是一维表，否则就是二维表。在上面的三个表格中，表1中的每一项都无法再合并，所以它是一维表，而表2和表3中的“月份”甚至“产品”“规格”都是重复的，可以合并，所以它们是二维（多维）表。记住，数据思维学得好，多多使用一维表。

关于一维表和二维表的区分我还给大家录制了一个小视频，大家可以参照学习。（视频：090）

9.1.2 一劳永逸：参数表

参数表的作用是保证表格的数据标准、统一。举一个形象的例子，一张表格可能汇总了不同人填写的数据，大家在填写的时候，就可能出现下面的情况。

错误：无统一标准

如果没有统一、规范的标准，表格很可能变成下图这样：产品规格有的写5米，有的写5m，有的写5。这样做的后果显而易见，在数据统计时，本来只有一种“5米”的规格，变成“5米”“5m”“5”三种规格，肯定是要出错的。

产品	规格	月份
A	5米	2月
A	5m	5月
B	5	6月

正确：对照参数表

此时就需要一种方法来保证大家填写的数据的格式是一致的，它就是“参数表”，可以将目前所有的参数列成一张表，如下图所示，填写的时候参照这张表中列出的规范，以保证数据不出错。

产品	规格	月份
A	5米	1月
B	10米	2月
C	15米	3月
		4月
		5月
		6月
		7月
		8月

在实际工作中，就算提供了参数表，依旧有很多任性的小伙伴视而不见、我行我素。这把负责表格统计的同事气得七窍生烟、五脏冒火，然后逼得他们使出了绝招，如下图所示。这张表格自带下拉按钮，填写的时候点开按钮，选择菜单中的选项填入即可，如果填写的内容跟下拉菜单中的不一致，则无法通过。这个技能叫作“数据有效性”，在10.8节中还将利用这个技能来完成下拉菜单的制作。大家可以观看视频：一张参数表的诞生。（视频：091）

产品	规格	月份	销售额
A	5米	2月	3240
A	5米	5月	2308
B	10米 15米	6月	4368

9.1.3 数据分析：报表

这些年，大数据分析非常流行，简单来说，它就是基于海量用户数据，对数据进行分析，生成不同的模型或者数据分析结果，利用这些结果去指导项目的改进。比如网购，大数据会根据年龄、性别、搜索关键词、买过的商品，给不同的用户定向推送相关的商品，这使得商家的推广活动更精准，效率更高，成本更低，当然也给消费者带来了不少困扰。

此外，还有2016年、2017年很火的AlphaGo事件，具有学习能力的人工智能打败了世界顶尖的围棋高手李世石、柯洁，可以预见，这些基于数据分析、算法的深度学习将会给人类的生活带来巨大的变革。

在WPS的表格处理组件中，记录数据不仅仅是为了“记录”，更重要的目的是“分析”。从源表格中的一大堆数据中很难直观得到结果，而利用数据分析工具，则可以快速生成一张报表，如下图所示。

	值	产品			
	求和项:销售额			求和项:销售额汇总	求和项:销售额2汇总
日期	减震器	空调压缩机	冷凝器		
1月		46011	6990	53001	4.31%
2月	25680		40524	66204	5.38%
3月	99510	31983	17396	148889	12.10%
4月	22470	10661	6524	39655	3.22%
5月		4569	16775	21344	1.73%
6月	57780	24368	31837	113985	9.26%
7月	93090	31983	43319	168392	13.68%
8月	89880	9138	14446	113464	9.22%
9月	28890	45640	34162	108692	8.83%
10月	112350	83765	18792	214907	17.46%
11月	28890	9138	19106	57134	4.64%
12月	38520	33267	53420	125207	10.17%
总计	**597060**	**330523**	**303291**	**1230874**	**100.00%**

熟练的老手用WPS的表格处理组件分析几千条数据只需要10秒钟，如果用算盘或者计算器，可以想象工作量有多大，还很容易出错，这就是使用表格处理软件的好处。我们将这种展现分析结果的表格称为“报表”，它可以呈现某种趋势或者规律，指导人们做出改进。

例如在上图中，可以看到不同月份不同产品的销售情况，可以进一步分析某个产品为什么销量不好，产品销售的旺季淡季等，进而考虑对研发、采购、销售采取相应的改进策略。数据分析是一门很高深的学问，也是近几年非常热门的一种职业。

如果换一种字段组合方式，又可以得到一张新的报表，如下图所示。这张表反映了不同区域的销售情况，而上一张表则侧重于不同月份的数据对比，所以报表既是固定的，又是灵活的。

求和项:销售额	产品			
区域	减震器	空调压缩机	冷凝器	总计
北京	32100		4347	36447
东北	25680		41618	67298
东南		76471	34630	111101
华北	105930		6831	112761
华东	112350	28698	57608	198656
华南	22470	111179	78893	212542
华中		67975	13978	81953
上海	231120	30970	35258	297348
西北	67410	15230	30128	112768
总计	**597060**	**330523**	**303291**	**1230874**

WPS的表格处理组件中的“大数据分析”工具——数据透视表（详见第12章），就可以高效地制作报表，甚至还可以制作动态的交互式可视化图表，如下图所示。

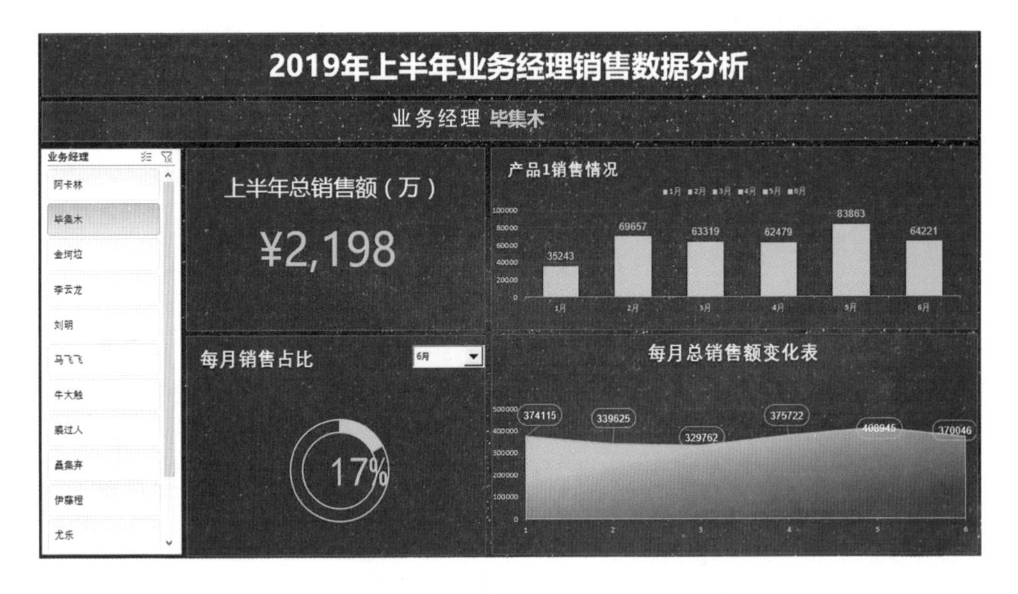

综上，数据思维三张表代表着三种不同类型、不同用途的表格，每张表都有其存在的意义，数据源表规范化、参数表标准化、报表自动化是制作表格的三个核心准则，能不能运用好这三个准则是数据高手和“小白”的本质区别。

9.2 科学做表四大规范

智能手机普及之后，微信、抖音等工具迅速改变了我们的生活方式。在这些App中，每个行业都诞生出一些头部账号，比如，我的抖音账号“Excel之光”的粉丝就将近600万了。每年都会有一些知名的自媒体公众号被封或因为某些敏感话题跌落“神坛”，是什么让他们一夜之间产生云泥之别呢？因为他们碰到了不能碰触的底线。

做表格和做自媒体一样，也有自己的规范，千万不能“出格”。如果表格不规范，也不会有什么太大的问题，顶多就是别人睡觉你加班，别人去玩你还加班，别人加薪你还在加班而已。认真想想，还是把表做好一点，毕竟也没什么损失。下面让我们好好探究一下做表格的规范，到底有哪些不能碰触的底线呢？

9.2.1 字段设置的MECE法则

到底什么样的表才算“合格”呢？请参考9.1.1节中的表1，这就是一张合格的数据表，也许有人会说：

这张表也太平淡无奇了吧，我天天做的表格都是这样的，我的表应该很规范了！

这张表是没有什么特别的地方，我们看到的大多数表格都长这样。

表格结构清晰，每个字段对应的内容清楚，日期金额格式正确，没有多余空行。

但是你做的表真的跟这张一样吗？

刚进入培训行业的时候，我学到了课程研发很重要的一个原则，叫“MECE”，什么是“MECE（Mutually Exclusive Collectively Exhaustive）”原则呢？简单翻译过来就是“相互独立，完全穷尽”，即在研发课程的时候要做到不重叠、不遗漏。比如，将一天的吃饭时间分为“早餐、午餐、晚餐、夜宵”四个时段，它们互不重叠，一般来说也不能再细分了。但是如果分成“上午、下午、晚上”，这就还不算完全穷尽，因为晚上还可以再细分为“晚餐和夜宵”，下午也许还可以再细分为“午餐和下午茶”。

在表格的制作中，标题（字段）也应当是最小的不能再细分的单位，这样便于后期的数据统计分析。对比下面的两张图，能看出有何不同吗？没错，表1的第一列将“姓名”和“学号”两个字段合起来了，而表2中则是单独的两列。

表1

姓名	班级	语文	数学	英语
李六海，20190001	高一（1）班	60	60	97
孙漂亮，20190002	高一（1）班	60	77	100
郭富华，20190003	高一（1）班	94	97	72
李天马，20190004	高一（1）班	94	59	82
刘荣普，20190005	高一（1）班	90	50	68
周巡，20190006	高一（1）班	68	59	77
赵良好，20190007	高一（1）班	89	78	90
姜小郭，20190008	高一（1）班	62	73	59
柯北，20190009	高一（1）班	57	88	91
唐一明，20190010	高一（1）班	95	80	63
张三，20190011	高一（1）班	97	65	100
顾佳佳，20190012	高一（1）班	52	64	55
林有有，20190013	高一（1）班	98	61	75
王漫妮，20190014	高一（1）班	62	98	55
梁爽，20190015	高一（1）班	52	56	56

字段合并的表1

表2

姓名	学号	班级	语文	数学	英语
李六海	20190001	高一（1）班	60	60	97
孙漂亮	20190002	高一（1）班	60	77	100
郭富华	20190003	高一（1）班	94	97	72
李天马	20190004	高一（1）班	94	59	82
刘荣普	20190005	高一（1）班	90	50	68
周巡	20190006	高一（1）班	68	59	77
赵良好	20190007	高一（1）班	89	78	90
姜小郭	20190008	高一（1）班	62	73	59
柯北	20190009	高一（1）班	57	88	91
唐一明	20190010	高一（1）班	95	80	63
张三	20190011	高一（1）班	97	65	100
顾佳佳	20190012	高一（1）班	52	64	55
林有有	20190013	高一（1）班	98	61	75
王漫妮	20190014	高一（1）班	62	98	55
梁爽	20190015	高一（1）班	52	56	56

字段独立的表2

这两张表在使用时会有差别吗？假设需要利用“姓名”进行筛选，表1是无法实现的，而表2则可以。如何将表1变成表2呢？观察表1的第一列，单元格中的内容都使用“，”进行分隔，所以可以用“分列”功能进行拆分，拆分之后的表格就跟表2一样了，具体操作过程可以看教学视频。（视频：092）

在设计表格的时候，需要提前考虑好后期如何进行统计分析。如果出现数字和文本或者两种不同格式的数据置于同一字段的情况，务必再三考虑。

9.2.2 数据格式合规范

格式在表格中是基础中的基础，表格中常见的数据格式有：数值、文本、日期、时间等，数据格式合规范的意思是：数据要符合表格的要求，要能保证数据分析准确无误地进行。在这里针对出错频率较高的两种格式问题进行说明。

1. 数值和文本

先来看下面这个例子，这是一张分数表，但是用公式计算总分的时候，结果却是0，这是为什么呢？原因就在于"分数"这一列中的数字加上了单位之后，就从"数值"型变成了"文本"型，而文本通常不能直接求和。所以应当将"分"这个字去掉，或者将"单位"单独作为一列，这种"数值+单位"的做法违反了上述的"MECE"原则。

H17 =SUM(D17:D36)

SUM函数用于计算求和

	姓名	班级	科目	分数	排名
17	李六海	高一（1）班	语文	60分	49
18	孙漂亮	高一（1）班	语文	94分	9
19	郭富华	高一（1）班	语文	99分	1
20	李天马	高一（1）班	语文	68分	38
21	刘荣普	高一（1）班	语文	52分	61
22	周巡	高一（1）班	语文	98分	3
23	赵良好	高一（1）班	语文	72分	33
24	姜小郭	高一（1）班	语文	67分	39
25	柯北	高一（1）班	语文	60分	49

班级	语文总分
高一（1）班	0

再来看另一个例子，如下图所示，这是一张鞋服销售表。很明显，表中数字部分单元格的左上角都有绿色小三角标志，这说明它们是文本格式，所以求和的结果为"0"，而解决方法就是将文本格式转成数值格式。通常来说有常规法、分列法和选择性粘贴法这三种方法。（视频：093）

G13 =SUM(G2:G12)

SUM函数用于计算求和

	日期	货品编码	货品名称	单位	数量	单价	金额
2	2018/5/2	2097	跑鞋	双	50	90	4500
3	2018/5/2	2108	跑鞋	双	60	88	5280
4	2018/5/2	5160	休闲鞋	双	20	70	1400
5	2018/5/2	2139	休闲鞋	双	20	120	2400
6	2018/5/2	2137	休闲鞋	双	20	120	2400
7	2018/5/2	5181	休闲鞋	双	18	800	14400
8	2018/5/3	5162	休闲鞋	双	40	120	4800
9	2018/5/6	2140	休闲鞋	双	20	110	2200
10	2018/5/7	9023	帽	顶	30	65	1950
11	2018/5/7	172B	运动裤	条	51	66	3366
12	2018/5/7	838B	女短套裤	条	11	45	495
13						求和	0

虽然在我的视频教程和其他书本教材中，几乎都把数值和文本的问题放在最前面的篇章中，但仍然经常遇到学员提到"数字不能计算"的问题，"小洞不补，大洞吃亏"，希望这个问题可以引起大家足够的重视。

2. 日期格式

接下来再来聊聊日期格式，这也是一个老生常谈的话题。在表格中，日期格式错误的后果很严重，举一个简单的例子：年底用数据透视表进行分析，希望把每一天记录的数据按月分析，如果日期格式不对，就无法完成。日期格式会出现什么样的问题呢？如下图所示，在这个表格中，C列是正确的日期格式，而D列、E列则是常见的错误日期格式。如果出现了图中所示的问题，教大家几种方法可以快速纠错，请参见视频。（视频：094）

	A	B	C	D	E	F	G	H	I
1	序号	订单号	日期	错误	错误	货品名称	颜色	数量/双	金额
2	0001	201800165510768	2018年1月1日	2018.1.1	20180101	跑鞋	深蓝白	50双	¥4,095.00
3	0002	201800112731858	2018年1月4日	2018.1.4	20180104	跑鞋	白深蓝	60双	¥4,831.20
4	0003	201800129212705	2018年1月7日	2018.1.7	20180107	休闲鞋	深蓝白	20双	¥1,267.00
5	0004	201800119402269	2018年1月10日	2018.1.10	20180110	休闲鞋	米黄	20双	¥2,172.00
6	0005	201800127773324	2018年1月13日	2018.1.13	20180113	休闲鞋	米黄	20双	¥2,172.00
7	0006	201800115252922	2018年1月16日	2018.1.16	20180116	休闲鞋	黑米黄	18双	¥13,032.00
8	0007	201800113947200	2018年1月19日	2018.1.19	20180119	休闲鞋	黑银	40双	¥4,368.00
9	0008	201800199224320	2018年1月22日	2018.1.22	20180122	休闲鞋	米黄	20双	¥1,991.00
10	0009	201800117445397	2018年1月25日	2018.1.25	20180125	帽	白深蓝	30双	¥1,774.50
11	0010	201800169860035	2018年1月28日	2018.1.28	20180128	运动裤	白深蓝	51双	¥3,079.89
12	0011	201800251732729	2018年1月31日	2018.1.31	20180131	女短套裤	深蓝白	11双	¥447.98
13	0012	201800229988978	2018年2月3日	2018.2.3	20180203	跑鞋	白酒红	80双	¥6,624.00

对于日期格式只需要记住：2050-1-1、2050/1/1这两种格式都是被表格认可的日期格式，而大家熟悉的“2050.1.1”或者“20500101”这两种格式都是不被表格认可的，输入时尽量采用前面两种正确的格式。此外，WPS中的表格处理组件还将国人惯用的“2050年1月1日”日期格式设置为默认的“长日期格式”，它也属于正确的日期格式，如下图所示。其实，“2050.1.1”或者“20500101”这两种格式如果用自定义格式来设置是可以被视为正确的日期格式的，具体的设置方法大家可以观看视频。（视频：095）

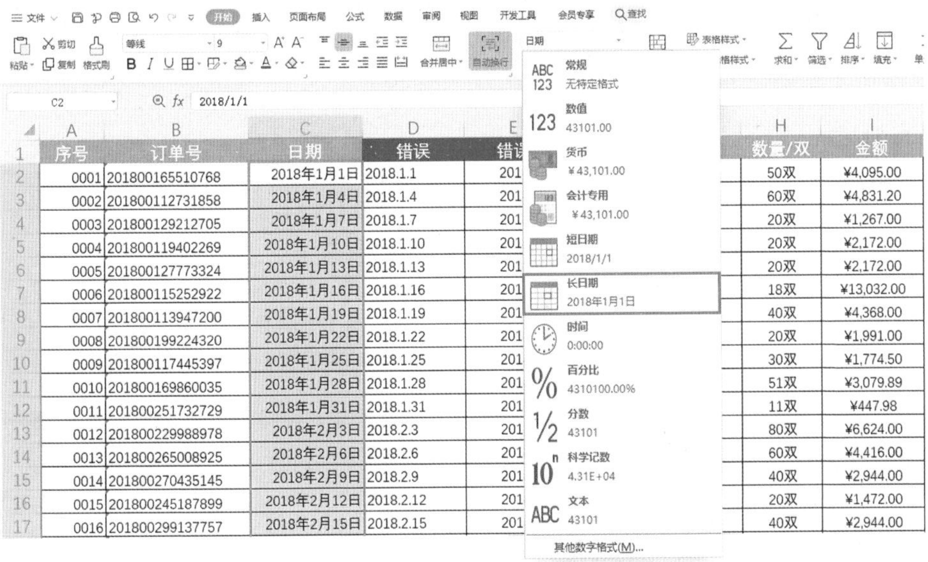

C2　fx 2018/1/1

	A	B	C	D	E	H	I
1	序号	订单号	日期	错误	错误	数量/双	金额
2	0001	201800165510768	2018年1月1日	2018.1.1	201	50双	¥4,095.00
3	0002	201800112731858	2018年1月4日	2018.1.4	201	60双	¥4,831.20
4	0003	201800129212705	2018年1月7日	2018.1.7	201	20双	¥1,267.00
5	0004	201800119402269	2018年1月10日	2018.1.10	201	20双	¥2,172.00
6	0005	201800127773324	2018年1月13日	2018.1.13	201	20双	¥2,172.00
7	0006	201800115252922	2018年1月16日	2018.1.16	201	18双	¥13,032.00
8	0007	201800113947200	2018年1月19日	2018.1.19	201	40双	¥4,368.00
9	0008	201800199224320	2018年1月22日	2018.1.22	201	20双	¥1,991.00
10	0009	201800117445397	2018年1月25日	2018.1.25	201	30双	¥1,774.50
11	0010	201800169860035	2018年1月28日	2018.1.28	201	51双	¥3,079.89
12	0011	201800251732729	2018年1月31日	2018.1.31	201	11双	¥447.98
13	0012	201800229988978	2018年2月3日	2018.2.3	201	80双	¥6,624.00
14	0013	201800265008925	2018年2月6日	2018.2.6	201	60双	¥4,416.00
15	0014	201800270435145	2018年2月9日	2018.2.9	201	40双	¥2,944.00
16	0015	201800245187899	2018年2月12日	2018.2.12	201	20双	¥1,472.00
17	0016	201800299137757	2018年2月15日	2018.2.15	201	40双	¥2,944.00

日期

常规　无特定格式

数值　43101.00

货币　¥43,101.00

会计专用　¥43,101.00

短日期　2018/1/1

长日期　2018年1月1日

时间　0:00:00

百分比　4310100.00%

分数　43101

科学记数　4.31E+04

文本　43101

其他数字格式(M)...

知识扩展

你还在手动输入日期吗？如果是，你可以看看以下几种方法，保证输入日期时又快又对。

	快捷键	函数
当前日期	Ctrl + ;	=TODAY()
当前时间	Ctrl + Shift + ;	
当前日期和时间	Ctrl + ; Ctrl + Shift + ;	=NOW()

1. 输入当前日期和时间的快捷键中间有个空格。
2. 用函数输入的当前日期和当前时间都会随着时间的变化而更新。

以上都是常见的数据格式的问题，要真正解决它们，就要了解数据格式的根源，在10.1节会对数据格式进行更详细的讲解。

9.2.3 空行空格莫乱加

先来观察下面两张图中的成绩表有什么不同。

表格A

姓名	班级	科目	分数	[illegible]名
李六海	高一（1）班	语文	60	[illegible]
李六海	高一（1）班	数学	77	[illegible]
李六海	高一（1）班	英语	100	1
周巡	高一（1）班	语文	94	9
周 巡	高一（1）班	数学	59	54
周 巡	高一（1）班	英语	82	24
李天马	高一（1）班	语文	99	1
李天马	高一（1）班	数学	91	7
李天马	高一（1）班	英语	61	53
刘荣普	高一（1）班	语文	68	38
刘荣普	高一（1）班	数学	59	54
刘荣普	高一（1）班	英语	77	27

表格B

姓名	班级	科目	分数	[illegible]名
李六海	高一（1）班	语文	60	[illegible]
李六海	高一（1）班	数学	77	[illegible]
李六海	高一（1）班	英语	100	1
周巡	高一（1）班	语文	94	9
周巡	高一（1）班	数学	59	54
周巡	高一（1）班	英语	82	24
李天马	高一（1）班	语文	99	1
李天马	高一（1）班	数学	91	7
李天马	高一（1）班	英语	61	53
刘荣普	高一（1）班	语文	68	38
刘荣普	高一（1）班	数学	59	54
刘荣普	高一（1）班	英语	77	27
唐一明	高一（1）班	语文	52	61
唐一明	高一（1）班	数学	64	47
唐一明	高一（1）班	英语	55	58

A表中每一个姓名中间都隔了一个空行，而B表中则没有。

哪一张表格正确呢？答案是B表。通常来说，一张规范的表格中并不需要多余的空行，因为它们会影响到函数、数据透视、筛选等功能。删除空行可用以下两种方法：

（1）空行少，手动删除。在空行上右击，选择相应的删除命令即可，或者用快捷键Ctrl + -。

（2）空行多，可用“定位空值”的方法删除。

如果遇到一些特殊的表格，例如下图所示的表格还可用函数进行辅助删除。以上三种删除方式已经给大家录制了视频教程。（视频：096）

中金珠宝行7月份销售日报表

日期	货品名称	新	旧	标重（g）	实重（g）	单价	工费	金额（元）
7月6日	玉珠子6粒							1550
	千足吊坠补金	4.686	3.572	1.114		375	70	488
	千足金耳环			1.82	1.829	385		704
	千足金项链补金	4.735	4.227	0.508		398	211	413
	千足金珠子15粒				2.985	375		1119
	千足金戒指			6.49	6.49	380		2466
	千足金儿童手镯			13.04	13.04	385		5020
7月7日	PT990手镯补金	23.224	21.528	1.696		385	120	773
	翡翠玉生肖（A货）					1999	3折	600
	铂金戒指			3.8	3.803	90		342
	千足金手链、戒指、项链			34.219		375		12832
	千足金珠子10粒				2.935	360		1057
	碧玺手链							3250
	银手镯							148

对于上页中的表格A，还漏了一处问题：3个“周巡”中的后两个中间有空格，这样做是不允许的，乱加空格会引起数据识别上的误解。WPS中的表格是非常严谨的，解决这个问题的方法也很简单，就是把空格去掉。

周巡	高一（1）班	语文	94	9
周 巡	高一（1）班	数学	59	54
周 巡	高一（1）班	英语	82	24

存在空格

删除空格也有几种方法。

(1) 查找替换法：空格少，可手动删除；空格较多可以采用查找替换法，如下图所示。Ctrl+A选中整张表格—Ctrl+H调出【替换】对话框—在【查找内容】框中输入一个空格→单击【全部替换】，即可完成。

(2) 函数法：对于某些特殊的空格，比如对齐缩进产生的空格，如下图最后一个单元格。查找替换功能无能为力，此时可以用函数法，输入 =SUBSTITUTE(A50," ","") （第二个参数的双引号中包含了一个空格），即可删除空格。

	A	B	C	D
44	学号	姓名		
45	X2017-0001	李六海		
46	X 2017-0002	周巡		
47	X2017- 0003	李天马		
48	X20 17-0004	刘荣普		
49	X2017-0005	唐一明		
50	X2017-0006	顾佳佳	=SUBSTITUTE(A50," ","")	

9.2.4 合并格子要不得

表格不规范中的第四种常见情况是“合并单元格”，例如下图所示，对“地区”所在的单元格进行了合并。

	A	B	C	D	E
1	订购日期	订单ID	地区	业务员	订单金额
2	2014/1/1	11448	福建	李潇潇	4500
3	2014/1/1	11449		刘洋	5280
4	2014/1/4	11454		李潇潇	1400
5	2014/1/5	11455		高兴	0
6	2014/1/6	11460		李潇潇	2400
7	2014/1/6	11461		刘洋	0
8	2014/1/1	11450	上海	古一凡	4800
9	2014/1/2	11451		潘高峰	2200
10	2014/1/2	11452		古一凡	0
11	2014/1/3	11453		潘高峰	3366
12	2014/1/5	11456		古一凡	2495
13	2014/1/6	11457		张宁宁	1496
14	2014/1/6	11458		古一凡	4097
15	2014/1/6	11459		古一凡	3576

在表格中，“合并单元格”是一种喜闻乐见的操作，因为这样可以让表格看起来更简洁，殊不知这种方法可能给后期的数据统计带来很大的困扰。合并后的单元格使用函数

或者数据透视表的时候无法得到正确的结果，所以遇到这种情况该怎么处理呢？给大家介绍两种解决方式。

1. 取消合并后填充

正常来说，下方左图应当变成右图那样。解决的思路就是先取消合并，然后利用“定位”功能批量定位空单元格，最后利用一招Ctrl+Enter完成绝杀。

	A	B	C	D	E
1	订购日期	订单ID	地区	业务员	订单金额
2	2014/1/1	11448	福建	李潇潇	4500
3	2014/1/1	11449		刘洋	5280
4	2014/1/4	11454		李潇潇	1400
5	2014/1/5	11455		高兴	0
6	2014/1/6	11460		李潇潇	2400
7	2014/1/6	11461		刘洋	0
8	2014/1/1	11450	上海	古一凡	4800
9	2014/1/2	11451		潘高峰	2200
10	2014/1/2	11452		古一凡	0
11	2014/1/3	11453		潘高峰	3366
12	2014/1/5	11456		古一凡	2495
13	2014/1/6	11457		张宁宁	1496
14	2014/1/6	11458		古一凡	4097
15	2014/1/6	11459		古一凡	3576

G	H	I	J	K
订购日期	订单ID	地区	业务员	订单金额
2014/1/1	11448	福建	李潇潇	4500
2014/1/1	11449	福建	刘洋	5280
2014/1/4	11454	福建	李潇潇	1400
2014/1/5	11455	福建	高兴	0
2014/1/6	11460	福建	李潇潇	2400
2014/1/6	11461	福建	刘洋	0
2014/1/1	11450	上海	古一凡	4800
2014/1/2	11451	上海	潘高峰	2200
2014/1/2	11452	上海	古一凡	0
2014/1/3	11453	上海	潘高峰	3366
2014/1/5	11456	上海	古一凡	2495
2014/1/6	11457	上海	张宁宁	1496
2014/1/6	11458	上海	古一凡	4097
2014/1/6	11459	上海	古一凡	3576

WPS的表格处理组件中提供了一种更便捷的方法。先选中需要拆分的单元格，然后选择【合并单元格】下的【拆分并填充内容】项就可一步到位。

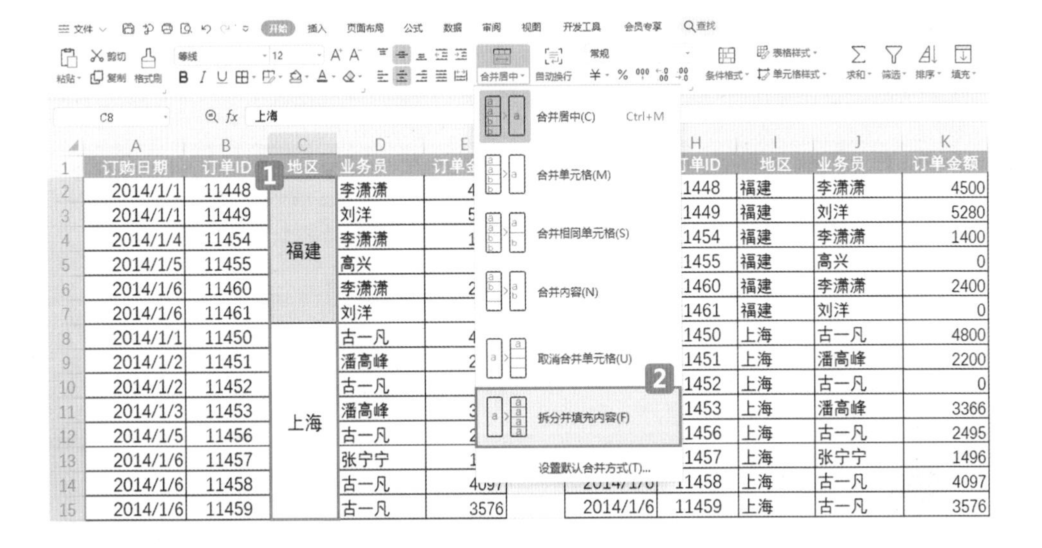

2. 跨列居中

还有一种常见的合并方式是，将顶部的多个单元格合并，用于制作标题，如下图所示的标题。这种案例常见于行政或HR表格，因为不用做数据分析，大多数时候这种合并无伤大雅。如果想避免以后出现其他问题，可以采用“跨列居中”的方式制作标题行。用这种方式制作的标题行中几个单元格仍然是独立的，文字只在第一个单元格中，但标题看起来是合并居中的效果。（视频：097）

	A	B	C	D	E	F
1				360度考核表		
2	被考核人：	所在部门：		岗位：	考核期间：2020年___月	
3		考核指标	权重	评分标准		
4					考核评定	考核人考核得分
5				具有非常丰富的专业知识，并能完全发挥并完成任务	15	
6				具有相当的专业知识，并能充分发挥并完成任务	13	
7		专业知识	15%	具有一般的专业知识，能符合职责需要	11	
8				专业知识不足，影响工作进度	8	
9				缺乏专业知识，无成效可言	5	
10				工作效率极高，具有卓越创意	20	
11				能胜任工作，工作效率高	17	
12		工作效率	20%	工作不误期，表现符合要求	14	
13				勉强胜任工作，无突出表现	10	
14				工作效率低，时常出错	7	
15				与他人协调无间，顺利完成工作，善于协调与沟通且卓有成效	15	
16				爱护团体，常协助别人	13	
17	360度指标	团队精神	15%	肯应别人要求帮助他人	11	
18				仅在必要与人协调时才与人合作	8	
19				精神散漫，不肯与人合作	5	

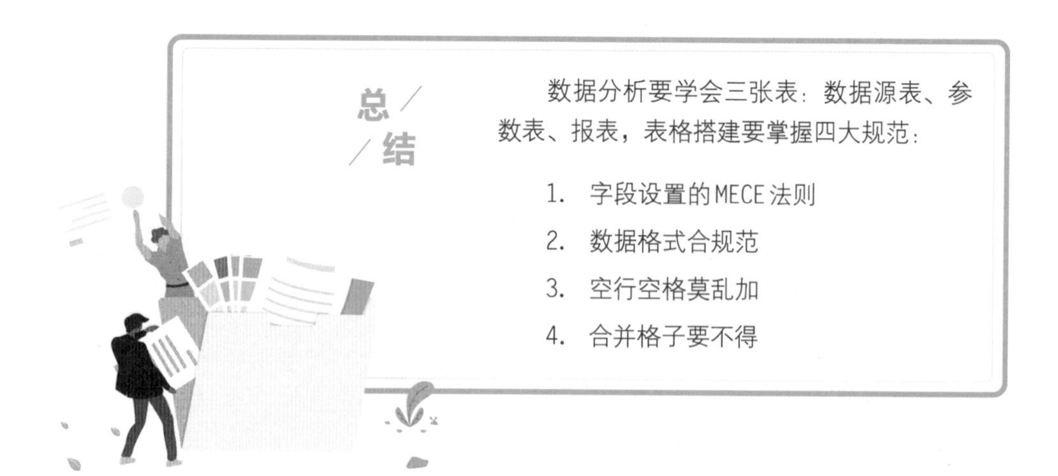

总结

数据分析要学会三张表：数据源表、参数表、报表，表格搭建要掌握四大规范：

1. 字段设置的MECE法则
2. 数据格式合规范
3. 空行空格莫乱加
4. 合并格子要不得

10 · 技巧篇

轻松高效整理数据

在第9章中，我们学习了科学的建表思维以及四大做表规范，这可以保证做出来的表格结构正确、数据标准，可为后期的数据分析省去很多无形的工作量。在本章中，我们将要学习数据的录入和整理技巧，面对形形色色的数据以不变应万变才能将表格梳理得井然有序。

如果说表格的规范化是理论，那么数据的录入和整理则是实打实的操作技能，理论是内功，实操是外功，内外兼修才能成就一身本事。

山穷水尽疑无路，
拒绝返工有技术。
数据整理学得好，
升职加薪下班早。

10.1 数据格式的奥秘

“漫威”是美国著名的超级英雄系列漫画，旗下拥有蜘蛛侠、美国队长、钢铁侠、绿巨人等众多超级英雄。大多数超级英雄有两个身份，他们平时伪装成普通人，比如像蜘蛛侠和绿巨人，如果灾难降临，他们就会现出真身与反派们大打出手拯救世界。

表格中的数据也有两面，它们有普通真实的一面，也有华丽光鲜的一面。例如，录入数字“9527”，却发现它变成了“9527.00”；又例如，表面上看到的是数字是“1834”，双击单元格看到的却是 =SUM(A1:A2)，如右图所示。

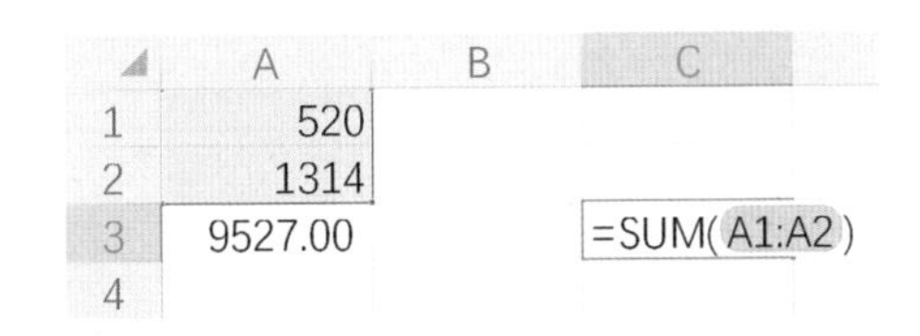

再例如，输入数字1，它可以变成“右对齐的1”、“1900/1/1”、“1900年1月1日”、“0001”或“带着绿色小三角的左对齐的1”，如下图所示，其实它们都是“1”的不同外衣。

常规	短日期	长日期	工号	文本
1	1900/1/1	1900年1月1日	0001	1

同样的数字，可以设置不同的“外衣”，以不同的外观呈现。至于穿什么“外衣”，取决于实际需要。比如，输入身份证号、银行卡号、工号的时候，经常采用文本格式；用于金额计算的时候，则经常保留小数点后两位并加上货币符号……下面来了解一下数字有哪些常见的“外衣”吧！

10.1.1 剥开数据的“外衣”

在单元格中可以输入和保存的数据一般分为数值、文本、逻辑值、错误值这四类。如果按照生成方式可以将数据只分成两大类：常量和公式值，下面一一介绍。

1. 数值

可简单地将数值理解为可用于运算的数字形式，这也是数值区别于文本的重要特征。在WPS的表格处理组件中，数值有几个重要特征。

（1）默认数值显示11位，如果超过11位，将自动转换为文本。在微软的Excel中，多位数的数值将以科学记数法显示，比如，输入123456789987654321，会显示为1.235E+17，意思就是1.235×10^{17}。

（2）日期和时间属于数值的特殊形式。默认1900年1月1日为数值1，即该天为基准日，往后日期增加1天，数值增加1，比如，1900/2/1可以转换成数值32，这也是日期进行加减运算的数学基础。

同样地，1小时就相当于1/24天，1分钟相当于1/（24×60）天，所以一天中每一个时间点都可以用一个数字来表示。例如，把1.5转换成日期+时间的格式，则会显示为“1900/1/1 12:00”。

2. 文本

最具代表性的文本就是中文字符，如果精确描述的话，文本是指非数值型的文字或符号等，例如，姓名、公司名称、身份证号、工号等都要以文本形式来呈现。在表格中，某些文本和数值可以互相转换。

文本和数值在外观上有两个区别：

①数值默认右对齐，文本默认左对齐。

②文本型的数字所在单元格的左上角通常有一个绿色的小三角符号，这样可以让我们一下就知道它是文本，例如，工号、订单号等，如右图所示。

工号	姓名	订单号
001	周一墨	201800165510768
002	李山雄	201800112731858
003	马东杰	201800129212705
004	胡宇天	201800119402269
005	刘子衿	201800127773324
006	左一飞	201800115252922

3. 错误值

错误值有8种，都是以#开头的，它们分别是#####、#DIV/0!、#NUM!、#VALUE!、#REF!、#NULL!、#NAME?、#N/A。错误值的作用就是在出现错误的时候，给予错误提示，具体含义可参见下表。其中，前四个是比较常见的错误值，当遇到这些错误时，我会逐一介绍破解方法。

类型	说明
#####	字符长度超出单元格宽度；日期时间公式产生了负值
#VALUE!	当在公式或函数中使用的参数或操作数类型有错误时，出现该错误值。这种错误值极常见，比如，需要数字时，却输入了文本
#NAME?	当表格处理组件无法识别公式中的文本时，产生该错误值。比如函数名称拼写错误，在公式中输入文本时没有使用双引号等
#N/A	函数或公式没有可用数值时，产生该错误值
#DIV/0!	当数字除以 0 时，产生该错误值
#NUM!	如果公式或函数中某个数字有问题时，产生该错误值
#REF!	当单元格引用无效时，产生该错误值
#NULL!	如果给两个并不相交的区域的指定交点，将会产生该错误值

4. 逻辑值

逻辑值比较特殊，它只有TRUE（真）和FALSE（假）两种，所以特别好记。例如，在单元格中输入`=8<0`，这明显是一个错误的逻辑，所以会返回值FALSE，如果改为`=8>0`呢？逻辑正确，返回值TRUE。

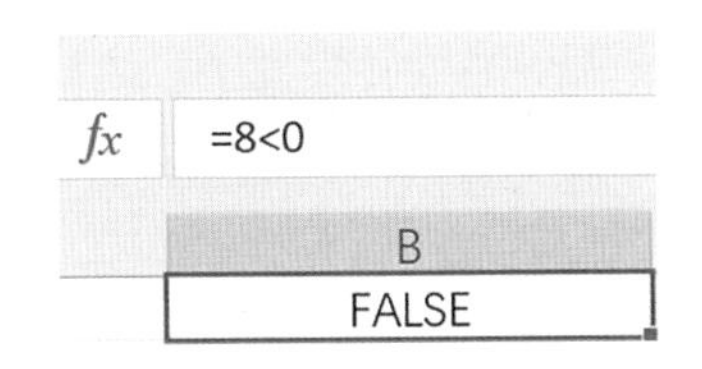

5. 常量和公式值

使用组合键Ctrl+G打开【定位】功能对话框，如下图所示，可以看到里面有两个条件分别是“常量”和“公式”。

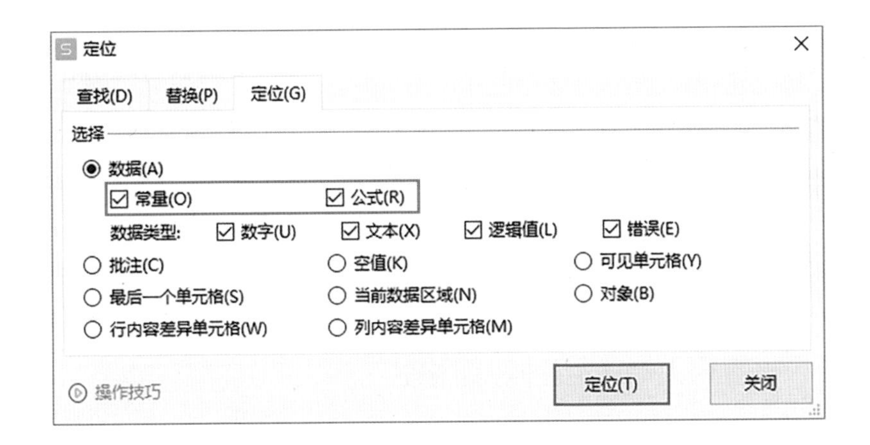

不同于前面四种数据类型，“常量”和“公式”是按照数据的生成方式来划分的。可以这么理解，公式值指的是一切由公式、函数生成的数值，而除了公式值之外的都是常量。

公式以“=”号开头，它可以是简单的数学公式，也可以是复杂的函数。例如，`=C33`就是一个公式，又例如，在A1单元格中输入“100”，在A2单元格中输入“`=100`”。虽然“100”和“`=100`”在单元格里都显示为100，但实际上A1属于常量，A2属于公式值。

6. 设置数字格式

数字的不同格式就是它的不同“外衣”，这些“外衣”可以通过设置单元格格式得到。单元格格式设置通常有三种方法，我们一起来看视频吧！（视频：098）

知识扩展

许多特殊格式都可以通过快捷键一键设置，下面的表格汇总了几种常见格式的快捷键。

快捷键	效果
Ctrl + Shift + ~（数字1左边）	设置为“常规”数字格式
Ctrl + Shift + @（数字2）	设置为小时和分钟的“时间”格式
Ctrl + Shift + #（数字3）	设置为年月日的“日期”格式
Ctrl + Shift + $（数字4）	设置为带两个小数位的“货币”格式（货币符号与电脑中默认的地区和语言有关）
Ctrl + Shift + %（数字5）	设置为不带小数位的“百分比”格式
Ctrl + Shift + ^（数字6）	设置为带两个小数位的“科学记数”数字格式

10.1.2 一百个人有一百种日期格式

在第9章中我们学习了如何纠正错误日期，那到底什么是日期呢？可以把日期格式看作一类特殊的数值格式，它的使用频率相当高，考勤表、销售数据、个人信息都需要记录日期，所以这一节我们来好好说一说日期格式。

1. 日期格式的来龙去脉

Windows操作系统下的WPS表格组件默认使用的是“1900年日期系统”，也就是说，以1900年1月1日作为日期计数第1天，在表格中把数字“1”改成日期格式就会显示为“1900/1/1”，36526则是“2000/1/1”。如果输入1900年以前的日期则会默认成文本。

和日期一样，时间同样也可以换算成数字，例如“2000/1/1 8:30:30”（请注意日期和时间之间有一个空格隔开）用数值格式显示为“36526.3545138889……”，其换算的关系为：1小时=1/24天，1分钟=1/60小时=1/1440天，1秒=1/60分=1/3600小时=1/86400天。

日期时间和数字可以互相转换，所以它们也具备了运算功能。例如，计算2030年5月20日和2020年6月6日间隔多少天，只要把两个日期相减就可以得到，如右图所示。

	A	B
1	2030-5-20	2020-6-6
2		
3	=A1-B1	3635

WPS的表格组件中也内嵌了一些函数，专门用于时间日期的计算。例如，获取时间日期的YEAR、NOW、TODAY、HOUR函数，计算工作日的WORKDAY函数，计算周岁的DATEDIF函数等。

2. 日期的格式

表格组件中默认的日期格式是“yyyy-m-d”或者“yyyy/m/d”，但日期的表现绝对不是只有这两种格式，通过【设置单元格格式】→【数字】→【日期】，可以把日期更改为“星期、年月日、月日”等不同的格式组合，如下图所示。无论把日期改成哪种格式，其本质都是不变的，所有单元格设置的改变都只是外观的改变。

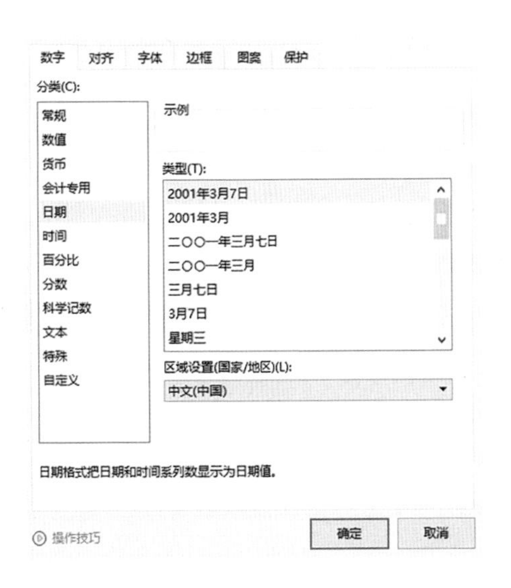

WPS内置的日期格式是有限的，并不能满足所有需求。例如，要把“2030-1-1”设置为“20300101”，此时可以通过自定义获得，将自定义格式设置为“yyyymmdd”即可，如下图所示。

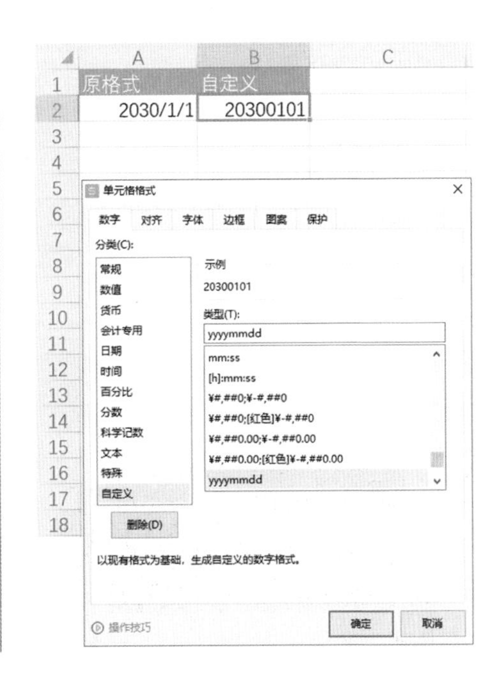

通过设置自定义格式得到的日期格式自由度更大，这些可通过修改“日期代码”来实现。代码看起来好像很唬人，其实只包含4种最基本的代码：Y（年）、M（月）、D（日/星期）、A（星期），笔者把日期代码汇总成下表方便大家归类学习（代码不区分大小写）。修改日期格式相当于变换代码的组合方式，不同组合代表不同的日期格式，例如，自定义“yyyymmdd aaaa”，刚才的日期就显示为“20300101 星期二”。

代码	示例	代码	示例	代码	示例	代码	示例
Y（年）	17	YY	17	YYY	2017	YYYY	2017
M（月）	1	MM	01	MMM	Jan	MMMM	January
D（日/星期）	1	DD	01	DDD	Sun	DDDD	Sunday
A（星期）	-	-	-	AAA	日	AAAA	星期日

同样地，时间也有其相应的代码，它们分别是：H（时）、M（分）、S（秒）。其使用方法与时间代码类似，以“2030/1/1 12:34:56”为例，不同的时间设置显示为不同的格式。比如，设置自定义格式为“h:mm”，则只显示“12:34”，如右表所示。

代码	示例
h:mm	12:34
h:mm:ss	12:34:56
mm:ss	34:56
h"时"mm"分"ss"秒"	12时34分56秒
yyyy/m/d h:mm	2030/1/1 12:34

3. 日期格式的来龙去脉

周岁、工龄怎么计算？如何提取单个日期元素（年份、月份等）？合同到期怎么提醒？这些常见的日期问题，下面通过案例实操视频来加深大家的理解。（视频：099）

10.2 录入的高手之道

大家都知道，在表格中，基于某种模式或规律的序列通过使用填充功能可以快速高效地完成数据录入，它也常被称为“自动填充”。

“填充”有两个基本的作用：1.复制；2.按序列填充。

例如，在A列输入公司名称“厦门向天歌”，B列输入工号“0001”（注意先把B列设置为文本格式），同时选中A2和B2单元格，并向下拉动右下角的填充柄，A列实现的是复制效果，B列则按数字顺序填充了工号，如右图所示。

1	公司	工号
2	厦门向天歌	0001
3	厦门向天歌	0002
4	厦门向天歌	0003
5	厦门向天歌	0004
6	厦门向天歌	0005

10.2.1 批量录入日程表日期

填充操作通常有鼠标拖曳、【填充】命令两种方式，最常用的还是鼠标拖曳，因为操作起来最方便。除了可以填充数字、工号这些有规则的序列，日期也可以采用“填充”来批量输入。如右图所示，只需要在拖动完成后点开右下角的【自动填充选项】按钮，就可以选择以“天数、工作日、月、年”等方式进行填充。此外，【自动填充选项】按钮还可以选择【仅填充格式】、【不带格式填充】等方式。关于填充的详细操作，观看视频可更直观一些。（视频：101）

2020/1/1
2020/1/2

复制单元格(C)
以序列方式填充(S)
仅填充格式(F)
不带格式填充(O)
智能填充(E)
以天数填充(D)
以工作日填充(W)
以月填充(M)
以年填充(Y)

10.2.2 快速填充 1～10000

比较短的序列可以用鼠标拖曳的方式完成，但如果是从1填充到10 000呢，万一手抖一下，或者拖着拖着就睡着了怎么办？此时可以用【填充】命令下的【序列】功能来完成，单击【开始】—【填充】—【序列】，如下图所示。

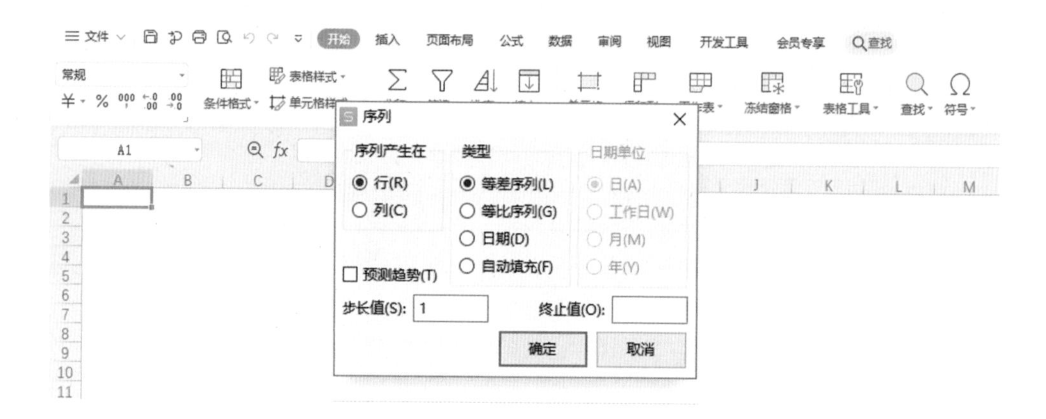

假设需要从1填充至10 000，且按照5、10、15……规律填充，请看录屏视频。（视频：102）

可以选择按照“行”或者“列”进行填充。

有四种填充类型可供选择，见右表。

类型	说明
等差	例如，1、3、5、7…
等比	例如，3、9、27…
日期	例如，2018/1/1、2018/1/2、2018/1/3…
自动填充	与拖动填充柄的效果相同

知识扩展

下表中列出的这些序列都可以用填充来完成。

初始数据	填充序列
9:00	10:00, 11:00, 12:00, …
星期一	星期二、星期三、星期四、……
1月、3月	5月、7月、9月、……
1月1日、3月1日	5月1日、7月1日、9月1日、……
2017, 2018	2019, 2020, 2021, …
第1场	第2场、第3场、……
项目1	项目2、项目3、……

10.2.3 分离、提取、合并数据一招搞定

接下来介绍的这个功能不容错过，错过它绝对让你后悔一年，它化繁为简、化腐朽为神奇，它的高效让很多函数黯然失色，让人叹为观止！好啦，好话说尽了，赶紧来看看它到底是何方神圣吧！

1. 快速分离数字文本

来看下图，因为数字和文本之间都有空格分开，所以可以利用【分列】下的【分隔符号】作为切割标准，把一列分为两列。但如果没有空格作为切割标准呢？里面的数字和文本长度都不一样，利用函数也很难批量分开，细思极恐……

有了"智能填充"，保你不再恐慌。是时候表演真正的技术了，打开视频吧！。（视频：103）

	A	B	C
1	目录名称	科目编号	目录名称
2	1002000200029918 银行存款/公司资金存款/中国建设银行		
3	1002000200045001 银行存款/公司资金存款/中国农业银行		
4	11220001 应收账款/职工借款		
5	112200020001 应收账款/暂付款/暂付设备款		
6	112200020002 应收账款/暂付款/暂付工程款		
7	11220004 应收账款/押金		
8	11220007 应收账款/单位往来		
9	112200100001 应收账款/待摊费用/房屋租赁费		

2. 更多智能操作

"智能填充"可不仅仅会分离（提取）数字和文本，因为它具有"学习能力"，所以很多有规律的数据处理任务都可以胜任。例如，合并数据、手机号码分段等都可以在瞬间完成。（视频：104）

知识扩展

（1）请记住，这个功能叫作智能填充，平时常用的填充叫作自动填充。

（2）如果无法使用快捷键：①笔记本电脑可以尝试加上 Fn 键，即 Fn + Ctrl + E；②如果还不行，用鼠标拖动填充后在【自动填充选项】里选择【智能填充】或者直接单击【填充】命令下的【智能填充】。

如果快捷键和鼠标都不能用，那可能是你的电脑坏了，更可能是你的软件版本不对，此功能需2019及以上版本的WPS才能使用。

（3）再补充一个快捷键 Ctrl + Enter：它的作用相当于批量输入/复制，例如，选中A1:A10单元格，输入“厦门向天歌”，然后按 Ctrl + Enter 组合键，这10个单元格中就同时输入了“厦门向天歌”！

高手之路

又到了考验大家的时候，下图第二列中的中英文姓名的前后顺序颠倒了，需要调整为第三列的效果，一定难不倒你的，对吧？

序号	姓名	调整后效果
1	丘大毛 Andy	Andy丘大毛
2	冯彦祖 Peter	Peter冯彦祖
3	陈宇 Tony	Tony陈宇
4	小白白 Wonvy	Wonvy小白白
5	章非非 Sara	Sara章非非

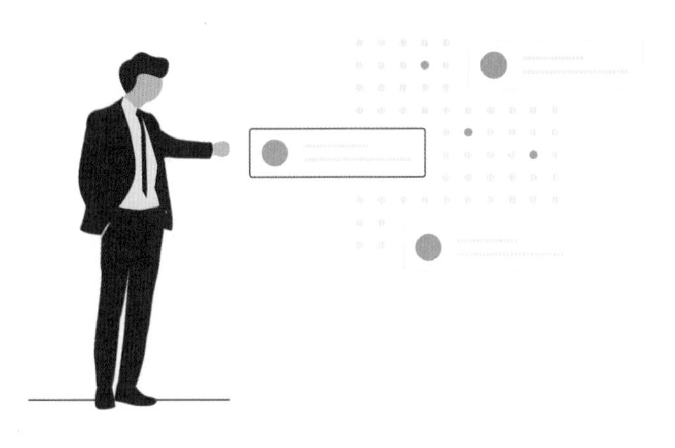

10.3 玩转分数统计表

老师，我已经会用 WPS 表格了，可为什么我用表格工作起来还是觉得很吃力呢？

学会了？你真的会了吗？我这有一张表格，这张表中有不少问题。

1. 这是一张从学校教务系统中导出来的分数统计表，源表格是下面这样的：

	A	B	C	D	E
1	姓名	李六海	孙漂亮	郭富华	李天马
2	班级	高一（1）班	高一（1）班	高一（1）班	高一（1）班
3	科目	语文	语文	语文	语文
4	分数	60	94	99	68

但是我觉得横的表格不好看，想改成竖版的：

	A	B	C	D
1	姓名	班级	科目	分数
2	李六海	高一（1）班	语文	60
3	孙漂亮	高一（1）班	语文	94
4	郭富华	高一（1）班	语文	99
5	李天马	高一（1）班	语文	68
6	刘荣普	高一（1）班	语文	52
7	周巡	高一（1）班	语文	98
8	赵良好	高一（1）班	语文	72
9	姜小郭	高一（1）班	语文	67
10	柯北	高一（1）班	语文	60
11	唐一明	高一（1）班	语文	62
12	张三	高一（1）班	语文	90
13	顾佳佳	高一（1）班	语文	89

2. 这个表格里的分数用公式求和结果是 0，要怎么改？

3. 我发现有一道题出错了，应该给所有人加上 3 分，怎么做比较快？

4. 用公式算出总分之后，把表格删掉，结果总分显示的是错误值：

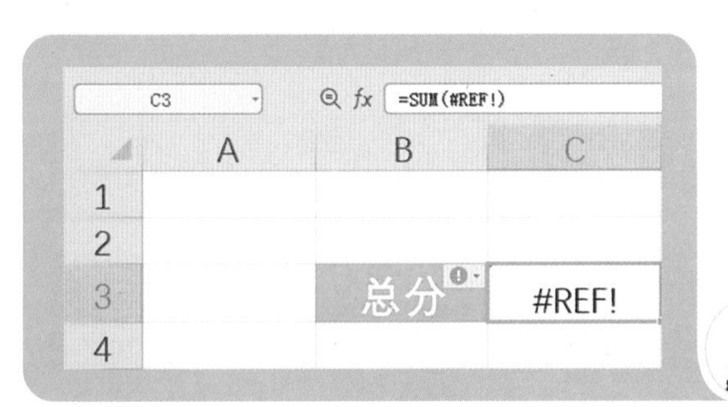

啊，第一个问题可以用复制粘贴。

【Ctrl+C】复制，【Ctrl+V】粘贴，搞个几十次就好了。

那其他问题呢？

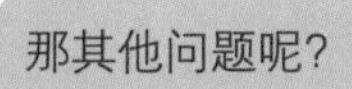

没，没啦……

学表格操作就好比打篮球，如果只学会了运球，离打好球还有差距。实际工作中遇到的问题变化多端但也有规律可循，面对实战还需要更多的技巧。比如，最常见的复制粘贴，除了上面提到的常规操作，其实它还有更多的变体和作用，本节就来说说复制粘贴的PLUS版本“选择性粘贴”。复制完一组数据之后，可以在【开始】选项卡最左边的【粘贴】按钮或者右键菜单中调出【选择性粘贴】功能，如下图所示。上面那张分数统计表的问题，用【选择性粘贴】统统可以搞定，下面一起来完成这个案例的修改。

10.3.1 行列互换位置

表格由横版变为竖版，实际上就是行列位置进行了互换，此时用【选择性粘贴】下的【转置】功能就可以完成批量的转换。（视频：105）

10.3.2 批量数字运算和格式修改

上页中的第2个和第3个问题都跟数字有关，由系统导出的表格，数字通常为“文本”格式，需要批量转化为“数值”才能进行正常运算。而统一增加或减少某个数值属于数字的批量运算，这两个问题都可以利用【选择性粘贴】下的【运算】功能来解决。（视频：106）

10.3.3 删除内容出现错误代码

最后一个问题是删除源表格后某些数据变成了错误代码，这是因为这些数据是通过公式与源表格关联的，如果源表格消失，这些公式找不到源头，就会提示错误，利用“粘贴为数值”这个功能就可以很好地解决这个问题。（视频：107）

知识扩展

转置也可通过TRANSPOSE（翻译过来就是转换姿势）函数来实现，步骤如下。

Step 1：选择一个和源数据转置之后行列相同的区域（例如，原来是21×4的区域，选择区域就是4×21）。

Step 2：选择需要粘贴的区域—输入公式 =TRANSPOSE(A1:U4) —同时按下组合键Ctrl+Shift+Enter即可。

函数真是无所不能！使用TRANSPOSE函数有一个缺点：表格的格式都会被清除，可用格式刷将原格式复制过来。（视频：108）

高手之路

如下图所示，有左右两张表格，一张是分表一张是总表，需要将分表的数据填入总表中，如何将数据快速合并呢？（视频：109）

	A	B	C	D	E	F	G	H	I	J	K
1	分表						总表				
2	业务员	日期	货品编码	货品名称	金额		业务员	日期	货品编码	货品名称	金额
3	甄香	2018/1/1	2097	男跑鞋			甄香	2018/1/1	2097	男跑鞋	¥4,095.00
4	西门吹风	2018/1/3	2099	男跑鞋			西门吹风	2018/1/3	2099	男跑鞋	¥6,624.00
5	张阿强	2018/1/4	2108	女跑鞋			张阿强	2018/1/4	2108	女跑鞋	
6	东方赞助	2018/1/6	5133	跑鞋			东方赞助	2018/1/6	5133	跑鞋	¥4,416.00
7	郝仁	2018/1/7	5160	休闲鞋	¥1,267.00		郝仁	2018/1/7	5160	休闲鞋	
8	诸葛青云	2018/1/9	5125	跑鞋			诸葛青云	2018/1/9	5125	跑鞋	¥2,944.00
9	包豪	2018/1/10	2139	休闲鞋	¥2,172.00		包豪	2018/1/10	2139	休闲鞋	
10	郑小圆	2018/1/12	5151	女跑鞋			郑小圆	2018/1/12	5151	女跑鞋	¥1,472.00
11	阿卡林	2018/1/13	2137	休闲鞋	¥2,172.00		阿卡林	2018/1/13	2137	休闲鞋	
12	李火钳	2018/1/15	5050	跑鞋			李火钳	2018/1/15	5050	跑鞋	¥2,944.00
13	毕集木	2018/1/16	5181	休闲鞋	¥13,032.00		毕集木	2018/1/16	5181	休闲鞋	
14	沙仓响	2018/1/18	3497	跑鞋			沙仓响	2018/1/18	3497	跑鞋	¥1,472.00
15	景都联	2018/1/19	5162	休闲鞋	¥4,368.00		景都联	2018/1/19	5162	休闲鞋	
16	习三连	2018/1/21	2183	休闲鞋	¥6,030.40		习三连	2018/1/21	2183	休闲鞋	
17	桑集弃	2018/1/22	2140	休闲鞋	¥1,991.00		桑集弃	2018/1/22	2140	休闲鞋	
18	花吉良	2018/1/24	4891	休闲鞋	¥1,288.00		花吉良	2018/1/24	4891	休闲鞋	
19	尤乐	2018/1/25	9023	运动帽			尤乐	2018/1/25	9023	运动帽	¥1,774.50
20	汪敬则	2018/1/28	1721	运动裤			汪敬则	2018/1/28	1721	运动裤	
21	欧阳倔强	2018/1/31	8380	女短套裤			欧阳倔强	2018/1/31	8380	女短套裤	¥447.98

10.4 快速梳理采购表

整理数据是分析数据的前提，10.3节中展示的分数统计表的问题是很有代表性的。系统导出的表格，不一定能与数据分析无缝对接，因此需要先将表格数据整理规范再进行分析处理。同样地，就算是同一家公司，表格经过不同的员工填写后，也会出现很多问题，例如，下面这张办公用品采购表。参照表格四大规范，仔细分析一下里面有不少问题。

① 表中采购物品的名称中有合并的单元格。

② 采购物品之间有多余的空行。这些问题从何而来有些显而易见，有些无从考究，但是什么原因并不重要，重要的是，我们应将其梳理为一张规范的表。

	A	B	C	D	E	F	G
1	办公用品采购表						
2	单位	万能科技有限公司			日期	2020年8月	
3	序号	日期	名称	数量	单位	单价(元)	总价
4	19	2020/8/31	中性笔	20	只	4	¥80.00
5	12	2020/8/20		7	只	4	¥28.00
6	1	2020/8/3		3	只	4	¥12.00
7							
8	3	2020/8/4	起钉器	5	个	6	¥30.00
9	4	2020/8/6		10	个	6	¥60.00
10							
11	8	2020/8/15	笔芯	15	盒	10	¥150.00
12	13	2020/8/22		60	盒	10	¥600.00

10.4.1 批量填充数据

如何去掉合并单元格的方法在上一章已经习得，利用的是先“定位”后填充的方法，我们可以再温习一次。（视频：110）

当然，合并单元格是基于“表格数据需要统计分析”这个大前提之下的，如果仅仅是将数据打印出来用作呈现，合并单元格是可以保留的。

10.4.2　删除多余空行

如何删除空行也用到了定位功能，它能删的东西还不止空行。从网上下载的表格文件，经常自带很多小图形、图片或按钮，它们会带来两个很不好的后果：文件体积变大和打开文件卡顿，所以必须将它们删掉。有些图形图片在表格中处于肉眼看不到的隐形状态，如下图。如果手动删除势必会有遗漏，效率也不高，此时用定位功能即可轻松搞定，看看视频讲解吧。（视频：111）

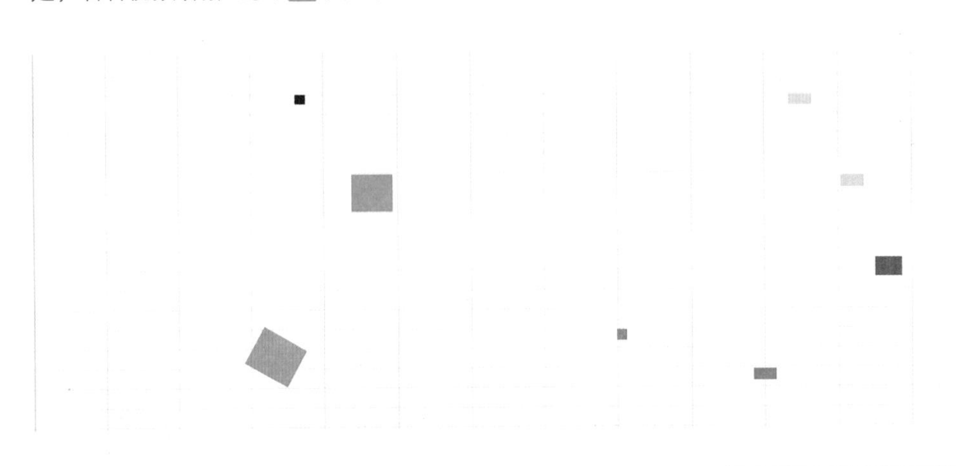

高手之路：批量增加空行

删空行只是常规操作，会加空行才是高手。下图所示的这张成绩表，要求在每个班级间加上空行以示区别，就像图中右边那张表所示。（视频：112）

提示：仍然用【定位】来解决。

	A	B	C	D	E
1	姓名	班级	语文	数学	英语
2	包宏伟	高一（1）班	91.5	89	94
3	陈万地	高一（1）班	93	99	92
4	杜学江	高一（1）班	102	116	113
5	符合	高一（1）班	99	98	101
6	吉祥	高一（1）班	101	94	99
7	李北大	高一（1）班	100.5	103	104
8	李娜娜	高一（2）班	78	95	94
9	刘康锋	高一（2）班	95.5	92	96
10	刘鹏举	高一（2）班	93.5	107	96
11	倪冬声	高一（2）班	95	97	102
12	齐飞扬	高一（2）班	95	85	99
13	苏解放	高一（2）班	88	98	101
14	刘德玉	高一（3）班	69	72	99
15	刘婷玉	高一（3）班	89	77	97
16	马莹	高一（3）班	94	109	110
17	马悠	高一（3）班	85	84	104
18	莫晓曼	高一（3）班	92	95	70
19	牛小白	高一（3）班	115	60	73
20	苏志兴	高一（4）班	102	98	118
21	王磊	高一（4）班	120	105	116
22	王裕祥	高一（4）班	70	75	67

\>>

G	H	I	J	K
姓名	班级	语文	数学	英语
包宏伟	高一（1）班	91.5	89	94
陈万地	高一（1）班	93	99	92
杜学江	高一（1）班	102	116	113
符合	高一（1）班	99	98	101
吉祥	高一（1）班	101	94	99
李北大	高一（1）班	100.5	103	104
李娜娜	高一（2）班	78	95	94
刘康锋	高一（2）班	95.5	92	96
刘鹏举	高一（2）班	93.5	107	96
倪冬声	高一（2）班	95	97	102
齐飞扬	高一（2）班	95	85	99
苏解放	高一（2）班	88	98	101
刘德玉	高一（3）班	69	72	99
刘婷玉	高一（3）班	89	77	97
马莹	高一（3）班	94	109	110
马悠	高一（3）班	85	84	104
莫晓曼	高一（3）班	92	95	70
牛小白	高一（3）班	115	60	73

10.4.3　快速核对数据

不知道大家发现了没有,【定位】下的【行内容差异单元格】是一个神技能。如果要比较两列数据的差异，如右图所示，再也不用拿着放大镜对比了，用定位功能直接搞定。

	A	B	C
1	姓名1	姓名2	
2	包宏伟	包宏伟	
3	陈万地	陈万地	
4	杜学江	杜学江	
5	符合	符 合	
6	吉祥	吉祥	
7	李北大	李北大	
8	李娜娜	李娜	
9	刘康锋	刘康锋	
10	刘鹏举	刘鹏举	
11	倪冬声	倪佟声	
12	齐飞扬	齐飞扬	
13	苏解放	苏解放	
14	刘德玉	刘德发	

知识扩展

现实中核对数据不一定只有两列那么简单，如果姓名是打乱的，或者要核对的表格包含很多数字，该怎么办？这里再跟大家分享两种方法。（视频：113）

定位就好比是一门精确制导的技术定位，有了它可以快速精准地找到符合条件的单元格区域。无论在哪个行业精准找到目标都是一门相当重要的吃饭手艺：核弹头有了洲际导弹的加持才能实现远程制导，有了百度这样的搜索引擎我们才可以快速搜索生活百科，有了淘宝京东我们才能放开手脚买买买（又给它们打广告了）。善用定位可以给数据处理带来极大便利。

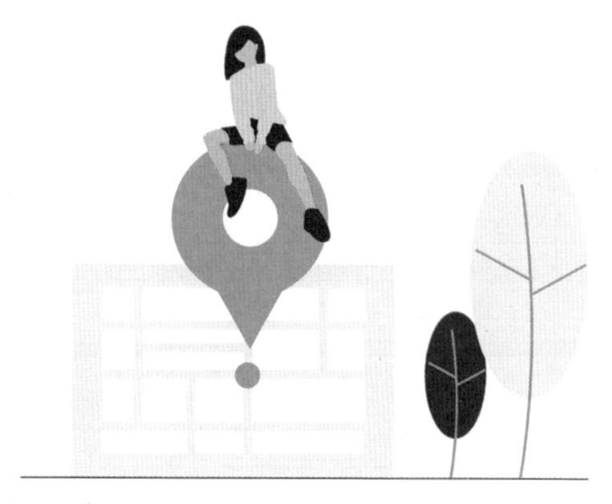

10.5 井井有条打理销售数据：排序

数字是一个很枯燥的东西，例如下图中所示的销售额，一长串的单元格很难一眼看到哪个产品卖得最好，哪个卖得不好。所以表格中原始数据通常不利于阅读，未经整理的数据使用效率很低。

	A	B	C	D	E	F	G	H
1	业务员	级别	日期	货品编码	货品名称	数量	销售额	退货率
2	李六海	铂金	2018/1/1	2097	男跑鞋	20	¥4,095.00	17.1%
3	梅林海	钻石	2018/1/3	2099	男跑鞋	30	¥6,624.00	20.1%
4	孙漂亮	铂金	2018/1/4	2108	女跑鞋	25	¥4,831.20	23.3%
5	莫海蓝	铂金	2018/1/6	5133	跑鞋	22	¥4,416.00	35.6%
6	郭富华	白银	2018/1/7	5160	休闲鞋	6	¥1,267.00	10.9%
7	黄埔楚岚	黄金	2018/1/9	5125	跑鞋	15	¥2,944.00	27.3%
8	李天马	黄金	2018/1/10	2139	休闲鞋	10	¥2,172.00	1.2%
9	诸葛宝宝	白银	2018/1/12	5151	女跑鞋	8	¥1,472.00	45.3%
10	刘荣普	白银	2018/1/13	2137	休闲鞋	12	¥2,172.00	0.0%
11	江莱	黄金	2018/1/15	5050	跑鞋	14	¥2,944.00	16.3%

10.5.1 销售额排序

借助排序可以将一张凌乱的表格梳理得井井有条，如果再配上条件格式，那就更加醒目直观了。与上图对比，下图是否提高了你的阅读效率呢？排序的作用并不仅仅是让表格变好看，而是将一堆杂乱的数据变得有序，按照工作的需要进行解读，从而间接提升工作效率。（视频：114）

	A	B	C	D	E	F	G	H
1	业务员	级别	日期	货品编码	货品名称	数量	销售额	退货率
2	周巡	王者	2018/1/16	5181	休闲鞋	58	¥13,032.00	1.9%
3	梅林海	钻石	2018/1/3	2099	男跑鞋	30	¥6,624.00	20.1%
4	李山雄	青铜	2018/1/21	2183	休闲鞋	43	¥6,030.40	0.0%
5	孙漂亮	铂金	2018/1/4	2108	女跑鞋	25	¥4,831.20	23.3%
6	莫海蓝	铂金	2018/1/6	5133	跑鞋	22	¥4,416.00	35.6%
7	赵良好	铂金	2018/1/19	5162	休闲鞋	21	¥4,368.00	15.1%
8	李六海	铂金	2018/1/1	2097	男跑鞋	20	¥4,095.00	17.1%
9	陈工亦	黄金	2018/1/28	1721	运动裤	63	¥3,079.89	3.5%
10	黄埔楚岚	黄金	2018/1/9	5125	跑鞋	15	¥2,944.00	27.3%
11	江莱	黄金	2018/1/15	5050	跑鞋	14	¥2,944.00	16.3%

知识扩展

1. “扩展选定区域”的含义是：排序时同一行对应的其他数据也一起重排。如勾选“以当前选定区域排序”则只对“销售”排序，其他所有数据都不动，通常都默认选择“扩展选定区域”。

2. 排序时通常要选中某一列或某一区域；也可只选中表题或某一个单元格。例如，选择G1单元格，直接单击【排序】按钮，则默认是对“销售”列排序，并“扩展选定区域”。

在实际使用中，排序的作用不容小觑，下面再介绍几种比较实用的排序技巧。

10.5.2 姓名排序

1. 按笔画排序

中国人的姓名由汉字组成，工作中免不了遇到按姓氏笔画排序的情况。万能的WPS当然提供了此项服务：按笔画排序的规则是先按照首字的笔画数来排；如果首字笔画相同，则依次按第二字、第三字的笔画数来排，具体操作步骤参见视频。（视频：115）

2. 按字符数排序

如果按姓名的长短，就是按字符数排序该怎么办？增加辅助列，用LEN函数算出字符长度，按字符长度排序。排序结果见下图，具体操作步骤参见视频。（视频：116）

	A	B	C	D	E	F	G	H	I
1	业务员	辅助列	级别	日期	货品编码	货品名称	数量	销售额	退货率
2	江莱	2	黄金	2018-1-15	5050	跑鞋	14	¥2,944.00	16.3%
3	周巡	2	王者	2018-1-16	5181	休闲鞋	58	¥13,032.00	1.9%
4	柯北	2	白银	2018-1-25	9023	运动帽	33	¥1,774.50	9.6%
5	李六海	3	铂金	2018-1-1	2097	男跑鞋	20	¥4,095.00	17.1%
6	梅林海	3	钻石	2018-1-3	2099	男跑鞋	30	¥6,624.00	20.1%
7	孙漂亮	3	铂金	2018-1-4	2108	女跑鞋	25	¥4,831.20	23.3%
8	莫海蓝	3	铂金	2018-1-6	5133	跑鞋	22	¥4,416.00	35.6%
9	郭富华	3	白银	2018-1-7	5160	休闲鞋	6	¥1,267.00	10.9%
10	李天马	3	黄金	2018-1-10	2139	休闲鞋	10	¥2,172.00	1.2%
11	刘荣普	3	白银	2018-1-13	2137	休闲鞋	12	¥2,172.00	0.0%
12	周一墨	3	白银	2018-1-18	3497	跑鞋	8	¥1,472.00	14.3%

10.5.3 多关键字排序

前面介绍的是只按照一个关键字或者字段来排序，有时关键字不止一个。比如在下图中，如需按“货品名称”和“退货率”从低到高的顺序排列，此时排序的方式要稍做修改。排序后的结果如下图所示，具体操作步骤参见视频。（视频：117）

	A	B	C	D	E	F	G	H
1	业务员	级别	日期	货品编码	货品名称	数量	销售额	退货率
2	孙漂亮	铂金	2018-1-4	2108	女跑鞋	25	¥4,831.20	23.3%
3	诸葛宝宝	白银	2018-1-12	5151	女跑鞋	8	¥1,472.00	45.3%
4	甄友善	青铜	2018-1-31	8380	女短套裤	11	¥447.98	7.4%
5	刘荣普	白银	2018-1-13	2137	休闲鞋	12	¥2,172.00	0.0%
6	李山雄	青铜	2018-1-21	2183	休闲鞋	43	¥6,030.40	0.0%
7	李天马	黄金	2018-1-10	2139	休闲鞋	10	¥2,172.00	1.2%
8	欧阳东杰	白银	2018-1-24	4891	休闲鞋	6	¥1,288.00	1.5%
9	周巡	王者	2018-1-16	5181	休闲鞋	58	¥13,032.00	1.9%
10	姜小郭	白银	2018-1-22	2140	休闲鞋	9	¥1,991.00	6.2%
11	郭富华	白银	2018-1-7	5160	休闲鞋	6	¥1,267.00	10.9%
12	赵良好	铂金	2018-1-19	5162	休闲鞋	21	¥4,368.00	15.1%
13	柯北	白银	2018-1-25	9023	运动帽	33	¥1,774.50	9.6%
14	陈工亦	黄金	2018-1-28	1721	运动裤	63	¥3,079.89	3.5%
15	李六海	铂金	2018-1-1	2097	男跑鞋	20	¥4,095.00	17.1%
16	梅林海	钻石	2018-1-3	2099	男跑鞋	30	¥6,624.00	20.1%
17	周一墨	白银	2018-1-18	3497	跑鞋	8	¥1,472.00	14.3%
18	江莱	黄金	2018-1-15	5050	跑鞋	14	¥2,944.00	16.3%
19	黄埔楚岚	黄金	2018-1-9	5125	跑鞋	15	¥2,944.00	27.3%
20	莫海蓝	铂金	2018-1-6	5133	跑鞋	22	¥4,416.00	35.6%

在多关键字的排序中，软件会优先考虑主关键字的顺序，然后尽量兼顾次要关键字的顺序。例如上图中的排序结果首先遵从“货品名称”首字母音序从低到高的顺序，再遵从“退货率”从低到高的顺序排列。此外，排序依据还提供了“单元格颜色、字体颜色、单元格图标”这几种方式，以让排序的选择更加多样，如下图所示。

10.5.4 自定义序列排序

WPS的表格组件内置的排序再多也不可能考虑到所有情况，但是它允许按照操作者指定序列来排序。比如说按照“王者、钻石、铂金、黄金、白银、青铜”的顺序排列（设计WPS的程序员不可能预知所有公司的等级），具体操作参见视频。（视频：118）

高手之路

其实排序最大的作用不在于“排列顺序”，它还可以作为辅助手段完成许多复杂的操作。例如，工资条的制作，甚至删空行也可以利用排序批量完成，我已经给大家准备好了“加餐”视频，一起来看看吧。（视频：119）

10.6 挑选数据的技巧：筛选

一张有几百行甚至上千行的表格中包含的数据量非常大，在繁杂的数据中用肉眼寻找某类信息除了让你加深近视度数，就是让你得上颈椎病，而筛选功能可以帮助我们过滤多余的干扰，将需要的数据直接呈现在眼前。

在【开始】或者【数据】选项卡下都可以找到【筛选】功能，筛选的图标就像一个漏斗，形象地暗示了“过滤信息”的作用，如下图所示。

单击【筛选】后，表格首行的每个单元格的右下角都会出现一个三角形按钮▾，点开按钮可以看到有三个排序功能“升序、降序、颜色排序”，在下面的选框中还可以手动勾选想要展现的数据，如下图所示。按Ctrl+Shift+L组合键也可以快速调用【筛选】功能，再按一次组合键或者再单击一次漏斗图标则可取消筛选。我们以上一节的“体育用品销售明细表”为例，来学习一下如何使用筛选功能。

	A	B	C	D	E	F	G	H
1	业务员	级别	日期	货品编码	货品名称	数量	销售额	退货率
2	李六海	铂金				20	¥4,095.00	17.1%
3	梅林海	钻石				30	¥6,624.00	20.1%
4	孙漂亮	铂金				25	¥4,831.20	23.3%
5	莫海蓝	铂金				22	¥4,416.00	35.6%
6	郭富华	白银				6	¥1,267.00	10.9%
7	黄埔楚岚	黄金				15	¥2,944.00	27.3%
8	李天马	黄金				10	¥2,172.00	1.2%
9	诸葛宝宝	白银				8	¥1,472.00	45.3%
10	刘荣普	白银				12	¥2,172.00	0.0%
11	江莱	黄金				14	¥2,944.00	16.3%
12	周巡	王者				58	¥13,032.00	1.9%
13	周一墨	白银				8	¥1,472.00	14.3%
14	赵良好	铂金				21	¥4,368.00	15.1%
15	李山雄	青铜	2018/1/21	2183	休闲鞋	43	¥6,030.40	0.0%
16	姜小郭	白银	2018/1/22	2140	休闲鞋	9	¥1,991.00	6.2%
17	欧阳东杰	白银	2018/1/24	4891	休闲鞋	6	¥1,288.00	1.5%
18	柯北	白银	2018/1/25	9023	运动帽	33	¥1,774.50	9.6%
19	陈工亦	黄金	2018/1/28	1721	运动裤	63	¥3,079.89	3.5%
20	甄友善	青铜	2018/1/31	8380	女短套裤	11	¥447.98	7.4%

升序 降序 颜色排序 高级模式
内容筛选 颜色筛选 文本筛选 清空条件
(支持多条件过滤，例如：北京 上海)
名称 选项
(全选)（19）
男跑鞋（2）
女短套裤（1）
女跑鞋（2）
跑鞋（4）
休闲鞋（8）
运动裤（1）
运动帽（1）
分析 确定 取消

10.6.1 单条件筛选

1. 按日期时间筛选

表格内包含了整个月份的数据，我们可以利用筛选功能只看上半个月或者下半个月的数据，如下图所示。

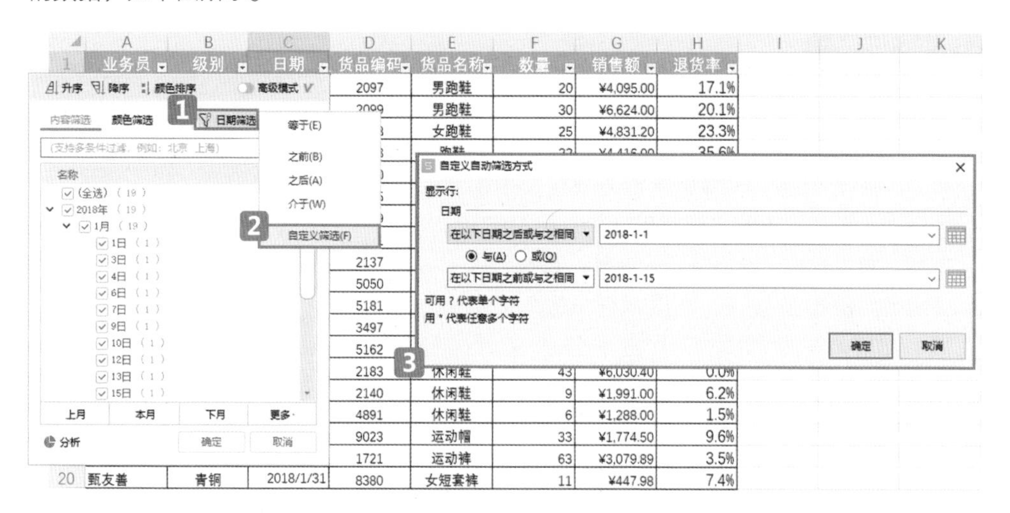

2. 按文本特征筛选

如只想看鞋类的销售数据，可对“货品名称”进行筛选，有两种方式可供选择。

情况一：鞋类品种不多

可直接勾选相应的品类，如下图。

情况二：品类很多

在搜索栏中输入关键词“鞋”，单击【确定】按钮，就可以展示所有鞋类的销售数据了，如下图所示。

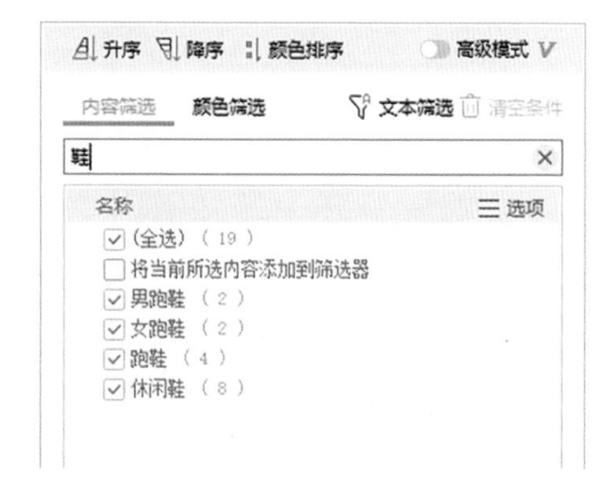

3. 按数字筛选

按数字筛选的方式和按日期筛选的方式非常类似（日期的本质就是数字），数字筛选也提供了几个快速实用的功能。比如，可以直接筛选出销售前三的数据，或者按照平均值筛选，以上筛选操作均已录制了视频供大家参考。（视频：120）

知识扩展

1. 按颜色筛选：如果为单元格填充了不同的颜色，可以按照颜色进行筛选。

2. 模糊筛选：模糊筛选和查找替换中的模糊查找类似，需要用到通配符“*”和“?”。例如，要筛选出“女”开头的商品：点开“货品名称”列筛选按钮，在搜索框中输入“女*”，结果如右图所示。

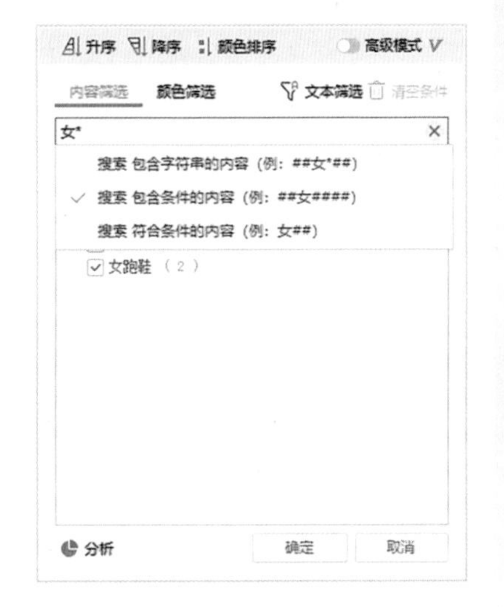

3. 快速筛选：如果希望以某个单元格的值作为筛选条件，可采用【快速筛选】。例如，以“男跑鞋”这个单元格作为筛选条件：可在E2单元格上右击—选择【筛选】—【按内容筛选（可以多选）】。此外，“填充颜色”“字体颜色”都可以用于快速筛选。

10.6.2 任意条件筛选

上述几种筛选都是按单一条件进行筛选的，在实际应用中，可能需要设置多个筛选条件。多条件有“与(同时满足)”、“或（满足任一）”两种关系，下面举例说明。

如下图，列好筛选条件备用，条件是：数量>=30，销售额>=6000，退货率<=20%，这里包含了3个筛选条件，但是请大家注意两种不同的排列方式：

① 三个条件必须同时满足（“与”的关系），将所有条件置于同一行。

② 三个条件满足任一即可（“或”的关系），将每个条件置于不同行。

"与"：同时成立

数量	销售额	退货率
>=30	>=6000	<=20%

"或"：任一成立

数量	销售额	退货率
>=30		
	>=6000	
		<=20%

详细操作步骤请大家观看录屏视频（视频：121）。特别需要强调的是：无论是哪种条件关系，条件区域的首行必须是标题，标题内容必须与筛选表格中的标题完全一致。

10.6.3 筛选核对数据

比较两张结构相同的表中的数据是否有差异，也可以用筛选的方法。为了便于观察对比，我将表格做了一些简化，如下图。

	A	B	C	D	E	F	G	H	I
1	业务员	数量	销售额	退货率		业务员	数量	销售额	退货率
2	李六海	20	¥4,095.00	17.1%		李六海	20	¥4,095.00	17.1%
3	梅林海	30	¥6,624.00	20.1%		梅林海	20	¥6,624.00	20.1%
4	孙漂亮	25	¥4,831.20	23.3%		孙漂亮	25	¥4,831.20	23.3%
5	莫海蓝	22	¥4,416.00	35.6%		莫海蓝	22	¥4,416.00	36.6%
6	郭富华	6	¥1,267.00	10.9%		郭富华	6	¥1,267.00	10.9%
7	黄埔楚岚	15	¥2,944.00	27.3%		黄埔楚岚	15	¥2,944.00	27.3%

解决的思路是利用筛选找出重复数据，将重复数据标记上颜色，然后取消筛选。没有标记颜色的部分，就是两张表格有差异的地方，最后结果如下图所示，具体操作步骤详见视频。（视频：122）

	A	B	C	D	E	F	G	H	I
1	业务员	数量	销售额	退货率		业务员	数量	销售额	退货率
2	李六海	20	¥4,095.00	17.1%		李六海	20	¥4,095.00	17.1%
3	梅林海	30	¥6,624.00	20.1%		梅林海	20	¥6,624.00	20.1%
4	孙漂亮	25	¥4,831.20	23.3%		孙漂亮	25	¥4,831.20	23.3%
5	莫海蓝	22	¥4,416.00	35.6%		莫海蓝	22	¥4,416.00	36.6%
6	郭富华	6	¥1,267.00	10.9%		郭富华	6	¥1,267.00	10.9%
7	黄埔楚岚	15	¥2,944.00	27.3%		黄埔楚岚	15	¥2,944.00	27.3%

高手之路

“筛选”和“排序”一样也是一个全能的多面手，它同样可以用来删除空行。如果要挑出指定人员的数据，如右图所示，利用“高级筛选”就可以轻松完成。（视频：123）

22	业务员
23	孙漂亮
24	诸葛宝宝
25	赵良好
26	欧阳东杰
27	陈工亦

10.7 疑难杂症手术刀：分列

很多公司都有自己专门定制的软件系统，而系统里的数据经常需要导出后再用类似WPS这样的软件进行数据处理和分析。导出的数据往往有很多问题，例如，之前遇到的表格数据不能计算，横版变竖版等，又比如像下图这样，多个数据字段被放置在同一列中。有什么方法可以像精准的手术刀一样把它们快速、准确地分开呢？本节我们就来学习WPS表格组件中的分列功能。

	A
1	日期　起息日　摘要　传票号　发生额　对方账户名称
2	20080901 20080901 J0011229140060U TX21156902 +39,149.68 AAAA公司
3	20080901 20080901 A011918730RISC6K X151076702 +50,000.00 BBBB公司
4	20080902 20080902 A011909323RISC6K X151035101 -350,556.18 CCCC公司
5	20080902 20080902 A011909299RISC6K X151029601 -245,669.20 CCCC公司
6	20080902 20080902 A011909324RISC6K X151035201 -157,285.84 CCCC公司
7	20080902 20080902 A011909307RISC6K X151033501 +120,851.42 CCCC公司
8	20080902 20080902 A011909302RISC6K X151030201 -101,541.05 CCCC公司
9	20080902 20080902 A011909279RISC6K X151026101 -36,494.32 CCCC公司

10.7.1 字段分离高手

【分列】在【数据】选项卡下，它的作用是根据一定的规律将同一列数据划分成不同的列，一次只能选定一列进行操作。

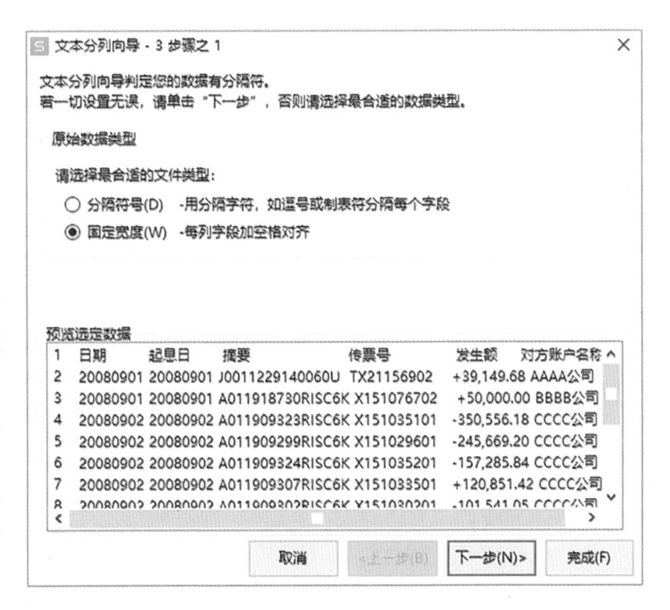

分列的依据主要有两种，如右图所示：一种是分隔符号，例如，表格的数据间一般会用逗号、分号、空格这些常见的符号分隔；一种是固定宽度，有些数据的宽度是固定的，例如，日期、身份证号码、工号，这些规律都有迹可循，所以可以作为分列的依据。

可以看到，原始表格A列中的数据包含日期、起息日、摘要、传票号、发生额、对方账户名称这些字段，乍一看很复杂，实际上每个字段都很有规律，这些字段中间都用“空格”隔开，且每个字段的长度基本一致，所以用符号和固定宽度都可以将它们分离开来，分列后的数据效果如下图所示，具体操作参见录屏视频。（ 视频：124 ）

	A	B	C	D	E	F
1	日期	起息日	摘要	传票号	发生额	对方账户名称
2	20080901	20080901	J0011229140060U	TX21156902	39,149.68	AAAA公司
3	20080901	20080901	A011918730RISC6K	X151076702	50,000.00	BBBB公司
4	20080902	20080902	A011909323RISC6K	X151035101	-350,556.18	CCCC公司
5	20080902	20080902	A011909299RISC6K	X151029601	-245,669.20	CCCC公司
6	20080902	20080902	A011909324RISC6K	X151035201	-157,285.84	CCCC公司
7	20080902	20080902	A011909307RISC6K	X151033501	120,851.42	CCCC公司
8	20080902	20080902	A011909302RISC6K	X151030201	-101,541.05	CCCC公司
9	20080902	20080902	A011909279RISC6K	X151026101	-36,494.32	CCCC公司
10	20080902	20080902	A011909361RISC6K	X151037901	-36,043.85	CCCC公司
11	20080902	20080902	A011909287RISC6K	X151027601	14,084.60	CCCC公司
12	20080902	20080902	A011909285RISC6K	X151027401	13,751.90	CCCC公司
13	20080902	20080902	A011909295RISC6K	X151029101	-11,372.43	CCCC公司
14	20080902	20080902	A011909371RISC6K	X151038601	-7,820.95	CCCC公司

10.7.2 数据恢复大师

分列属于简单易上手的功能，只要选对了分列依据，后面一般是闭着眼一直单击【下一步】按钮直到完成。但是千万不要小瞧了后面几步的作用。

分列的最后一步是选择分列后数据对应的类型（常规、文本、日期等），如右图所示，通常选择默认的【常规】即可。

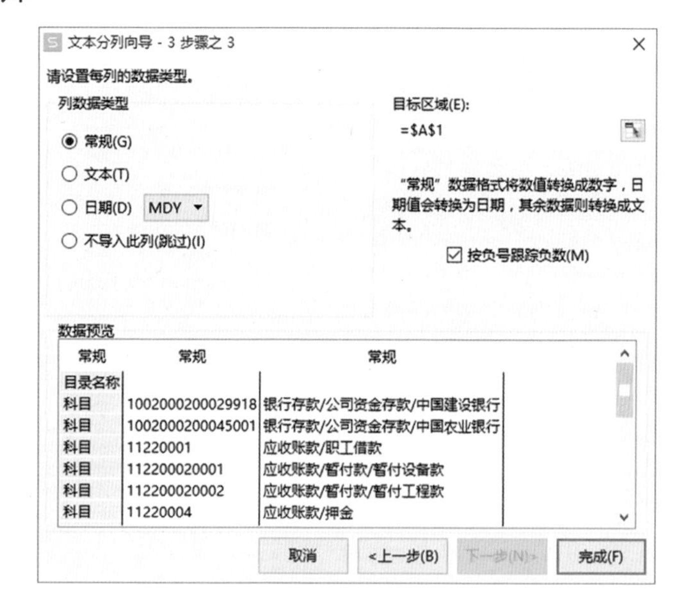

如果表格中有一些数据较特别，例如，很长的数字，则千万要注意，如下面的“分列前”图所示。这一列中科目的编号有些是很长的数字，如果按默认的分列完成，则数字部分有些会以科学记数法显示，如下面的“分列后”图所示。

分列前

	A
1	目录名称
2	科目:1002000200029918 银行存款/公司资金存款/中国建设银行
3	科目:1002000200045001 银行存款/公司资金存款/中国农业银行
4	科目:11220001 应收账款/职工借款
5	科目:112200020001 应收账款/暂付款/暂付设备款
6	科目:112200020002 应收账款/暂付款/暂付工程款
7	科目:11220004 应收账款/押金
8	科目:11220007 应收账款/单位往来
9	科目:112200100001 应收账款/待摊费用/房屋租赁费
10	科目:112200100005 应收账款/待摊费用/物业管理费
11	科目:112200100010 应收账款/待摊费用/其他
12	科目:11320001 应收利息/预计存款利息
13	科目:115200020002 内部清算/公司清算资金/三方存管自有资金
14	科目:115200130001 内部清算/三方存管客户/合格账户三方存管
15	科目:1231 坏账准备
16	科目:16010001 固定资产/房屋及建筑物
17	科目:16010002 固定资产/电子设备
18	科目:16010003 固定资产/运输设备

分列后

	A	B	C
1	目录名称	编号	目录名称
2	科目	1.002E+15	银行存款/公司资金存款/中国建设银行
3	科目	1.002E+15	银行存款/公司资金存款/中国农业银行
4	科目	11220001	应收账款/职工借款
5	科目	1.122E+11	应收账款/暂付款/暂付设备款
6	科目	1.122E+11	应收账款/暂付款/暂付工程款
7	科目	11220004	应收账款/押金
8	科目	11220007	应收账款/单位往来
9	科目	1.122E+11	应收账款/待摊费用/房屋租赁费
10	科目	1.122E+11	应收账款/待摊费用/物业管理费
11	科目	1.122E+11	应收账款/待摊费用/其他
12	科目	11320001	
13	科目	1.152E+11	/三方存管自有资金
14	科目	1.152E+11	内部清算/三方存管客户/合格账户三方存管
15	科目	1231	坏账准备
16	科目	16010001	固定资产/房屋及建筑物
17	科目	16010002	固定资产/电子设备
18	科目	16010003	固定资产/运输设备

存在科学记数法

这时在最后一步应该将对应列的数据类型勾选为【文本】。分列的这个特性也赋予了它一个新的作用，即可以将数据恢复为原本该有的样子。例如，之前遇到的“数字无法计算”的问题，就可以利用分列功能将“文本型的数值”转化为“可计算的数值”，具体操作步骤详见视频。（视频：125）

此外，WPS表格组件中的【分列】下拉按钮还包含了“智能”分列功能，使用原理和方法与“分列”相似，这里就不重复介绍了。

10.8 处女座必备技能：有效性

处女座的人追求完美，是一个老板爱到死，同事也超（hen）喜（tao）欢（yan）的类型，处女座的人做表格再合适不过了。

向天歌人事部的小叕（偷偷告诉你这个字念“zhuó”）就是处女座的，这不，她发了一个表格让大家填写个人信息，收回来的结果就像下图这样，日期格式五花八门，性别填写不统一，有些身份证号码还少一位，简直要把她逼疯了。

	A	B	C	D	E	F	H
1	工号	入职日期	姓名	性别	部门	身份证号码	年龄
2	XTG000016	2016.4.10	江莱	男	视频部	350524199605125454	24
3	XTG000030	2017年8月5日	周一墨	男性	研发部	62050219970614126	19
4	XTG000023	20160123	李山雄	男	视频部	350301199601228071	21
5	XTG000025	2018年7月17日	马东杰	女性	财务部	350322199103143155	26
6	XTG000042	2016.10.28	胡宇天	男		0481199706078752	20
7	XTG000046	2018。5。27	刘子衿	男生		0524199511145454	25
8	XTG000060	2016年2月17日	左一飞	男	运营部	620502199502151207	25
9	XTG000033	2018年4月7日	许多树	男	视频部	350583199505280771	22
		2019年10月20日	马克	男	运营部	350822199706236441	20
		20191221	唐一明	男	培训部	350301199809188071	22
12	XTG000003	2019年7月14日	张三	男	财务部	35058319891203077	31
13	XTG000005	2017年11月19日	顾佳佳	女	研发部	350500199002202301	30
14	XTG000017	2017年7月14日	林有有	男	培训部	350121198709159123	33
15	XTG000002	2018年1月26日	王漫妮	男		62220119951030063	25
16	XTG000006	2019年8月30日	梁爽	女		350583198506154431	35
17	XTG000043	2019年10月12日	姜小果	男	培训部	350724199107088051	29

性别格式不统一

日期五花八门

身份证少位

最后的结果就是，小叕让大家又重新填写了一次。表格模板发下去之前，我给他支了个招儿，设置好“有效性”，填写的数据就规范多了。

10.8.1 完美限定数据格式

“有效性”说起来可是WPS表格组件中非常“嚣张”的一个功能，它的主业是“保证数据输入不出错”。换句话说就是，我的地盘我做主，你的数据我说了算，让数据只能按照设定格式输入。利用有效性可以限制单元格中数据填入的内容和格式，可以限制填入数字的长度，还可以设置输入提示，能玩儿的花样还真不少，下面通过一些案例来了解一下。

1. 限制填入的内容（视频：126）

利用有效性可以制作一个下拉菜单，下拉菜单中提供可选内容。例如，限制性别单元格只能填入“男”或者“女”：选中“性别”这一列，选择【数据】选项卡下的【有效性】—【允许】下拉菜单中的【序列】—【来源】框中输入“男,女”，单击【确定】按钮即可。注意，“男,女”之间要用半角逗号隔开。

如果输入的内容较多，例如，有“总经办”“人力资源部”“行政部”“市场部”“营销部”“设计部”“研发部”“剪辑部”“售后部”“物流部”十个部门，可在旁边的单元格中输入这些内容备用，在【来源】框中直接框选区域即可，如下图所示，详细操作见视频。

B	C	D	E	F	H	I	J
入职日期	姓名	性别	部门	身份证号码	年龄		部门参数
2016.4.10	江莱	男	视频部				总经办
2017年8月5日	周一墨	男性	研发部				人力资源部
20160123	李山雄	男	视频部				行政部
2018年7月17日	马东杰	女性	财务部				市场部
2016.10.28	胡宇天	男	培训部				营销部
2018。5。27	刘子衿	男生	研发部				设计部
2016年2月17日	左一飞	男	运营部				研发部
2018年4月7日	许多树	男	视频部				剪辑部
2019年10月20日	马克	男	运营部				售后部
20191221	唐一明	男	培训部				物流部
2019年7月14日	张三	男	财务部				
2017年11月19日	顾佳佳	女	研发部				
2017年7月14日	林有有	男	培训部				
2018年1月26日	王漫妮	男	研发部	622201199510300063	25		
2019年8月30日	梁爽	女	视频部	350583198506154431	35		
2019年10月12日	姜小果	男	培训部	350724199107088051	29		

数据有效性
设置　输入信息　出错警告
有效性条件
允许(A): 序列
☑ 忽略空值(B)
☑ 提供下拉箭头(I)
数据(D):
来源(S): =$J$2:$J$11
对所有同样设置的其他所有单元格应用这些更改(P)
操作技巧　全部清除(C)　确定　取消

2. 限制填入内容的长度（视频：127）

经常有粗心的小伙伴在输入身份证号码的时候会多几位或者少几位，同样可以用“有效性”来避免错误。

具体操作步骤跟上面类似：选中“身份证号码”这一列，选择【数据】选项卡下的【有效性】—【允许】下拉菜单中的【文本长度】，目前的二代身份证号码都是18位，所以在【数据】下拉菜单中选择【等于】—在【数值】框里输入“18”，单击【确定】按钮，如右图所示。

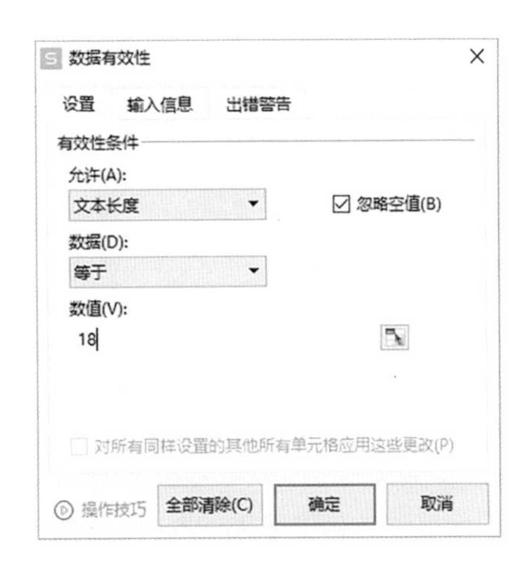

填写表格时如果号码长度不等于18位就会弹出错误提示。但有时候填写者也不知道错在哪里，所以可以再贴心一点，设置“出错警告”用来提示错误原因：选中列，【有效性】→【出错警告】→【标题】中输入“号码长度有误”→【错误信息】中输入“身份证号码必须是18位”，如右图所示。当然也可输入一些“可怕”的提示，比如，“输错电脑爆炸”……这时如果再填错就会弹出相应提示，这样填写者也能快速理解并纠正错误。

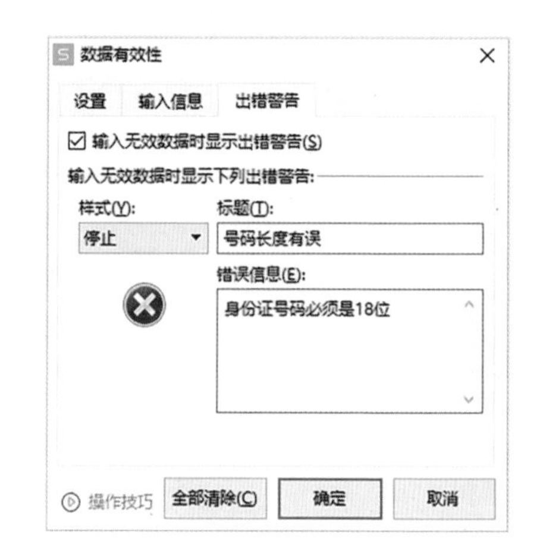

知识扩展

有些地区可能还存在15位和18位两种身份证格式，如果要限制长度为15位或者18位，该怎么办呢？

只要在【数值】框中输入公式：`=OR(LEN($A2)=15, LEN($A2)=18)`即可。LEN是字符长度函数，OR是逻辑函数，表示多条件其一成立即可，这些我们在“函数”那一章再深入学习。

3. 限制填入内容的格式和区间（视频：128）

日期的填写向来是格式错误的重灾区，利用有效性可以限定日期区间，保证日期格式规范。操作步骤与上述大同小异。

有时是在表格填写完成之后才设置有效性的，不符合规范的数据并不会弹出提示，此时可按下述步骤操作：选中已经设置有效性的区域—【有效性】下拉按钮—【圈释无效数据】，如右图所示，不符合有效性条件的数据将会被红色圈圈标记，如不再需要标记，可单击【有效性】下拉按钮—【清除验证标识圈】。

身份证号码	年龄
350524199605125454	24
62050219970614126	19
350301199601228071	21
350322199103143155	26
350481199706078752	20
350524199511145454	25
620502199502151207	25
350583199505280771	22
350822199706236441	20
350301199809188071	22
35058319891203077	31
350500199002202301	30

取消它也很简单，单击【数据有效性】对话框左下角的【全部清除(C)】按钮就行了。

10.8.2 制作下拉菜单

限制数据是有效性的主要职能，不过我们知道WPS表格组件中的很多功能都有“不务正业”的表现，有效性也是其中的“活跃分子”。

利用有效性中的“序列”功能，可以很轻松地制作出一个下拉菜单。比如，前面示例中的“性别”下拉按钮，在这一节中我们要更进一步，制作可以互相关联的下拉按钮，俗称“二级下拉菜单”，看，它长得就像右图所示这个样子。

	A	B
1	班级	姓名
2	文产一班	孙漂亮

文产一班
文产二班
文产三班

李六海
孙漂亮
郭富华
李天马
刘荣普
周巡
赵良好
姜小郭
柯北

制作二级下拉菜单综合运用了【公式】下的【指定】功能、【有效性】和引用函数“INDIRECT”，详细的制作步骤参见教学视频。（视频：129）

高手之路

三级下拉菜单的制作原理与二级下拉菜单大同小异，当作本章的结业测试，希望大家看视频之前先自己尝试完成。（视频：130）

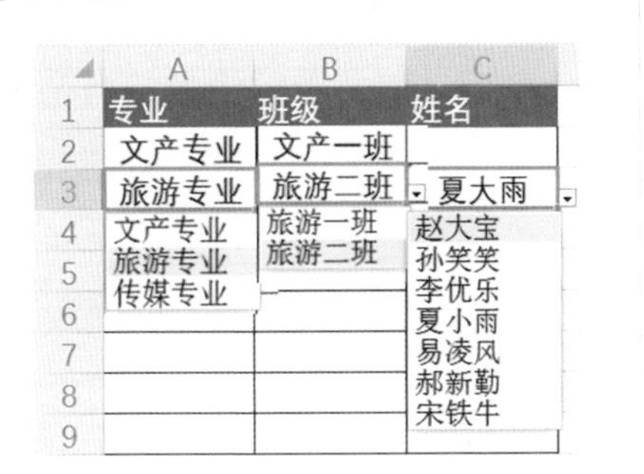

	A	B	C
1	专业	班级	姓名
2	文产专业	文产一班	
3	旅游专业	旅游二班	夏大雨

文产专业
旅游专业
传媒专业

旅游一班
旅游二班

赵大宝
孙笑笑
李优乐
夏小雨
易凌风
郝新勤
宋铁牛

11 · 函数篇

工作必学的五类函数

本章我们将要深入一个新的领域，那就是“函数”。毫无疑问，函数是表格组件中高效工具的代表，在考勤、销售、绩效等诸多领域中的任务，它都可轻松胜任。本章将和大家分享函数的基本原理，以及求和函数、逻辑函数、日期时间函数、文本函数、查找匹配函数这五大类函数。原来辛苦加班才能做完的烦琐工作，学完本章后一键就能完成，从此下午茶、喝咖啡、准时下班不再是梦想，高效搞定表格，想学就一起来吧！

一入函门深似海，
从此加班是路人。

11.1 这个符号帮你敲开函数大门

前面的章节中已经涉及部分函数，有提取字符长度的文本函数LEN、有引用函数INDIRECT等，数据的整理、分析甚至图表的可视化呈现都离不开函数，它就像智能手机，出行、购物、缴费等都能帮你搞定。而搞定函数绝对是一件性价比很高的事情。

11.1.1 公式函数基础知识

1. 什么是公式函数

简单来讲，公式就是以“=”开始的一组运算等式，公式中可以包含单元格引用、加减乘除运算，还可以包含函数，如下图，这些都是公式。

	A	B
1	显示为	实际公式
2	1	=1
3	12	=3*4
4	1	=A2
5	13	=A2+A3
6	27	=sum(A2:A5)

图中最后一个就是函数，函数可以被看作特殊的公式，是设置好某种固定规则的公式，是更高级的公式。

WPS的表格组件中包含了400多种函数，对于大多数人，熟练运用几个函数就可以解决工作中的大多数问题，当然技多不压身，肯定是掌握的函数越多越好。

可能有些人对英文、数字存在着天然的恐惧，我想说的是，大可不必，WPS的表格组件提供了极为友好的函数书写方式：只要输入某个函数前面的几个字母，例如，输入“SUM”，系统会自动提示以“SUM”开头的函数，如下图所示。用“↑”“↓”键选择函数，然后按“Tab”键确认函数，就可以开始输入参数了。此外，在输入函数的相关参数时，都有相应的中文提醒。

=SUM

fx SUM
fx SUMIF
fx SUMIFS
fx SUMPRODUCT
fx SUMSQ
fx SUMX2MY2
fx SUMX2PY2
fx SUMXMY2

2. 函数参数

多数函数都有1个或多个参数，也有无参数的函数。例如，=TODAY() 返回的是当前的日期，=LEN(B3) 返回的是B3单元格的字符长度，=COUNTIF(A1:B6,1) 表示统计A1:B6区域中数字“1”出现的次数，如右图所示。常见的函数一般不会超过4个参数，对于一些复杂的情况可用多个函数嵌套来解决问题。

函数	结果
=TODAY()	2020/12/9
=LEN(B3)	2
=COUNTIF(A1:B6,1)	2

每个函数的参数的含义都不尽相同，例如，VLOOKUP（查找值，数据表，列序数，[匹配方式]）函数包含四个参数，用“[]”括起来的参数表示可以省略。有些参数已经设置好固定某几个值，每个值代表不同的含义，例如，VLOOKUP函数的第4个参数“匹配方式”，输入“0”表示精确匹配，输入“1”表示近似（模糊）匹配，不必担心记不住，因为输入该参数的时候软件会有提示。

3. 引用方式

WPS的表格组件为什么可以批量录入数据，因为有填充，函数为什么可以批量运算，因为它也可以填充。如右图所示，在B2单元格中输入函数 =RIGHT(A2,6) 就可以将A2单元格的后6位工号提取出来，接下来只需拖动填充柄填充，函数公式会自动变为 =RIGHT(A3,6) ~ =RIGHT(A7,6)。所以，填充是函数高效工作的基础，如果每个单元格都要重新输一遍函数，相信没人愿意使用它。

	A	B	C
1	代码	提取结果	函数
2	XTG000033	000033	=RIGHT(A2,6)
3	XTG000045	000045	=RIGHT(A3,6)
4	XTG000048	000048	=RIGHT(A4,6)
5	XTG000060	000060	=RIGHT(A5,6)
6	XTG000030	000030	=RIGHT(A6,6)
7	XTG000002	000002	=RIGHT(A7,6)

像上图中这种函数随着单元格变化而变化的情况，叫作相对引用。除了相对引用，还有绝对引用和混合引用，这几种方式可让函数的搭配变化更加丰富，在11.1.2节中会有更详细的介绍。

4. 运算符

计算是函数很重要的功能，常用运算符号见下表，另外，再给大家介绍几种比较特殊的符号。

运算符	含义
+	加
-	减或负数
*	乘

运算符	含义
/（斜杠）	除
%	百分比
^（脱字号）	乘方

（1）文本（连接）运算符&：它的作用是将两个或多个文本连起来变成一个完整的文本，例如，输入 ="我"&"爱"&"你"，就变成了“我爱你”。

需要注意的是，在函数公式中引用文本时通常要用英文或半角的双引号引起来，而直接引用单元格名称则不用，如右图所示。

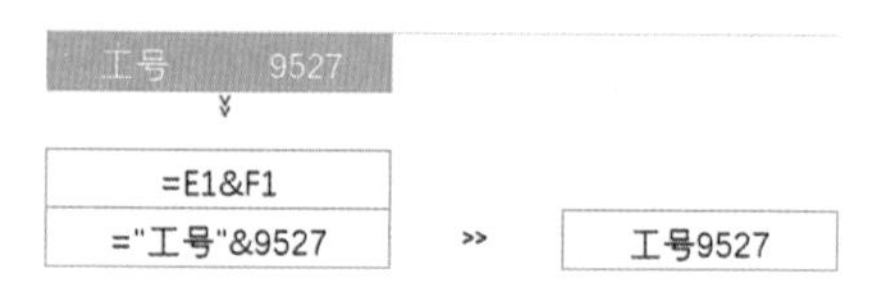

（2）引用运算符：例如，求和函数 =SUM(A1:A10) ，其中“:”就是引用运算符，表示计算A1到A10这个区域中单元格的值的总和；如果改成 =SUM(A1,A10) ，则表示计算A1和A10这两个单元格中值的和；如果是 =SUM(A1:A5 A3:A10) 两个区域间加上了空格，表示对两个区域重叠的部分（A3:A5）求和。

（3）比较运算符：常用的比较运算符及其含义如下表所示。

比较运算符	含义
>	大于
<	小于
=	等于

比较运算符	含义
>=	大于或等于
<=	小于或等于
<>	不等于

例如，函数 =IF(A10>=60,“及格”,“不及格”)，表示把单元格A1与60进行比较，如果大于等于60，显示“及格”；否则，显示“不及格”，如右图所示。

	A	B
1	分数	显示
2	93	=IF(A10>=60,"及格","不及格")
3	48	不及格
4	98	及格
5	88	及格
6	46	不及格

知识扩展

运算符之间是有优先级的：引用运算符>算术运算符>文本运算符>比较运算符，详见下表。如同数学中的四则运算一样，在函数中也可以用括号来改变运算的顺序，表中的具体排序不建议死记硬背，多使用几次就记住了。

级别	运算符类别	排序
1	引用运算符	冒号>单个空格>逗号
2	算术运算符	负>百分比>乘方>乘、除>加、减
3	文本运算符	&
4	比较运算符	所有比较运算符同级别

11.1.2 这个符号很“值钱”：如何计算补贴

前面说到了函数的一个很重要的特点，就是可以填充，填充时参数发生了相对的变化，被称为“相对引用”。在WPS的表格处理组件中有三种引用方式：相对引用、绝对引用、混合引用，理解这三种引用方式是学好函数的基础。

在默认的填充方式中，公式/函数都会随着单元格的位移而发生改变，就像下图所示。每个员工的“总计=基本工资+补贴”，在E2单元格中输入公式 `=C2+D2` ，往下拖动填充柄，每个员工的工资瞬间填好。

	A	B	C	D	E	F
1	姓名	岗位	基本工资	补贴	总计	公式
2	杜琦燕	外勤	4000	500	=C2+D2	
3	刘京兵	行政	4300	600	4900	=C3+D3
4	李燕	内勤	4000	500	4500	=C4+D4
5	莫晓曼	销售	4300	600	4900	=C5+D5
6	陈慈荣	内勤	4000	300	4300	=C6+D6
7	王裕祥	业务	4300	300	4600	=C7+D7
8	李建	经理	5000	600	5600	=C8+D8

单元格引用地址随公式的复制而发生相对的移动，这就是相对引用。

看起来这是一个非常智能的技能，不过凡事都有两面，有利有弊。假设工资的计算方式改变了，每个员工的补贴变为固定的500元（G2），如仍然按照上面的方式填充看看是什么结果，如下图所示。

	A	B	C	D	E	F	G
1	姓名	岗位	基本工资	总计	公式		补贴
2	杜琦燕	外勤	4000	4500	=C2+G2		500
3	刘京兵	行政	4300	4300	=C3+G3		
4	李燕	内勤	4000	4000	=C4+G4		
5	莫晓曼	销售	4300	4300	=C5+G5		
6	陈慈荣	内勤	4000	4000	=C6+G6		
7	王裕祥	业务	4300	4300	=C7+G7		
8	李建	经理	5000	5000	=C8+G8		

最终只有D2单元格加上了500元补贴，其他的单元格都没有加上。

不是很智能吗？看看公式我们就明白了。原来公式中的G列单元格发生了相对移动，从G2一直自动变更到了G8。而我们想要的结果是G2固定不变，怎么办？加上一个$（美元）符号就可以了，请看下图。

	A	B	C	D	E	F	G
1	姓名	岗位	基本工资	总计	公式		补贴
2	杜琦燕	外勤	4000	4500	=C2+$G$2		500
3	刘京兵	行政	4300	4800	=C3+$G$2		
4	李燕	内勤	4000	4500	=C4+$G$2		
5	莫晓曼	销售	4300	4800	=C5+$G$2		
6	陈慈荣	内勤	4000	4500	=C6+$G$2		
7	王裕祥	业务	4300	4800	=C7+$G$2		
8	李建	经理	5000	5500	=C8+$G$2		

把“G2”变为“$G$2”之后，在填充过程中，“$G$2”就像被固定住一样，永远不会改变。一个$符号决定了员工能不能拿到补贴，这个符号很“值钱”吧！（视频：131）

保持单元格的固定引用，使其不随公式的复制而发生变化的方式，就是绝对引用。

11.1.3 搞定库存计算

库存计算是商业中常见的一种数据统计，如右图所示。这是一张常见的库存表，表格里包含了每天的入库和出库数据，实时库存=截至当天入库总数-出库总数。利用最常见的SUM函数就可以计算。不过大家要小心，这个库存公式可能没有想象中那么简单，详情参见视频。（视频：132）

	A	B	C	D	E
1	2020年6月图书总库存表（本）				
2	单位:向天歌教育有钱公司				
3	日期	负责人	入库	出库	库存
4	2020/6/1	甄友善	2471	1395	1076
5	2020/6/2	梅林海	3900	429	
6	2020/6/3	莫海蓝	0	525	
7	2020/6/4	张楚岚	0	1069	
8	2020/6/5	冯宝宝	0	2579	
9	2020/6/6	甄友善	6500	2415	
10	2020/6/7	梅林海	0	1321	
11	2020/6/8	莫海蓝	0	2374	
12	2020/6/9	张楚岚	5850	1720	
13	2020/6/10	冯宝宝	0	1667	
14	2020/6/11	甄友善	0	2301	
15	2020/6/12	梅林海	7800	2349	
16	2020/6/13	莫海蓝	0	624	
17	2020/6/14	张楚岚	0	2278	
18	2020/6/15	冯宝宝	0	1180	
19	2020/6/16	甄友善	0	1496	

高手进阶：制作乘法口诀表

如下图，这是一张经典的乘法口诀表，学函数还要背乘法口诀？当然不是，我只是想通过这张表加深大家对混合引用的理解，试着用一个公式把它完成吧。（视频：133）

	A	B	C	D	E	F	G	H	I	J
1		1	2	3	4	5	6	7	8	9
2	1	1	2	3	4	5	6	7	8	9
3	2	2	4	6	8	10	12	14	16	18
4	3	3	6	9	12	15	18	21	24	27
5	4	4	8	12	16	20	24	28	32	36
6	5	5	10	15	20	25	30	35	40	45
7	6	6	12	18	24	30	36	42	48	54
8	7	7	14	21	28	35	42	49	56	63
9	8	8	16	24	32	40	48	56	64	72
10	9	9	18	27	36	45	54	63	72	81

11.2 花式求和分分钟搞定

欢迎大家走进《WPS之光》之花式求和，让我们一起揭开求和的奥秘。

11.2.1 几种快速求和方式

史上最快的求和方式不是SUM函数吗?

当然是，不用手动输入函数，一键就可以完成。下图所示的是某年级的成绩表，我的做法是：选中合集区域（G2:G17），然后按组合键Alt+=，收工。

	A	B	C	D	E	F	G
1	班级	姓名	语文	数学	英语	政治	合计
2	2020级1班	李六海	77.0	88.0	65.0	69.0	299.0
3	2020级1班	孙漂亮	88.0	90.0	59.0	83.0	320.0
4	2020级1班	郭富华	50.5	60.0	97.0	85.0	292.5
5	2020级1班	李天马	65.0	63.0	65.0	90.5	283.5
6	2020级1班	刘荣普	56.0	81.0	95.0	62.0	294.0
7	2020级2班	周巡	96.0	98.0	50.0	65.0	309.0
8	2020级2班	赵良好	55.0	54.5	88.0	97.0	294.5
9	2020级2班	姜小郭	72.0	64.0	56.0	60.0	252.0
10	2020级2班	柯北	51.0	50.0	92.5	74.0	267.5
11	2020级2班	唐一明	85.0	69.0	53.0	72.0	279.0
12	2020级2班	张三	84.0	58.0	50.0	92.0	284.0
13	2020级3班	顾佳佳	85.0	62.0	68.0	97.0	312.0
14	2020级3班	林有有	88.0	77.0	53.0	80.0	298.0
15	2020级3班	王漫妮	97.0	82.0	89.0	81.0	349.0
16	2020级3班	梁爽	97.0	78.0	51.0	92.0	318.0
17	2020级3班	姜小果	67.0	77.0	92.0	65.0	301.0

有时一张表格中包含多个求和区域，如下图，此时使用Alt+=组合键会漏掉一些求和区域，中间空行无法自动求和，利用之前学的定位功能就可以轻松搞定。（视频：134）

	A	B	C	D	E	F	G
1	品牌	型号	1月	2月	3月	4月	合计
2	2020级1班	李六海	77.0	88.0	65.0	69.0	
3	2020级1班	孙漂亮	88.0	90.0	59.0	83.0	
4	2020级1班	郭富华	50.5	60.0	97.0	85.0	
5	2020级1班	李天马	65.0	63.0	65.0	90.5	
6	2020级1班	刘荣普	56.0	81.0	95.0	62.0	
7	小计						
8	2020级2班	周巡	96.0	98.0	50.0	65.0	
9	2020级2班	赵良好	55.0	54.5	88.0	97.0	
10	2020级2班	姜小郭	72.0	64.0	56.0	60.0	
11	2020级2班	柯北	51.0	50.0	92.5	74.0	
12	2020级2班	唐一明	85.0	69.0	53.0	72.0	
13	2020级2班	张三	84.0	58.0	50.0	92.0	
14	小计						
15	2020级3班	顾佳佳	85.0	62.0	68.0	97.0	
16	2020级3班	林有有	88.0	77.0	53.0	80.0	
17	2020级3班	王漫妮	97.0	82.0	89.0	81.0	
18	2020级3班	梁爽	97.0	78.0	51.0	92.0	
19	2020级3班	姜小果	67.0	77.0	92.0	65.0	
20	小计						

分别求和区域

知识扩展

关于快速求和的说明

(1) Alt+=为求和快捷键，在某些笔记本电脑中的快捷键须加按Fn键。如果拍、砸、打、骂电脑，还是无法使用快捷键，可在【公式】选项卡下，找到【自动求和】Σ下拉按钮。

(2)点开【自动求和】，还可以计算平均值、计数、最大值、最小值等。

(3)横向、纵向均可求和。

(4)有时默认的求和区域不一定正确，可手动框选更改计算区域。

11.2.2 多表汇总求和（视频：135）

有一种类型的表格每隔一段时间要被重复使用，例如，月度销售表，一季度3张表，一年12张表。右图所示的是某公司月度销售表，一个季度就有3张工作表 1月 | 2月 | 3月，同一张表格里求和用SUM函数，那数据分布到3个工作表里面，如何快速求和呢？

	A	B	C	D	E
1	全村希望有限公司1月份销售汇总表				
2	统计：销售部				单位：万元
3	地区	西瓜	黄桃	猕猴桃	荔枝
4	上海	130.62	133.59	103	75.29
5	北京	57.72	102.67	149.49	146.35
6	天津	78.37	101.02	80.09	78.54
7	重庆	93.18	83.28	54.02	106.29
8	河北	147.35	97.01	93.68	129.11
9	山西	66.22	83.29	54.74	76.92
10	辽宁	134.76	63.82	118.53	134.86
11	吉林	117.88	128.96	51.57	54.92
12	黑龙江	140.36	106.8	67.14	105.03
13	江苏	132.77	150.12	118.01	131.3
14	浙江	61	55.77	59.79	63.61
15	安徽	126.9	148.76	65.21	119.29
16	福建	81.61	114.48	118.36	145.84
17	江西	100.21	65.37	132.19	138.14
18	山东	105.85	79.36	71.69	113.89
19	河南	132.85	99.4	87.35	139.13
20	湖北	106.35	146.62	103.36	92.25
21	湖南	108.65	112.92	109.95	52.92
22	广东	138.64	62.73	84.42	89.95
23	海南	138.29	71.62	91.99	130.01
24	四川	67.85	128.37	95.79	76.11

依然是用SUM函数，它也可以执行跨表求和操作，具体操作方法见视频。

SUM函数作为使用频率最高的函数之一，用好它不会让你失望。

11.2.3 一个函数搞定条件求和

SUM函数的功能虽然很全面，可惜还是无法搞定所有的求和操作。例如，下图是某公司不同月份不同产品的销售汇总，需分别按照以下不同的条件求和，此时SUM函数就无法胜任了。

每种产品的销售总额分别是多少元？

3月份热水器卖了多少元？

大于20台的冰箱订单有多少？

	A	B	C	D	E
1	日期	产品	销量/台	单价/元	合计
2	2019/2/25	空调	18	¥1,666.00	¥29,988.00
3	2019/2/1	热水器	25	¥999.00	¥24,975.00
4	2019/2/3	空调	33	¥1,666.00	¥54,978.00
5	2019/2/11	冰箱	12	¥3,499.00	¥41,988.00
6	2019/2/17	热水器	39	¥3,999.00	¥155,961.00
7	2019/3/24	变频空调	60	¥2,666.00	¥159,960.00
8	2019/3/3	冰箱	23	¥3,499.00	¥80,477.00
9	2019/3/5	热水器	39	¥999.00	¥38,961.00

下面要请出SUM函数的“PLUS版本”SUMIF函数和“群攻”版本SUMIFS函数，不要被它们的名字吓到，看起来很唬人，其实很好懂。

【函数解析】

可以把SUMIF看作SUM（求和）+IF（如果），合起来就是“有条件的求和”，它的参数如下：

fx SUMIF包含3个参数（**条件区域，条件，[求和区域]**）

fx SUMIFS包含多个参数（**求和区域，条件区域1，条件1，条件区域2，条件2，……**）

两个函数的参数差不多，需要注意的是，SUMIF的“求和区域”是放在最后的，而SUMIFS的则置于开头；理论上，SUMIFS函数完全可以取代SUMIF函数，只需要将对应参数一一输入即可，函数书写步骤参见视频。（视频：136）

高手之路

求和函数家族中还有一个隐藏的高手——SUMPRODUCT函数，对乘积求和、条件求和任务都可以胜任，多条件求和（这是要跟SUMIFS“抢饭碗”的节奏）参数的格式如下：

fx SUMPRODUCT（**条件1*条件2*……*条件n*求和区域**）

大家可以试着用SUMPRODUCT将上一小节中的多条件求和计算出来。（视频：137）

11.3 快速判定分数和绩效等级

“众里寻他千百度，不如好好学函数”，函数的书写是一个逻辑推理的过程。首先分析表格需求，将需求转化成函数的逻辑语言，再选取合适的函数写出公式。举一个简单的例子：右图所示的这张表的需求是评定分数等级，总分大于60分为及格，小于60分为不及格，这是评定的逻辑，在表格组件中常用“逻辑函数”来完成这种评定。

天天不上班技术有限公司6月绩效统计

姓名	业绩/25	能力/25	素质/25	态度/25	总分/100	评价
李六海	20	15	17	17	69	
孙漂亮	11	11	13	12	47	
郭富华	16	23	17	24	80	
李天马	18	24	15	14	71	
刘荣普	12	15	21	25	73	
周巡	25	18	23	19	85	
赵良好	24	16	12	13	65	
姜小郭	15	10	13	25	63	
柯北	24	25	24	23	96	
唐一明	15	21	20	15	71	
张三	21	20	15	16	72	
大毛	17	17	22	18	74	
海宝	20	20	11	15	66	
汪龙	13	23	25	14	75	

11.3.1 基础逻辑函数

逻辑函数是常用的函数类型之一，使用频率较高的逻辑函数有IF、AND、OR，它们既可以单独完成逻辑判断，也可以嵌套使用，以解决更复杂的情况。

1. IF函数

【函数解析】

IF函数常用于逻辑分析，并返回指定的结果。例如，判定等级、判断对错、返回不同的奖金额度等。它的参数如下：

fx IF(条件/逻辑, 成立返回参数2, 不成立返回参数3)

在上图所示的示例中，如果用IF来评定是否及格，函数公式可以有以下两种写法：

```
=IF(G5>=60,"及格","不及格")
```

```
=IF(G5<60,"不及格","及格")
```

第一种写法的意思是“判定G5单元格中的分数是否大于或等于60分（参数1），如果满足前面这个条件则返回结果“及格”（参数2），如果不满足则返回结果“不及格”（参数3）”。函数书写后直接下拉填充柄，结果如右图所示。

H5　=IF(G5>=60,"及格","不及格")

天天不上班技术有限公司6月绩效统计

姓名	业绩/25	能力/25	素质/25	态度/25	总分/100	评价
李六海	20	15	17	17	69	及格
孙漂亮	11	11	13	12	47	不及格
郭富华	16	23	17	24	80	及格
李天马	18	24	15	14	71	及格
刘荣普	12	15	21	25	73	及格
周巡	25	18	23	19	85	及格
赵良好	24	16	12	13	65	及格
姜小郭	15	10	13	25	63	及格
柯北	24	25	24	23	96	及格
唐一明	15	21	20	15	71	及格
张三	21	20	15	16	72	及格
大毛	17	17	22	18	74	及格
海宝	20	20	11	15	66	及格
注龙	13	23	25	14	75	及格

需要注意的是，第2个和第3个参数如果是文本，须用英文的双引号括起来，如返回空值，可以只输入双引号。

此外，第二种写法只是换了一种逻辑，判定的结果是一样的，所以在使用IF函数时，先设立逻辑，然后对照参数，一步步输入即可。

2. AND、OR函数

接下来换一种逻辑，要求绩效表中“总分在60分到90分之间的显示为良好，其余的不显示”，肯定有人想，这不太简单了，输入 `=IF(60<=G5<90,"良好","")`，然后填充，结果真是这样吗？试一下就会发现无论什么分数，用上述公式返回的结果都是“空”。

为什么会出现这种情况呢？其实这涉及运算符的优先顺序，详见11.1.1节中的知识扩展。上述公式中的比较运算符“<=”和“<”的运算级别是一样的，所以先计算“60<=G5”，此时的结果是TRUE，接下来计算“TRUE<90”，软件默认“文本>数字”，所以判定结果是FALSE，然后返回“假值”即第3个参数，结果自然全都是“空”。

H5　=IF(AND(60<=G5,G5<90),"良好","")

天天不上班技术有限公司6月绩效统计

姓名	业绩/25	能力/25	素质/25	态度/25	总分/100	评价
李六海	20	15	17	17	69	良好
孙漂亮	11	11	13	12	47	
郭富华	16	23	17	24	80	良好
李天马	18	24	15	14	71	良好
刘荣普	12	15	21	25	73	良好
周巡	25	18	23	19	85	良好
赵良好	24	16	12	13	65	良好
姜小郭	15	10	13	25	63	良好
柯北	24	25	24	23	96	
唐一明	15	21	20	15	71	良好
张三	21	20	15	16	72	良好
大毛	17	17	22	18	74	良好
海宝	20	20	11	15	66	良好
注龙	13	23	25	14	75	良好

正确的书写方式应当是：`=IF(AND(60<=G5,G5<90),"良好","")`。

当公式判定的返回结果如上图所示时，这才是正确的。

【函数解析】

当多个条件同时成立的时候，需要用“AND”函数进行连接，它表示“与”的逻辑关系。AND函数包含1到多个参数，每个参数代表一个逻辑，当满足所有参数时，返回TRUE；只要有一个不满足，就返回FALSE。

fx AND（逻辑1，逻辑2，……）

逻辑函数家族中还有一个“OR”函数，它表示“或”的逻辑关系。它同样包含1到多个参数，每个参数代表一个逻辑。与AND函数不同的是，只要满足其中一个参数，就可返回TRUE；在所有参数都不满足的情况下，才返回FALSE。

fx OR（逻辑1，逻辑2，逻辑3……）

例如，将要求改为：绩效表的四个单项分数任一项<15，显示为“不合格”，此时的函数如下：`=IF(OR(C5<15, D5<15, E5<15, F5<15), "不合格","")`，以上就是基础逻辑函数三兄弟IF、AND、OR的讲解，详细的函数操作可观看视频。（视频：138）

11.3.2 多重逻辑神器：IFS

IF函数最大的特点就是可以多重嵌套，可以嵌套很多重，多到什么程度呢？请看下图，是不是有了放弃学函数的想法？

```
=IF(OR(F5="高级时尚顾问",F5="中级时尚顾问",F5="初级时尚顾问",F5="实习时尚顾问"),IF(W5<80%,V5*1.5%,IF(W5<85%,V5*1.8%,IF(W5<90%,V5*1.9%,IF(
W5<95%,V5*2%,IF(W5<100%,V5*2.2%,IF(W5<105%,V5*2.5%,IF(W5<110%,V5*2.7%,IF(W5<120%,V5*3%,IF(W5>=120%,V5*3.6%))))))))),IF(AND(B5="A",F5="
高级店长"),IF(W5<80%,V5*0.47%*P5/O5,IF(W5<85%,V5*0.61%*P5/O5,IF(W5<90%,V5*0.62%*P5/O5,IF(W5<95%,V5*0.64%*P5/O5,IF(W5<100%,V5*0.66%*P5/
O5,IF(W5<105%,V5*0.68%*P5/O5,IF(W5<110%,V5*0.69%*P5/O5,IF(W5<120%,V5*0.76%*P5/O5,IF(W5>=120%,V5*0.82%*P5/O5))))))))),IF(AND(B5="A",F5=
"中级店长"),IF(W5<80%,V5*0.46%*P5/O5,IF(W5<85%,V5*0.6%*P5/O5,IF(W5<90%,V5*0.61%*P5/O5,IF(W5<95%,V5*0.63%*P5/O5,IF(W5<100%,V5*0.65%*P5/
O5,IF(W5<105%,V5*0.67%*P5/O5,IF(W5<110%,V5*0.68%*P5/O5,IF(W5<120%,V5*0.74%*P5/O5,IF(W5>=120%,V5*0.8%*P5/O5))))))))),IF(AND(B5="A",F5="
初级店长"),IF(W5<80%,V5*0.45%*P5/O5,IF(W5<85%,V5*0.59%*P5/O5,IF(W5<90%,V5*0.6%*P5/O5,IF(W5<95%,V5*0.62%*P5/O5,IF(W5<100%,V5*0.64%*P5/
O5,IF(W5<105%,V5*0.66%*P5/O5,IF(W5<110%,V5*0.67%*P5/O5,IF(W5<120%,V5*0.72%*P5/O5,IF(W5>=120%,V5*0.78%*P5/O5))))))))),IF(AND(B5="A",F5=
"副店"),IF(W5<80%,V5*0.36%*P5/O5,IF(W5<85%,V5*0.47%*P5/O5,IF(W5<90%,V5*0.48%*P5/O5,IF(W5<95%,V5*0.49%*P5/O5,IF(W5<100%,V5*0.5%*P5/O5,
IF(W5<105%,V5*0.53%*P5/O5,IF(W5<110%,V5*0.55%*P5/O5,IF(W5<120%,V5*0.58%*P5/O5,IF(W5>=120%,V5*0.63%*P5/O5))))))))),IF(AND(B5="B",F5="高
级店长"),IF(W5<80%,V5*0.5%*P5/O5,IF(W5<85%,V5*0.8%*P5/O5,IF(W5<90%,V5*0.83%*P5/O5,IF(W5<95%,V5*0.86%*P5/O5,IF(W5<100%,V5*0.88%*P5/O5,
IF(W5<105%,V5*1.08%*P5/O5,IF(W5<110%,V5*1.1%*P5/O5,IF(W5<120%,V5*1.22%*P5/O5,IF(W5>=120%,V5*1.32%*P5/O5))))))))),IF(AND(B5="B",F5="中
级店长"),IF(W5<80%,V5*0.49%*P5/O5,IF(W5<85%,V5*0.79%*P5/O5,IF(W5<90%,V5*0.81%*P5/O5,IF(W5<95%,V5*0.85%*P5/O5,IF(W5<100%,V5*0.87%*P5/
O5,IF(W5<105%,V5*1.05%*P5/O5,IF(W5<110%,V5*1.08%*P5/O5,IF(W5<120%,V5*1.18%*P5/O5,IF(W5>=120%,V5*1.3%*P5/O5))))))))),IF(AND(B5="B",F5="
初级店长"),IF(W5<80%,V5*0.48%*P5/O5,IF(W5<85%,V5*0.78%*P5/O5,IF(W5<90%,V5*0.8%*P5/O5,IF(W5<95%,V5*0.84%*P5/O5,IF(W5<100%,V5*0.86%*P5/
O5,IF(W5<105%,V5*1%*P5/O5,IF(W5<110%,V5*1.05%*P5/O5,IF(W5<120%,V5*1.15%*P5/O5,IF(W5>=120%,V5*1.28%*P5/O5))))))))),IF(AND(B5="B",F5="副
店"),IF(W5<80%,V5*0.32%*P5/O5,IF(W5<85%,V5*0.42%*P5/O5,IF(W5<90%,V5*0.45%*P5/O5,IF(W5<95%,V5*0.47%*P5/O5,IF(W5<100%,V5*0.5%*P5/O5,IF(
W5<105%,V5*0.65%*P5/O5,IF(W5<110%,V5*0.67%*P5/O5,IF(W5<120%,V5*0.75%*P5/O5,IF(W5>=120%,V5*0.88%*P5/O5))))))))),IF(AND(B5="C",F5="高级
店长"),IF(W5<80%,V5*0.7%*P5/O5,IF(W5<85%,V5*0.96%*P5/O5,IF(W5<90%,V5*1%*P5/O5,IF(W5<95%,V5*1.02%*P5/O5,IF(W5<100%,V5*1.05%*P5/O5,IF(
W5<105%,V5*1.24%*P5/O5,IF(W5<110%,V5*1.26%*P5/O5,IF(W5<120%,V5*1.41%*P5/O5,IF(W5>=120%,V5*1.51%*P5/O5))))))))),IF(AND(B5="C",F5="中级
店长"),IF(W5<80%,V5*0.68%*P5/O5,IF(W5<85%,V5*0.94%*P5/O5,IF(W5<90%,V5*0.98%*P5/O5,IF(W5<95%,V5*1.01%*P5/O5,IF(W5<100%,V5*1.03%*P5/O5,
IF(W5<105%,V5*1.23%*P5/O5,IF(W5<110%,V5*1.25%*P5/O5,IF(W5<120%,V5*1.4%*P5/O5,IF(W5>=120%,V5*1.5%*P5/O5))))))))),IF(AND(B5="C",F5="初级
店长"),IF(W5<80%,V5*0.67%*P5/O5,IF(W5<85%,V5*0.92%*P5/O5,IF(W5<90%,V5*0.97%*P5/O5,IF(W5<95%,V5*1%*P5/O5,IF(W5<100%,V5*1.02%*P5/O5,IF(
W5<105%,V5*1.22%*P5/O5,IF(W5<110%,V5*1.24%*P5/O5,IF(W5<120%,V5*1.38%*P5/O5,IF(W5>=120%,V5*1.48%*P5/O5))))))))),IF(AND(B5="C",F5="副店
"),IF(W5<80%,V5*0.49%*P5/O5,IF(W5<85%,V5*0.7%*P5/O5,IF(W5<90%,V5*0.75%*P5/O5,IF(W5<95%,V5*0.79%*P5/O5,IF(W5<100%,V5*0.82%*P5/O5,IF(W5<
105%,V5*1%*P5/O5,IF(W5<110%,V5*1.03%*P5/O5,IF(W5<120%,V5*1.16%*P5/O5,IF(W5>=120%,V5*1.25%*P5/O5))))))))),0)))))))))))))
```

不过本人并不提倡这种做法，太长的函数不仅写起来麻烦且出错率高，使用时还容易卡顿造成软件崩溃，一无是处。

嵌套函数虽然常用，不过一般都是几重而已。例如，按照右图所示的奖金等级表给绩效表中的员工对应发放奖金，就需要用多重IF嵌套。

分数	奖金	等级
>=90	5000	骨干
80(含）~90	2500	精英
70(含）~80	1500	人才
60(含）~70	1000	加油
<60	0	需努力

具体函数如下：`=IF(G5>=90,5000,IF(G5>=80,2500,IF(G5>=70,1500,IF(G5>=60,1000,0))))`，5个奖金等级用到了4个IF函数，不过就算只有4重，看起来也有点晕，有没有更简单的方法呢?

【函数解析】

下面就有请多重逻辑神器：IFS函数，虽然只是在IF后面多加了一个字母，多重嵌套却是两种完全不同的体验。IFS的参数如下：

fx IFS（逻辑1，真值返回1，逻辑2，真值返回2，……，逻辑127，真值返回127）

IFS函数的好处在于一个逻辑对应一个返回值，减少了IF函数两个返回值的弯弯绕绕。嵌套起来逻辑清爽易理解，书写不易出错。关于函数的具体操作，请详见视频。（视频：139）

11.4 日期时间不糊涂

在10.1节介绍的数据格式的奥秘中，我们提到了合同到期提醒（TODAY）、工龄周岁计算（DATEDIF）、日期组合推算（DATE）等常见问题，工作中与日期、时间相关的函数计算还有很多，例如，工作日计算、时间换算等，下面一起来看看如何搞定这两种情况。

11.4.1 工作日的计算

如右图，这张项目工期表记录了不同项目的开工和完工时间，现需要计算每个项目所用的工作日天数。正常的日期间隔用两个日期相减就可以得到，可是公司是有周末和法定节假日的，直接相减并不适合这种情况，此外，每个项目的时间长短不固定，要扣除的节假日天数也不固定，感觉难度不小，但其实就是一个函数的事儿！

	A	B	C
1	项目名	开工日期	完工日期
2	项目1	2019/03/18	2019/04/21
3	项目2	2019/04/24	2019/12/13
4	项目3	2019/09/29	2020/02/02
5	项目4	2019/07/17	2020/08/14
6	项目5	2019/08/08	2020/06/20
7	项目6	2019/08/11	2020/08/16
8	项目7	2019/09/09	2019/11/09
9	项目8	2019/09/12	2020/07/25
10	项目9	2019/10/05	2020/06/27
11	项目10	2019/10/24	2020/08/22

【函数解析】

智能计算工作日可以用NETWORKDAYS这个函数，看名字就知道它与工作日有关。它不仅可以自动扣除周六、周日，还可设置扣除元旦、国庆这样的节假日，其参数如下：

fx NETWORKDAYS（**起始日期,结束日期,[假期]**）

前两个参数容易理解，在运用第三个参数时，要先列出该时间段内所有可能的节假日。例如，在刚才的项目工期表中，最早的日期是2019/3/18，最晚的日期是2020/8/22，可以把该时间段内所有的法定节假日都列出来，如右图所示。

节假日	
2019-01-01	元旦
2019-02-04	春节
2019-02-05	春节
2019-02-06	春节
2019-04-05	清明
2019-05-01	劳动节
……	

接下来输入以下函数，往下拖曳填充，瞬间可得到结果：

```
=NETWORKDAYS(B2,C2,$G$2:$G$23)
```

在实际工作中，可能还会出现一些意外情况，例如，某些企业是“单休”模式，此时该如何计算呢？容我祭出工作日计算的超必杀技：NETWORKDAYS.INTL 函数。

【函数解析】

fx NETWORKDAYS.INTL（**起始日期，结束日期，放假模式，节假日**）

对比NETWORKDAYS函数，多了第三个参数“放假模式”，什么是放假模式呢，来看下表。

参数	放假模式
1或省略	星期六、星期日
2	星期日、星期一
3	星期一、星期二
4	星期二、星期三
5	星期三、星期四
6	星期四、星期五
7	星期五、星期六

参数	放假模式
11	仅星期日
12	仅星期一
13	仅星期二
14	仅星期三
15	仅星期四
16	仅星期五
17	仅星期六

数字1-7分别代表不同的一周双休模式，11-17分别代表不同的一周单休模式。

原来设计者早就帮我们考虑好了，例如，周日单休，第三个参数输入“11”即可，完整的函数如下：`=NETWORKDAYS.INTL(B2,C2,11, $G$2:$G$23)`。

关于工作日函数的使用可参考教学视频。（视频：140）

知识扩展

除了固定的1-7和11-17参数，NETWORKDAYS.INTL函数还可自定义参数，这样才能支持更多的变化。

自定义参数的长度为7个字符，分别代表周一到周日，这7个字符只由0和1两个数字组成，1表示非工作日（休息），0表示工作日。例如，“0000111”代表周五到周日休息，“1100000”代表周一周二休息，输入自定义参数时记得加上引号。

11.4.2 HR的福音：考勤计算

考勤是公司人事部门的主要工作之一，目前大多数公司都配备有自动打卡机，最早的是纸质打卡机，目前使用较广泛的是指纹打卡机，还有脸部识别打卡机，还有的公司可能……应该是不用打卡吧。比如我所在的公司，好吧，停止这种“拉仇恨”行为。

大部分公司的考勤机只负责记录数据，自身并不能判断员工是否迟到、早退、缺勤。常用的做法是从打卡机中将数据导出到表格，再进行统计分析。

例如，2012年的时候，我在某医药企业上班，每天上下午分别打卡两次。上午8:00~12:00，下午14:00~17:00，所以考勤系统一天会导出4个时间数据，也就是4列数据，如下图所示是该公司3天的打卡记录。

	A	B	C	D	E	F
1	姓名	打卡日期	上午上班	上午下班	下午上班	下午下班
2	李六海	2019/1/1	8:01	12:01	13:55	17:03
3	孙溧亮	2019/1/1	7:55	12:03	13:51	16:55
4	郭富华	2019/1/1	7:40		14:00	17:10
5	李天马	2019/1/1	8:05	12:00	14:03	17:14
6	刘荣普	2019/1/1	8:00	12:05	14:00	17:00
7	周巡	2019/1/1	7:51	11:30		17:07
8	赵良好	2019/1/1		12:00	13:52	17:08
9	李六海	2019/1/2	7:53	11:58	13:53	17:18
10	孙溧亮	2019/1/2	7:58	12:07	13:56	17:00
11	郭富华	2019/1/2	7:59	12:08		17:04
12	李天马	2019/1/2	8:00	12:09	13:41	17:00
13	刘荣普	2019/1/2	7:53	12:00	14:00	
14	周巡	2019/1/2	7:59	12:10	13:54	16:43
15	赵良好	2019/1/2		12:00	14:00	17:00
16	李六海	2019/1/3	7:43	11:03	13:55	17:04
17	孙溧亮	2019/1/3	8:00		13:59	17:00

观察表格，分析考勤记录有以下几个特征：

❶ 一般统计迟到、早退、未打卡这几个数据，未打卡的单元格为空。

❷ 迟到的上午打卡时间>8:00，下午打卡时间>14:00。

❸ 早退的上午打卡时间<12:00，下午打卡时间<17:00。

统计的思路如下：

(1) 在表格右侧新增辅助列分别判断上下午的考勤情况，上下班分开统计，采用IFS函数进行判断，如下图所示。(2) 新建一张汇总表格，用SUMPRODUCT函数汇总迟到、早退、未打卡单项考勤，详情可参看视频。（视频：141）

	A	B	C	D	E	F	G	H	I	J
1	姓名	打卡日期	上午上班	上午下班	下午上班	下午下班	上午考勤		下午考勤	
2	李六海	2019/1/1	8:01	12:01	13:55	17:03	迟到			
3	孙溧亮	2019/1/1	7:55	12:03	13:51	16:55				早退
4	郭富华	2019/1/1	7:40		14:00	17:10		未打卡		
5	李天马	2019/1/1	8:05	12:00	14:03	17:14	迟到		迟到	
6	刘荣普	2019/1/1	8:00	12:05	14:00	17:00				
7	周巡	2019/1/1	7:51	11:30		17:07		早退	未打卡	

11.5 数据文本随心提取

不知道大家还记不记得10.2节中利用智能填充提取文本和数字，其实有一类函数专门从事“提取字符”的工作，它们就是文本函数。如右图所示，表中的岗位编号和名称被放在了同一列中，利用常见的文本函数LEFT、MID和RIGHT就可以将号码和文字分别提取出来。

	A	B	C
1	岗位信息	编号	岗位
2	01000视频部	01000	视频部
3	01002视频部内勤		
4	01005视频部采购		
5	01008视频部设计师		
6	01002视频部设计副总监		
7	01001视频部设计总监		
8	02000运营部		
9	02008运营部内勤		
10	02006运营部策划		
11	02003运营部培训师		

11.5.1 LEFT、MID、RIGHT函数

【函数解析】

首先来看一下这3个函数的参数：

fx LEFT（字符串，[字符个数]）

fx RIGHT（字符串，[字符个数]）

fx MID（字符串，开始位置，字符个数）

LEFT和RIGHT函数，顾名思义，它们的作用分别是从左边和右边开始提取字符，根据参数2提取字符个数，如果省略参数2，默认提取1个字符。MID函数的作用是从中间指定位置开始提取指定长度的字符。

观察上图，左侧的编号都是5位数，可用函数 =LEFT(A2,5) 将编号提取出来；从第6位开始，之后是岗位名称，可以使用MID函数从第6位开始提取。岗位名称的字符个数不一样怎么办呢？没有关系，直接输入一个比较大的数字，例如，=MID(A2,6,100)，表示将第6位之后的100位都提取出来。

知识扩展

RIGHT函数再加上LEN函数辅助也可以从右边将“岗位编号”提出来，具体操作可观看视频。（视频：142）

11.5.2 截取任意长度的数据

上页表中的数据长度有一定的规律，所以是比较好截取的。

如果像右图一样，员工的姓名和邮箱地址都挤在一起，且姓名和邮箱地址都没有固定长度，此时用文本函数该如何提取呢？

	A	B	C
1	员工信息	姓名	邮箱
2	李六条878894969@qq.com		
3	孙漂亮865304309@qq.com		
4	郭富县566875735@qq.com		
5	李乐244046017@qq.com		
6	刘一普306654817@qq.com		
7	欧阳高风195653941@qq.com		
8	周巡833591902@qq.com		
9	赵良好621275535@qq.com		
10	姜小郭87410177@qq.com		
11	柯北883413658@qq.com		
12	唐四55864551@qq.com		

【函数解析】

这里再介绍一个文本函数LENB，它与之前的LEN函数有所区别，掌握这个区别是解题的关键。这两个函数都用于提取字符串长度：

- LEN提取的是字符长度，1个中文、英文、数字都只占1个字符。
- LENB提取的是字节长度，1个英文或数字只占1字节，**1个中文占2字节**。

“字符”和“字节”一字之差，它们最大的差别就是中文字符所占的长度不同。现在咱们来做一道数学题，在上图中，假设姓名（中文）的字符长度是m，那其字节长度则为$2m$，剩余的邮箱地址所占的字符或者字节是一样的，假设为n。

- LEN函数的提取结果是：总长度$=m+n$。
- LENB函数的提取结果是：总长度$=2m+n$。

两者相减得到的即为中文字符的长度，只要中文字符的长度求出来了，其他的就都好办了，详细的函数公式请参看视频。（视频：143）

11.5.3 一个函数搞定格式转换

文本函数指的是与文本处理有关的函数，它不仅能提取数据，合并文本、去除空格、转换格式等都是手到擒来，下面介绍另一个使用频率较高的文本函数TEXT。

【函数解析】

在众多的函数里，TEXT 函数被称作万能函数，它只有两个参数：

fx TEXT（值，格式代码）

通俗地说，它的作用就是将数据转化为各种格式，经 TEXT 函数转化后得到的数据都是文本。它的用法和看起来一样简单，只要掌握了格式代码，就掌握了 TEXT 函数，格式代码在之前的章节中有详细的介绍。

1. 将数值转换为文本

如右图所示，输入 =TEXT(A2,"@")，下拉填充柄，“@”是文本占位符。这个函数的作用相当于把“单元格格式”设置为文本。需要注意的是，第二个参数是文本，通常要用英文的双引号引起来。

	A	B	C
1	数值	函数	文本
2	123.00	=TEXT(A2,"@")	123
3	456.00		456
4	789.00		789

2. 转换日期时间格式

只要熟悉日期代码（y/m/d）和时间代码（h/m/s），这种转换就毫无压力了。通过下表来看看都有哪些常用的日期时间转换，顺便再复习一下代码。

单元格	原数值	函数	转换后
A2	2030/1/1	=TEXT(A2,"yyyy-m-d")	2030-1-1
A3	2030/1/1	=TEXT(A3,"yyyy/mm/dd")	2030/01/01
A4	2030/1/1	=TEXT(A4,"yyyy-mm-dd")	2030-01-01
A5	2030/1/1	=TEXT(A5,"yyyy年m月d日")	2030年1月1日
A6	2030/1/1	=TEXT(A6,"mmmm")	January
A7	2030/1/1	=TEXT(A7,"mmm")	Jan
A8	2030/1/1	=TEXT(A8,"dddd")	Tuesday
A9	2030/1/1	=TEXT(A9,"ddd")	Tue
A10	2030/1/1	=TEXT(A10,"aaaa")	星期二
A11	2030/1/1	=TEXT(A11,"aaa")	二
A12	12:34:56	=TEXT(A12,"h时mm分")	12时34分
A13	12:34:56	=TEXT(A13,"mm分ss秒")	34分56秒

3. 提取出生日期

下图中包含员工身份证信息，现需要从中提取出生日期（从第7位开始往后8位是出生日期）。利用MID函数或者智能填充可将这8位数字提取出来，例如，第一位员工的出生日期是“19950528”。使用MID函数提取的不足之处是：提取的数据是文本格式，而且这种日期格式也不规范，而利用TEXT函数可以一步到位地提取出生日期。输入函数 =--TEXT(MID(B2,7,8),"0000-00-00")，详细介绍请参照视频教程。（视频：144）

	A	B	C	D
1	姓名	身份证号码	性别	出生日期
2	李六条	******199505281771	男	1995/5/28
3	孙漂亮	******199303288401	女	
4	郭富县	******199412219123	女	
5	李乐	******199107088051	男	
6	刘一普	******199601228071	男	
7	欧阳高风	******199602105858	男	
8	周巡	******199605125454	男	

文本函数的提取功能与智能填充有很多相似之处，智能填充使用起来简单方便、一步到位，文本函数看似可以被智能填充取代，但通过上一个案例我们发现，函数的优势在于可以嵌套使用，因而可解决一些更复杂的问题。如果用智能填充提取出生日期，要通过多步才能实现，而且增加新员工数据时，需要重复操作；而使用TEXT和MID函数嵌套，可以一步完成，增加新员工数据时只需下拉填充公式即可，效率明显更高。所以文本函数的存在绝对不是多余的，使用何种功能应当根据实际情况来选择。

11.6 千行数据快速匹配

每一个领域都有一些“逆天”的存在，比如，金庸武侠小说中的独孤求败、扫地僧，比如跳水界的郭晶晶，又比如篮球界的乔丹等。对于普通人来说，他们只活在媒体新闻中，我们大都渴望与其相见却不得一见。在函数领域也有着这样的函数存在，它们能力强大，知名度高，但是跟明星不同的是，只要努力去学习，它们的强大力量就可以为我们所用。

很显然，VLOOKUP函数就属于其中之一，作为家喻户晓的查找匹配函数，很多初学者对它的威名如雷贯耳，许多人尝试要了解它，不过由于种种误会浅尝辄止，没能体会到它的绝世美好！呀，又跑题了……聊正事。

11.6.1 VLOOKUP详解

VLOOKUP函数包含四个参数：（查找值，数据表，列序数，匹配方式）。

一看到四个参数再加上几百行的表格，有人就开始打退堂鼓了。这样吧，先用一个最简单的模型来示范，保证你三分钟就能完全看懂。

首先来了解参数的含义和VLOOKUP使用的潜规则，以右图的表格为例，一起来看视频介绍。（视频：145）

A	B	C	D	E	F
表1			表2		
姓名	绩效		姓名	部门	绩效
张三			王五	设计部	60
李四			李四	行政部	70
王五			张三	市场部	80

学会了这两张简单表格的查找匹配，就算几百上千行的表格也同理可得，学好公式的用法，再多的数据都是纸老虎。

【函数解析】

fx VLOOKUP函数包含四个参数：（**查找值，数据表，列序数，匹配方式**）。

VLOOKUP函数的使用须记住以下4个要点：

① 查找区域（数据表）中的查找值唯一且在最左列。

② 绝对引用查找区域。

③ 两张表的数据格式要一致，数据中不能有多余的空格或其他特殊符号。

④ 没有对应的查找值会出现#NA。

11.6.2 快速匹配货名、单价

下面用一个长表格来检验一下。如下图所示，左侧表格是销售明细，有600多行，已录入日期、客户、编号、销量，缺少产品和单价；右侧是一张产品的标准价格表，编号、产品和单价都有，所以左侧表可利用“编号”作为查找值，来匹配产品和单价。

客户	编号	产品	单价	销量	销售额
洗刷刷连锁超市	CC40493			87	0
和善妈妈便民服务	CC37000			34	0
平底锅有限公司	CC32262			142	0
打工人食品有限公司	CC30356			143	0
洗刷刷连锁超市	CC30356			54	0
洗刷刷连锁超市	CC34301			142	0
洗刷刷连锁超市	CC55318			71	0
平底锅有限公司	CC30356			44	0
打工人食品有限公司	CC34301			130	0
洗刷刷连锁超市	CC37000			128	0
福满多便利店	CC40204			147	0
福满多便利店	CC34301			48	0
平底锅有限公司	CC52451			83	0
打工人食品有限公司	CC23750			44	0
和善妈妈便民服务	CC52877			121	0
和善妈妈便民服务	CC30356			147	0
和善妈妈便民服务	CC39477			132	0

编号	产品	单价
CC37000	吐司	56.0
CC30090	红豆	54.9
CC32262	乳酸菌	62.9
CC31442	奶酪	36.9
CC53487	三明治	34.0
CC40204	白吐司	38.9
CC52877	千层	49.9
CC55318	海绵	65.0
CC40493	戚风	55.0
CC30356	天使	69.9
CC23750	慕斯	44.9
CC34301	草莓	45.0
CC30330	巧克力	40.3
CC52451	芝士	64.9
CC22477	布丁	45.9
CC39477	无糖	62.7
CC32527	法式	73.8

用20秒输入两个函数就搞定了600行的数据匹配，效率惊人。除此之外，VLOOKUP函数还可以用来实现多条件的查找匹配，如下图所示。需根据“班级”“科目”两个条件进行查找，解决思路就是通过辅助列，将“多条件”转化为“单条件”，具体方法请观看视频。（视频：146）

	A	B	C	D	E	F	G
1	科目	班级	及格人数		科目	班级	及格人数
2	语文	一班	45		英语	二班	
3	数学	一班	44		数学	一班	
4	英语	一班	40		语文	三班	
5	语文	二班	58				
6	数学	二班	44				
7	英语	二班	47				
8	语文	三班	52				
9	数学	三班	58				
10	英语	三班	44				

11.6.3 根据身高快速匹配尺码

上面介绍的案例都采用的是精确匹配，何种情况下会用到模糊匹配呢？来看一个例子，如下图所示，要根据右侧的尺码表将每位学生的校服尺寸快速找出来。

	A	B	C	D
1	学号	姓名	身高/cm	尺码
2	203001212	唐一明	177	XXL
3	203001213	张 三	180	
4	203001214	顾佳佳	166	
5	203001215	林有有	175	
6	203001216	王漫妮	157	
7	203001217	梁 爽	170	
8	203001218	姜小果	172	
9	203001219	张大宝	146	
10	203001220	谢 邀	178	
11	203001221	吴雨寿	153	
12	203001222	陈工亦	156	
13	203001223	甄友善	192	
14	203001224	梅林海	156	
15	203001225	莫海蓝	140	
16	203001226	张楚岚	174	
17	203001227	冯宝宝	145	
18	203001228	江 莱	149	
19	203001229	周一墨	170	
20	203001230	李山雄	159	

F	G	H
尺码表		
140	140到149	M
150	150到159	L
160	160到169	XL
170	170到179	XXL
180	180到189	XXXL
190	190以上	XXXXL

因为每个尺码对应的身高都是一个区间，所以用身高进行匹配的时候是多对一的关系。例如，"170到179"对应的是一个尺码"XXL"，此时可采用"模糊匹配"，有两点需要注意：

① 在尺码表的左侧新增一个辅助列，填上每个尺码区间的下限数值，并从低到高排列，如右图所示。

② 函数的最后一个参数是"1"

F	G	H
尺码表		
140	140到149	M
150	150到159	L
160	160到169	XL
170	170到179	XXL
180	180到189	XXXL
190	190以上	XXXXL

在D2单元格中输入这个公式：`=VLOOKUP(C2,$F$2:$H$7,3,1)`，下拉填充柄即可瞬间匹配所有尺码。11.3节中介绍的用IFS来判定奖金的案例也可用VLOOKUP函数来完成，大家可以尝试一下。（视频：147）

高手之路

表格联动效果：利用VLOOKUP函数的查找匹配能力，还可以制作数据联动效果。例如，根据已有的员工信息总表（如下图）制作一张查询表。

	A	B	C	D	E	F	G	H
1	姓名	工号	入职日期	性别	部门	身份证号码	出生日期	年龄
2	江莱	XTG000016	2016/4/10	男	视频部	350524199605125454	1996/5/12	24
3	周一墨	XTG000030	2017/8/5	男	研发部	620502199706141261	1997/6/14	19
4	李山雄	XTG000023	2016/1/23	男	视频部	350301199601228071	1996/1/22	21
5	马东杰	XTG000025	2018/7/17	女	财务部	350322199103143155	1991/3/14	26
6	胡宇天	XTG000042	2016/10/28	男	培训部	350481199706078752	1997/6/7	20
7	刘子衿	XTG000046	2018/5/27	男	研发部	350524199511145454	1995/11/14	25
8	左一飞	XTG000060	2016/2/17	男	运营部	620502199502151207	1995/2/15	25
9	许多树	XTG000033	2018/4/7	男	视频部	350583199505280771	1995/5/28	22
10	马克	XTG000048	2019/10/20	男	运营部	350822199706236441	1997/6/23	20
11	唐一明	XTG000053	2019/12/21	男	培训部	350301199809188071	1998/9/18	22
12	张三	XTG000003	2019/7/14	男	财务部	350583198912030772	1989/12/3	31
13	顾佳佳	XTG000005	2017/11/19	女	研发部	350500199002202301	1990/2/20	30
14	林有有	XTG000017	2017/7/14	男	培训部	350121198709159123	1987/9/15	33
15	王漫妮	XTG000002	2018/1/26	男	研发部	622201199510300635	1995/10/30	25
16	梁爽	XTG000006	2019/8/30	女	视频部	350583198506154431	1985/6/15	35
17	姜小果	XTG000043	2019/10/12	男	培训部	350724199107088051	1991/7/8	29

要制作的查询表如右图所示。在表中，只要输入姓名，该员工关联的信息就会自动出现。（视频：148）

员工信息查询表			
姓名	胡宇天	工号：	XTG000042
部门	培训部	性别	男
年龄	20	入职日	2016-10-28
身份证	350481199706078752		

12 · 实战篇

数据分析和可视化呈现

透视数据的本质，挖掘数据背后的真相，本章介绍的是“数据透视表”。作为WPS表格处理组件中的“大数据”分析工具，上千行的数据在它的面前不过是小菜一碟。只需轻轻拖动鼠标，字段挪移穿插间，你所需的报表已跃然纸上；更有可视化数据展板，让数据所有细节高效呈现，一览无余。

海量分析好辛苦，
数据透视靠得住。
透过数据看本质，
把握规律掌大局。

12.1 数据透视表基础

数据透视表的便捷之处在于：使用简单的操作就可以全方位地进行分析，使用它就等于同时操控多个函数，创建一张数据透视表相当简单。

如右图所示，这是某机械公司3年的销售数据。具有这样海量数据的表格，如果使用函数或者数组公式会占用很大的资源，将导致运行缓慢和卡顿，所以简便、流畅的数据透视表就成了首选。

	A	B	C	D	E	F	G
1	日期	区域	订单号	型号	产品	销售量	销售额
283	2019/9/25	华东	CB2019062	XTG-YS16	空调压缩机	13	21190.00
284	2019/9/30	华南	CB2019075	XTG-YS16	空调压缩机	4	6520.00
285	2019/10/7	华中	CB2019043	XTG-YS16	空调压缩机	5	8150.00
286	2019/10/10	华南	CB2019051	XTG-JZ42	减震器	12	50400.00
287	2019/10/13	华南	CB2019080	XTG-JZ42	减震器	10	42000.00
288	2019/10/13	华北	CB2019034	XTG-YS16	空调压缩机	3	4890.00
289	2019/10/16	华中	CB2019057	XTG-YS16	空调压缩机	14	22820.00
290	2019/10/23	东南	CB2019097	XTG-JZ42	减震器	6	25200.00
291	2019/10/24	上海	CB2019019	XTG-YS16	空调压缩机	4	6520.00
292	2019/10/26	华东	CB2019009	XTG-JZ42	减震器	7	29400.00
293	2019/11/3	华南	CB2019103	XTG-JZ42	减震器	3	12600.00
294	2019/11/4	东南	CB2019029	XTG-YS16	空调压缩机	12	19560.00
295	2019/11/9	上海	CB2019047	XTG-JZ42	减震器	10	42000.00
296	2019/11/29	华中	CB2019011	XTG-YS16	空调压缩机	6	9780.00
297	2019/12/16	东北	CB2019099	XTG-JZ42	减震器	14	58800.00
298	2019/12/18	华东	CB2019040	XTG-JZ42	减震器	5	21000.00
299	2019/12/23	华南	CB2019074	XTG-YS16	空调压缩机	8	13040.00
300	2019/12/24	上海	CB2019079	XTG-YS16	空调压缩机	8	13040.00
301	2019/12/28	华中	CB2019083	XTG-LN04	冷凝器	5	2330.00
302	2019/12/29	华南	CB2019024	XTG-YS16	空调压缩机	11	17930.00
303	2019/12/29	华东	CB2019100	XTG-JZ42	减震器	7	29400.00

创建一张数据透视表很简单，具体步骤如下。

Step1：将鼠标光标定位于源数据表内任一单元格（也可选中表格区域）—【插入】选项卡—【数据透视表】。弹出的【创建数据透视表】对话框已默认输入了源表区域，一般不用做改动，单击【确定】即可，如下图所示。

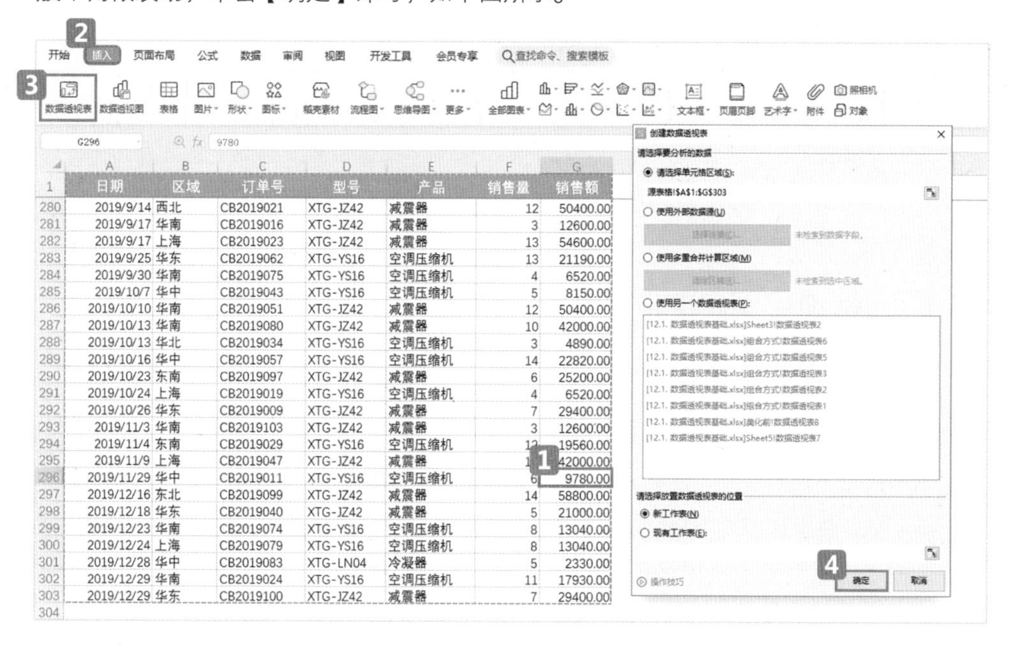

	日期	区域	订单号	型号	产品	销售量	销售额
280	2019/9/14	西北	CB2019021	XTG-JZ42	减震器	12	50400.00
281	2019/9/17	华南	CB2019016	XTG-JZ42	减震器	3	12600.00
282	2019/9/17	上海	CB2019023	XTG-JZ42	减震器	13	54600.00
283	2019/9/25	华东	CB2019062	XTG-YS16	空调压缩机	13	21190.00
284	2019/9/30	华南	CB2019075	XTG-YS16	空调压缩机	4	6520.00
285	2019/10/7	华中	CB2019043	XTG-YS16	空调压缩机	5	8150.00
286	2019/10/10	华南	CB2019051	XTG-JZ42	减震器	12	50400.00
287	2019/10/13	华南	CB2019080	XTG-JZ42	减震器	10	42000.00
288	2019/10/13	华北	CB2019034	XTG-YS16	空调压缩机	3	4890.00
289	2019/10/16	华中	CB2019057	XTG-YS16	空调压缩机	14	22820.00
290	2019/10/23	东南	CB2019097	XTG-JZ42	减震器	6	25200.00
291	2019/10/24	上海	CB2019019	XTG-YS16	空调压缩机	4	6520.00
292	2019/10/26	华东	CB2019009	XTG-JZ42	减震器	7	29400.00
293	2019/11/3	华南	CB2019103	XTG-JZ42	减震器	3	12600.00
294	2019/11/4	东南	CB2019029	XTG-YS16	空调压缩机	12	19560.00
295	2019/11/9	上海	CB2019047	XTG-JZ42	减震器	1[illegible]	42000.00
296	2019/11/29	华中	CB2019011	XTG-YS16	空调压缩机	6	9780.00
297	2019/12/16	东北	CB2019099	XTG-JZ42	减震器	14	58800.00
298	2019/12/18	华东	CB2019040	XTG-JZ42	减震器	5	21000.00
299	2019/12/23	华南	CB2019074	XTG-YS16	空调压缩机	8	13040.00
300	2019/12/24	上海	CB2019079	XTG-YS16	空调压缩机	8	13040.00
301	2019/12/28	华中	CB2019083	XTG-LN04	冷凝器	5	2330.00
302	2019/12/29	华南	CB2019024	XTG-YS16	空调压缩机	11	17930.00
303	2019/12/29	华东	CB2019100	XTG-JZ42	减震器	7	29400.00

Step2：此时生成一张新的工作表，这张工作表的左侧是空白的数据透视表，右侧则是数据透视表字段列表和数据透视表区域，如下图所示。

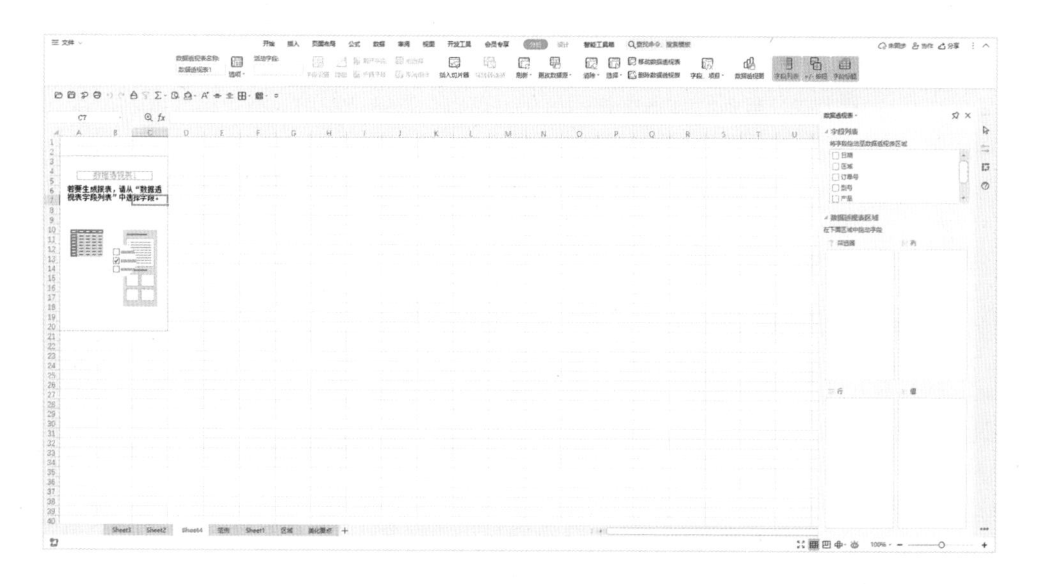

数据透视表虽然简单，使用时源表格也应当符合一些规范。

标题字段必须完整

缺少标题行或者某个字段的标题都会导致数据透视表出现错误。例如，缺少“日期”标题，创建的数据透视表会将源表中的第2行作为表格的字段标题，显然是不正确的。

表格格式规范

第9章中介绍的科学做表的四大规范，就是为数据透视表做统计分析准备的。源表格中如果有合并的单元格、文本型的数字（无法参与计算）、不规范的日期（无法使用筛选排序）等，都应先设置成正确的格式，再创建数据透视表。

12.1.1 透视表字段面面观

数据透视表的右侧是字段列表，将不同的字段拖入下面的四个区域（筛选器、行、列、值），就可得到不同的分析结果。例如，勾选“产品”、“型号”和“销售额”，它们就分别进入了“行区域”和“值区域”，左侧就相应生成了产品型号的销售报表，如右图所示。相当于点两下鼠标就完成了一个SUMIFS函数，既简单又高效。

产品	型号	求和项:销售额
⊟减震器		**3704340**
	XTG-JZ32	1007940
	XTG-JZ42	2696400
⊟空调压缩机		**1367203**
	XTG-YS15	260433
	XTG-YS16	1106770
⊟冷凝器		**473921**
	XTG-LN04	182672
	XTG-LN06	291249
总计		**5545464**

使用数据透视表，最关键的就是“字段列表”的使用，而下方四个区域则是关键中的关键，每个区域有其各自的特点。（视频：149）

1. 行、列区域：用于罗列不重复的信息，可以加入多个字段。行、列区域中要注意字段顺序，在排列时，大一级的字段优先放在上面，整个数据会清楚一些。

2. 值区域：不仅可以进行汇总，还可以进行其他统计，字段可以重复；可以修改值的显示方式，双击可查数据明细。

3. 筛选器：类似于筛选功能，统领全部的筛选分析。

从关系上来说，行、列、值三个区域是并列的，“筛选器”的优先级比它们高一些，四个区域通过不同的字段组合可以生成不同形式的报表。常见的有“筛选+值”“行+值”“列+值”“行+列+值”“筛选器+行+列+值”等组合，如下图所示。

筛选+值

区域	(全部)
求和项:销售额	
5545464	

行+值

区域	求和项:销售额
北京	153936
东北	555354
东南	1088925
华北	255771
华东	694061
华南	1319364
华中	351811
上海	744721
西北	381521
总计	**5545464**

列+值

	产品			
	减震器	空调压缩机	冷凝器	总计
求和项:销售额	3704340	1367203	473921	5545464

行+列+值

求和项:销售额	产品			
区域	减震器	空调压缩机	冷凝器	总计
北京	102240	29340	22356	153936
东北	477720	26080	51554	555354
东南	558600	472561	57764	1088925
华北	160530	63570	31671	255771
华东	506070	113458	74533	694061
华南	883470	337749	98145	1319364
华中	163050	155995	32766	351811
上海	579450	115730	49541	744721
西北	273210	52720	55591	381521
总计	**3704340**	**1367203**	**473921**	**5545464**

筛选+行+列+值

区域	(全部)			
求和项:销售额	产品			
型号	减震器	空调压缩机	冷凝器	总计
XTG-JZ32	1007940			1007940
XTG-JZ42	2696400			2696400
XTG-LN04			182672	182672
XTG-LN06			291249	291249
XTG-YS15		260433		260433
XTG-YS16		1106770		1106770
总计	**3704340**	**1367203**	**473921**	**5545464**

12.1.2 给数据透视表“整整容”

有些人觉得数据透视表制作的默认报表与常见的格式不太一样，看着不太舒服。以上一节中的源表格为例，将“日期”和“区域”拖入行区域，“型号”拖入列区域，“销售额”拖入值区域，最后得到如下图所示的一张未经任何修饰的原始的数据透视表。这样的表格显然算不上美观，表格布局也让人看起来有些不习惯。

求和项:销售额		型号						
日期	区域	XTG-JZ32	XTG-JZ42	XTG-LN04	XTG-LN06	XTG-YS15	XTG-YS16	总计
⊟2017年		**597060**		**163566**	**139725**	**260433**	**70090**	**1230874**
	北京	32100			4347			36447
	东北	25680		20504	21114			67298
	东南			17242	17388	71581	4890	111101
	华北	105930			6831			112761
	华东	112350		19106	38502	9138	19560	198656
	华南	22470		48464	30429	111179		212542
	华中			10252	3726	53305	14670	81953
	上海	231120		30290	4968		30970	297348
	西北	67410		17708	12420	15230		112768
⊟2018年		**365940**	**852600**	**6990**	**130410**		**373270**	**1729210**
	北京				18009		16300	34309
	东北	141240	147000		9936			298176
	东南		273000	3262	2484		233090	511836
	华北		54600		21114		19560	95274
	华东	166920	21000		11799		45640	245359
	华南		117600		17388		30970	165958
	华中	16050	92400		13662		8150	130262
	上海	41730	92400		14283		19560	167973
	西北		54600	3728	21735			80063
⊟2019年		**44940**	**1843800**	**12116**	**21114**		**663410**	**2585380**
	北京	44940	25200				13040	83180
	东北		163800				26080	189880
	东南		285600		17388		163000	465988
	华北				3726		44010	47736
	华东		205800	5126			39120	250046
	华南		743400	1864			195600	940864
	华中		54600	5126			79870	139596
	上海		214200				65200	279400
	西北		151200				37490	188690
总计		**1007940**	**2696400**	**182672**	**291249**	**260433**	**1106770**	**5545464**

可以通过下面几个步骤给数据透视表“整整容”，让它变得更符合我们的阅读习惯，美化后的表格如下图所示。（视频：150）

1.套用现成的样式。

2.分类汇总，行列总计视情况隐藏。

3.以表格形式显示，重复所有项目标签。

4.优化行列标题，增加或删除空行。

5.其他：单元格补0、修改字段标题、隐藏+/—按钮等。

求和项:销售额		型号					
日期	区域	XTG-JZ32	XTG-JZ42	XTG-LN04	XTG-LN06	XTG-YS15	XTG-YS16
2017年	北京	32100			4347		
2017年	东北	25680		20504	21114		
2017年	东南			17242	17388	71581	4890
2017年	华北	105930			6831		
2017年	华东	112350		19106	38502	9138	19560
2017年	华南	22470		48464	30429	111179	
2017年	华中			10252	3726	53305	14670
2017年	上海	231120		30290	4968		30970
2017年	西北	67410		17708	12420	15230	
2018年	北京				18009		16300
2018年	东北	141240	147000		9936		
2018年	东南		273000	3262	2484		233090
2018年	华北		54600		21114		19560
2018年	华东	166920	21000		11799		45640
2018年	华南		117600		17388		30970
2018年	华中	16050	92400		13662		8150
2018年	上海	41730	92400		14283		19560
2018年	西北		54600	3728	21735		
2019年	北京	44940	25200				13040
2019年	东北		163800				26080
2019年	东南		285600		17388		163000
2019年	华北				3726		44010
2019年	华东		205800	5126			39120
2019年	华南		743400	1864			195600
2019年	华中		54600	5126			79870
2019年	上海		214200				65200
2019年	西北		151200				37490
总计		**1007940**	**2696400**	**182672**	**291249**	**260433**	**1106770**

最后，作为一张报表，数据格式也应当符合规范。例如，金额改为会计专用格式，某些数字保留小数点后两位等。

12.2 数据透视表实例分析

学完前面的内容，相信大家对数据透视表的使用已经了然于胸了。会使用数据透视表固然值得欣喜，会解读数据才是真正的能力，透过数据看本质，这才是“数据透视”真正的含义。接下来，让我们一起来看看如何从企业的视角，用数据透视表读懂上千行的年度销售表。

12.2.1 经营数据初步分析

以一张全年销售表为例，先创建一张数据透视表，将“区域”和“订单金额”分别拖入行区域和值区域，生成一张最简单的报表，如下图所示。

区域	求和项:订单金额
北京	94276273.66
成都	49945271.59
上海	74689434.27
深圳	36633873.32
总计	**255544852.8**

四个区域的总销售额一目了然，体现出“北京”和“上海”这两个城市占据了全年的大部分销售额。每个区域的数据都是千万元级别的，很难一眼看出各区域对销售的贡献占比，可再拖一个“订单金额”到值区域，将该字段的“值显示方式”改为“总计的百分比”，结果如下图所示。

区域	求和项:订单金额	求和项:订单金额2
北京	94276273.66	36.89%
成都	49945271.59	19.54%
上海	74689434.27	29.23%
深圳	36633873.32	14.34%
总计	**255544852.8**	**100.00%**

可以很快得出：北京和上海的销售占到了全年的66%以上，此时的数据分析就不再是感觉上的多少，而是精准的量化了，作为企业可以根据激励制度对该地区的主管或业务员进行奖励。当然还可以深挖，为什么这两个地区的销售会比较好呢？是否跟品牌或者其他因素有关呢？此外，各品牌的销售情况、各业务员的销售业绩等都是值得进一步分析的数据。（视频：151）

12.2.2 制作动态交互的可视化展板

单张报表能够反映的情况有限，常用的做法是将字段进行不同的交叉分析，生成不同的报表，每张报表各有侧重点，这样数据所蕴含的信息才可得以充分展示。以本章开头的表格为例，可制作出一张动态交互式的数据展板，如下图所示。

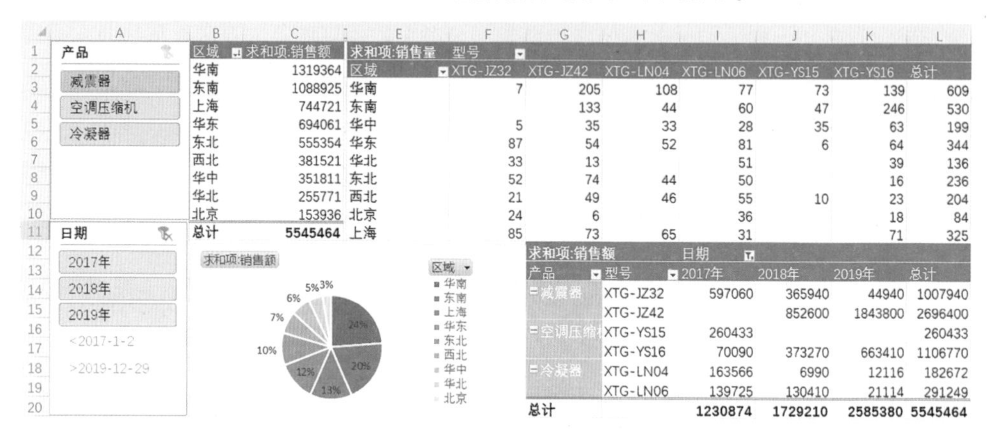

仔细观察，这一组展板由3张报表和1张饼图组成，这3张报表分别呈现的是“区域总销售数据”“不同型号的区域销售数据”“不同产品型号的各年份销售数据”，饼图呈现的是各区域的占比情况，同时左侧还有两组按钮，它们分别控制了产品、日期这两个字段，通过点选左侧的按钮，数据可实时动态呈现。

这样的数据展板是如何做出来的呢？就如图中展示的一样，将展板中的各个报表、图表、按钮依次做好，根据空间美化调整，就可以“组合”出一个漂亮的展板了。

1. 切片器

展板左侧的按钮有个专业名称，为“切片器”。顾名思义，将数据切成一片片来看，可以自由控制某个字段，实现动态交互的效果，这是整个展板的关键组件。切片器的使用非常简单，先生成一张报表，在【分析】选项卡下找到【插入切片器】功能，如右图所示。每个字段都可以对应一个切片器，选择一个或多个均可。例如，选择【区域】和【产品】就可以插入两个切片器。切片器中的按钮可以单个选中，也可以按住Ctrl键选中多个，不需要的时候右击选择【删除】即可。

2. 报表的字段组合技巧

报表字段的使用在上一节中已有比较详细的介绍，这里再分享一个字段组合技巧：由报表倒推字段组合。如下图所示，这是一张现成的报表，如何推断出字段的放置区域和组合顺序呢？

	A	B	C	D	E	F	G	H	I	J	K	L
1	日期	(全部)										
2												
3	**求和项:销售额**		**区域**									
4	**产品**	**型号**	**北京**	**东北**	**东南**	**华北**	**华东**	**华南**	**华中**	**上海**	**西北**	**总计**
5	**⊟减震器**		**102240**	**477720**	**558600**	**160530**	**506070**	**883470**	**163050**	**579450**	**273210**	**3704340**
6		XTG-JZ32	77040	166920		105930	279270	22470	16050	272850	67410	1007940
7		XTG-JZ42	25200	310800	558600	54600	226800	861000	147000	306600	205800	2696400
8	**⊟空调压缩机**		**29340**	**26080**	**472561**	**63570**	**113458**	**337749**	**155995**	**115730**	**52720**	**1367203**
9		XTG-YS15			71581		9138	111179	53305		15230	260433
10		XTG-YS16	29340	26080	400980	63570	104320	226570	102690	115730	37490	1106770
11	**⊟冷凝器**		**22356**	**51554**	**57764**	**31671**	**74533**	**98145**	**32766**	**49541**	**55591**	**473921**
12		XTG-LN04		20504	20504		24232	50328	15378	30290	21436	182672
13		XTG-LN06	22356	31050	37260	31671	50301	47817	17388	19251	34155	291249
14	**总计**		**153936**	**555354**	**1088925**	**255771**	**694061**	**1319364**	**351811**	**744721**	**381521**	**5545464**

这里教大家一个口诀：“报表字段打上钩，标题之外放筛选，数字上面放列里，数字左边放行里，多个字段在一起，上下左右分先后”，口诀应用见视频。（视频：152）

掌握了切片器和字段的组合技巧，就相当于学会了零件的制作，接下来只要将各个零件合理拼接成一幅完整的数据展板就可以了。（视频：153）

本章介绍了数据透视表的一些核心技巧，受限于篇幅未能完全展开，数据分析是一项值得深挖的技术，数据展板可进一步与函数、图表关联，在视觉上、配色上还可以进一步优化。例如，做出如下图这样的科技风效果，将视觉做到极致也是一种艺术。关注我的Bilibili账号“向天歌的课”可以获取更多的表格处理视频教程。

13 · 特色篇

那些不为人知的犀利功能

WPS作为一款纯国产软件，很多功能的设计都非常符合国人的使用习惯，操作起来非常方便。除此之外，WPS还根据人们的工作需求对软件功能进行了拓展，开发了一组特色功能，使很多困难的工作化繁为简。

软件不仅体验好
贴心功能效率高

13.1 WPS演示组件中的特色功能

WPS针对国内用户的使用习惯，在演示组件中开发了许多特色功能。学会应用这些特色功能有助于我们更快更好地达成演示效果。接下来主要介绍以下四项：

1. 教学工具箱
2. 总结助手
3. 屏幕录制
4. 拆分合并

13.1.1 教学工具箱（视频：154）

教学工具箱中包含了许多题型，包括多选题、排序题、单选题等以及专门针对数学和语文的题型。只需单击需要的题型，输入相应的文字内容，系统就能自动生成幻灯片，借助游戏式的交互增强了教学的趣味性，极大地方便了教育工作者。

13.1.2 总结助手（视频：155）

总结助手可以根据页面内容、风格等搜索相匹配的模板类型并一键调用。除此之外，还有简历助手、答辩助手、技巧助手等，满足办公所需，提高工作效率。

13.1.3　屏幕录制（视频：156）

WPS的屏幕录制功能十分强大，非常适合教学演示、会议演示录制等场景。屏幕录制不限于WPS文档，允许用户随意录制电脑屏幕上的任何内容，同时还提供了两种高级录屏模式：计划任务录制与锁定窗口录制。在录制时还能使用涂鸦功能，可实时添加直线、文字、形状等注释，也可使用白板、缩放、标序等功能。后期还支持视频编辑，用户可任意截取视频片段，添加水印、调整播放速度倍数等。

13.1.4　拆分合并（视频：157）

工作中经常遇到需要合并多个文档的情况，如果手动复制，文件一多就很麻烦了。使用文档拆分合并器能完美解决这个问题。一次最多可以处理50个文档，并且支持多种文档格式，操作简单快捷。

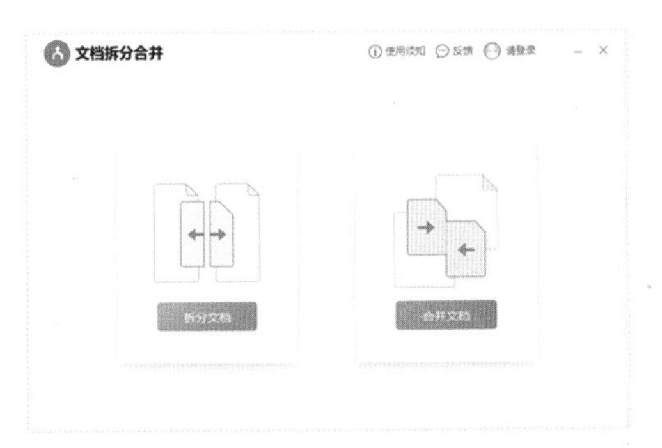

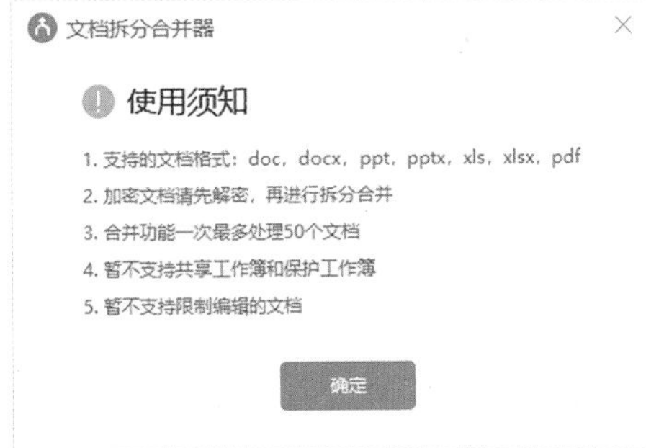

13.2 WPS 文字组件中的特色功能

13.2.1 多人在线协作（视频：158）

随着5G时代的到来，远程办公作为一种新的办公方式，越来越受大众的欢迎。特别是在需要多人协同又无法当面沟通时，WPS的在线协作功能很好地解决了这个问题，让你在家也能和同事、伙伴一起快速完成工作。

操作很简单：登录WPS账号，然后单击【特色功能】-【协作】，根据提示将文件另存为云文档，然后【分享】，把文档生成链接发到小组群里就可以了。

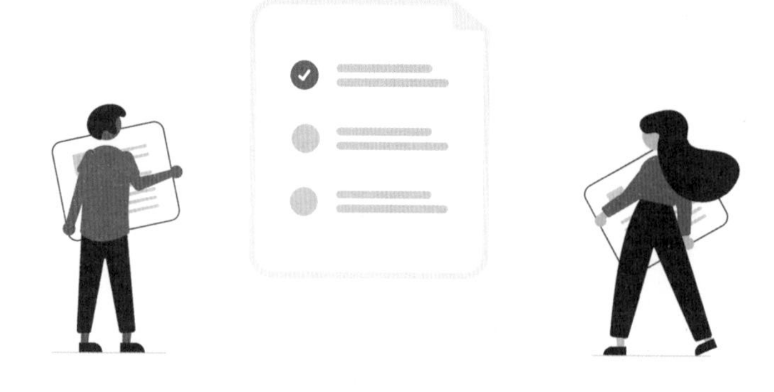

13.2.2　文件格式相互转换

在WPS的特色功能中，有非常多的好用功能，特别是第一组文件格式的输出转换功能，尤为好用。在这里我们可以快速地完成**“PDF转Word”**、**“图片转文字”**、**“输出为图片”**、**“长文档的拆分”**和**“多文档的合并”**。当然，天下没有免费的午餐，特色功能中的大部分功能是有会员限制的。

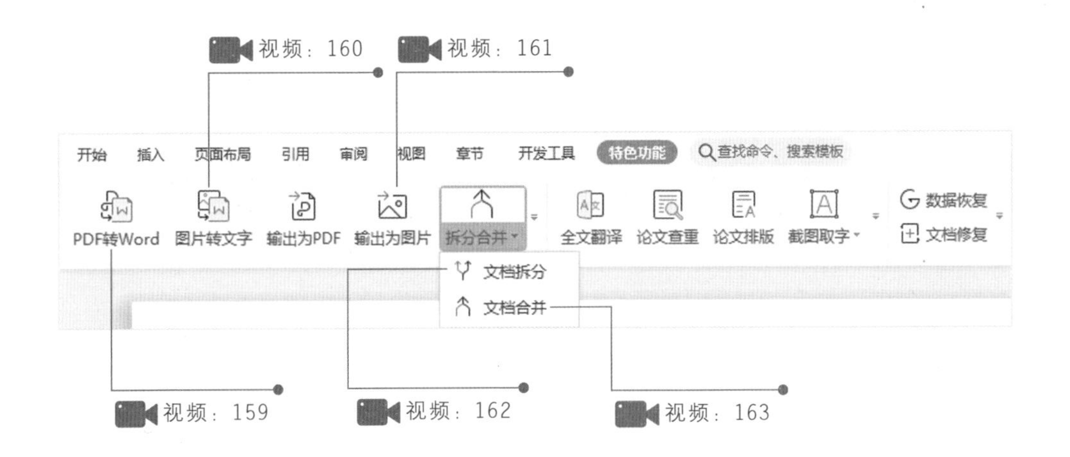

13.2.3　简历助手

WPS中的“简历助手”与稻壳儿模板库是链接的，它们都是金山旗下的产品。需要写简历的小伙伴用起来会很方便。单击【特色功能】-【简历助手】，编辑区右侧就会弹出“简历”模板库。在这里，可以根据行业、求职岗位和工作年限来快速筛选合适的模板，单击一下模板即可一键创建。(视频：164)

因为此处引用的简历是属于稻壳儿的产品，所以即使是WPS会员也不能免费使用，需要再购买稻壳儿会员才能使用。

13.2.4　截图取字

WPS会员还可享受到另外一个超好用的功能：截图取字。顾名思义，对于我们需要用到的但是又不能编辑的内容，可以直接截取内容，将其识别成文本。截图的对象可以是WPS文档、网页内容、图片文字、PDF文件等，非常可靠。不太会用的话，可以看录屏视频。(视频：165)

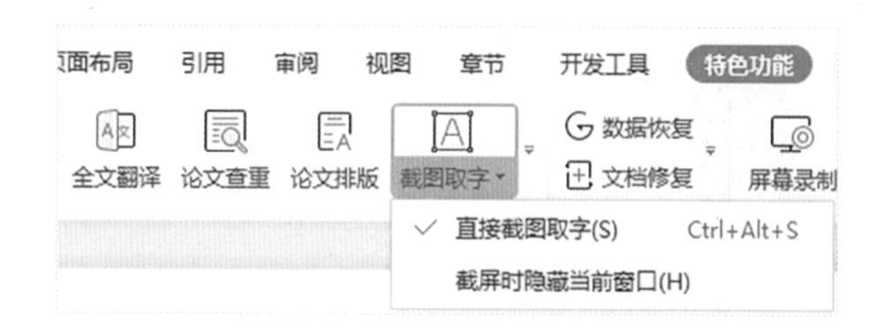

13.3 WPS表格组件中的特色功能

在表格的使用中会经常遇到一些问题，比如格式转换、合并表格，我的做法通常是：用在线网站SMALLPDF去搞定格式，用VBA去合并表格；还有一些是我不想遇到的，例如，文档损坏，此时我多么希望有一个工具可以帮我搞定所有这些“疑难杂症”，其实WPS就能做到，当然前提是充值会员。鉴于这些功能实在太好用，本节就向大家介绍几种WPS表格组件中的特色功能，它们的最大优势就是简单，本来复杂的技术通过一键或者简单几步就能完成。这些特色功能大部分都在【会员专享】和【智能工具箱】两个选项卡下。

13.3.1 PDF转表格

PDF格式的文件无法自由编辑，所以将其转成对应的格式是最好的办法。WPS可将PDF文件转成Word、Excel、PPT文件。只需打开PDF文件，单击【开始】选项卡左侧的【PDF转Office】按钮，如下图所示，再选择对应格式，就可以完成一键转换。（视频：166）

13.3.2 文档修复

突然断电、软件非法关闭等意外情况都有可能造成文件的损坏，一旦发生这种情况，一个晚上甚至几天、几周的工作都会付诸东流，笔者自己也曾亲历，所以感同身受。有两种方法可以帮助我们将损失降到最低。

一种方法是事前预防，定期做好文件备份，备注好日期和版本号。例如，将文件命名为“20200101V1”，表示的是2020年1月1日的V1版本。

另一种方法是事后补救，打开一个空白表格，在【会员专享】下找到【文档修复】功能，将损坏的文件拖入对话框，就有一定概率能修复好文档，如右图所示。

【文档修复】按钮上方还有一个【数据恢复】按钮，它是用来恢复硬盘中被误删或者丢失的数据的，使用方法也比较简单，不再赘述。需要注意的是，发现文件被误删后，千万不要再往硬盘中写入任何新的文件，应第一时间抢救。（视频：167）

13.3.3 在线图表

【会员专享】下的【在线图表】提供了许多精美的图表，支持一键套用，如右图所示。此外，还有图片、图标、幻灯片模板资源供下载。这为偷懒主义者提供了极大的便利，不过仍要提醒大家：再精美的模板也需要掌握软件使用技巧。WPS中有3种收费会员："WPS会员""稻壳会员""超级会员"，只有后两者才能免费使用这些在线素材，对此本人略表遗憾。（视频：168）

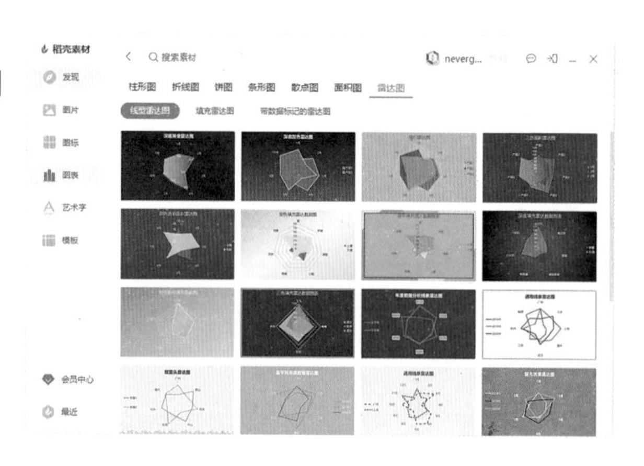

13.3.4 创建目录

当一个工作簿中包含多个工作表的时候，超出范围的工作表标签会以"…"的形式折叠隐藏起来，如下图所示，此时选择工作表就不那么方便了。如果能像文档一样，有一个工作表的目录，那该有多好呀！WPS提供了一键生成目录的功能，且每张表可以设置返回按钮，让多表浏览变得更加轻松。（视频：169）

异动 人事任命 培训 保险 费用 … +

13.3.5　拆分与合并表格

如果你已经跟表格打过一段时间的交道，那一定会遇到下面这个问题：将多个工作表（簿）合并为一个工作表（簿），或者是将一个工作表（簿）拆分为多个工作表（簿）。如果表格较多，手动复制粘贴显然是不现实的。如下图所示，全年12个月的工作表甚至更多，如何快速合并为一张总表呢，利用WPS智能工具箱中的“合并表格”功能就可以轻松实现。

“合并表格”功能中提供了多种合并方式，如下图所示。可根据具体情况选择对应的方式。此外，利用WPS还可以轻松实现拆分表格，具体操作方法参见视频。（视频：170）

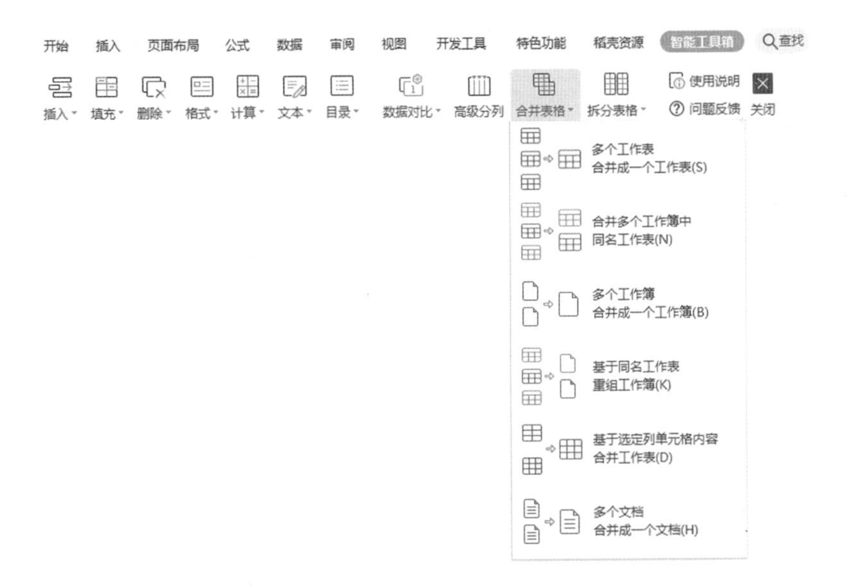

以上就是WPS表格组件中的部分特色功能。需要强调的是，这些功能大多属于收费功能。作为老师我们本着教授技术的初心向大家推荐这些功能，希望花一些小的代价可以帮助大家提高效率，腾出更多时间做更有价值的事情，获取更大的收益，而是否付费使用的选择权在于大家。

14 · 移动篇

掌上办公 尽在掌控

现在移动办公的需求越来越大。WPS移动端可以在各种场景满足我们的工作和生活需求。PC端联动移动端，效率不止翻一番。扫进视频看一看，全都是情景再现。

微信扫码关注
公众号：**向天歌**
回复：WPS之光
即可查看视频讲解